国家科学技术学术著作出版基金资助出版

钢铁生产过程的脱磷

董元篪　王海川　编著

U0284386

北 京

冶 金 工 业 出 版 社

2012

内 容 提 要

　　本书按照铁水预处理—铁合金脱磷—钢液脱磷及回磷控制的基本路线，详细介绍了铁水预处理过程涉及的铁水熔体热力学以及预处理脱磷、锰铁合金熔体热力学以及锰铁合金氧化脱磷的理论与工艺、铬铁合金熔体热力学以及铬铁合金和不锈钢母液氧化脱磷与还原脱磷的工艺、低磷钢冶炼过程中钢液脱磷的基本理论以及不同渣系对钢液的回磷控制能力，并简要介绍了钢铁生产过程的脱磷研究概况。

　　本书可作为高等院校和科研院所的科技工作者、研究生以及钢铁生产企业相关专业技术人员的参考书。

图书在版编目(CIP)数据

　　钢铁生产过程的脱磷/董元篪，王海川编著 . —北京：冶金工业出版社，2012. 4

　　ISBN 978-7-5024-5854-6

　　Ⅰ. ①钢⋯　Ⅱ. ①董⋯　②王⋯　Ⅲ. ①炼钢—脱磷
Ⅳ. ①TF704. 4

　　中国版本图书馆 CIP 数据核字(2012)第 047679 号

出　版　人　曹胜利
地　　　址　北京北河沿大街嵩祝院北巷 39 号，邮编 100009
电　　　话　(010)64027926　电子信箱　yjcbs@ cnmip. com. cn
责任编辑　王　优　美术编辑　彭子赫　版式设计　孙跃红
责任校对　石　静　责任印制　李玉山
ISBN 978-7-5024-5854-6
三河市双峰印刷装订有限公司印刷；冶金工业出版社出版发行；各地新华书店经销
2012 年 4 月第 1 版，2012 年 4 月第 1 次印刷
148mm×210mm；7.5 印张；220 千字；229 页
28. 00 元

冶金工业出版社投稿电话：(010)64027932　投稿信箱：**tougao@ cnmip. com. cn**
冶金工业出版社发行部　电话：(010)64044283　传真：(010)64027893
冶金书店　地址：北京东四西大街 46 号(100010)　电话：(010)65289081(兼传真)
　　　　　(本书如有印装质量问题，本社发行部负责退换)

前　言

　　钢铁生产过程的脱磷和磷含量控制是提高钢产品质量的重要环节，本书围绕钢铁生产过程的脱磷和磷含量控制这一中心内容，从铁水预处理脱磷、锰铁合金脱磷、铬铁合金（不锈钢）脱磷、钢液脱磷与回磷控制等主要工艺环节，重点阐述了与钢铁脱磷和回磷相关的热力学理论及工艺问题。

　　本书内容是编者及国内外同行近30年来在该领域开展的研究工作和成果的总结。自20世纪80年代起，本书编者及其课题组成员即开始从事铁水预处理及锰铁合金、铬铁合金脱磷方面的研究，与瑞典皇家工学院开展卓有成效的国际合作，并围绕低磷钢冶炼开展钢液磷含量控制的研究；相继发表学术论文近百篇，先后获得4项科技成果奖，其中，"锰铁合金氧化脱磷"、"低磷钢冶炼的基础研究"、"钢铁生产过程中磷的控制及相关的可持续发展问题的研究"先后获得安徽省自然科学奖二等奖、安徽省科学技术奖二等奖、教育部科技进步奖二等奖，这些研究成果为本书的编写提供了丰富、翔实的基础材料。

　　本书主要面向广大钢铁冶金领域的科技工作者和研究生，可望为读者提供钢铁生产脱磷方面有价值的参考资料。

　　本书由董元篪和王海川合作编写，其中，第1章、第3章、第4章由董元篪编写，第2章、第5章由王海川编写，全书由董元篪统稿。

　　本书初稿完成后，陈二保教授、郭上型教授、王世俊教授、王珏博士、廖直友实验师等对全书进行了审阅修改，并提出了许多宝贵意见，特此表示衷心感谢。本书的编写还参考了国内外诸多同行的研究成果，得到冶金工业出版社的大力支持，在此一并表示诚挚的谢意。

不同年代和国别的不同研究文献中采用的变量符号各不相同，为了便于读者阅读，本书在编写过程中，编者按照本学科要求对相关文献中的不同符号和单位进行了统一处理，不妥之处，请被引文献作者批评指正。

由于编者水平所限，书中不足之处，诚请读者不吝赐教。

编　者
2011 年 9 月

目 录

1 钢铁生产过程的脱磷概况

磷是钢中有害杂质之一。含磷较多的钢，在室温或更低的温度下使用时容易脆裂，称为"冷脆"。钢中碳含量越高，磷引起的脆性越严重。一般普通钢中规定磷含量不超过 0.035%，优质钢要求含磷更少。生铁中的磷主要来自铁矿石中的磷酸盐。氧化磷和氧化铁的热力学稳定性相近。在高炉的还原条件下，炉料中的磷几乎全部被还原并溶入铁水。如选矿不能除去磷的化合物，脱磷就只能在（高）炉外或碱性炼钢炉中进行。对钢铁脱磷问题的认识和解决，在钢铁生产发展史上具有特殊的重要意义。

1.1 磷的主要存在形式及含磷化合物

游离态的磷是化学性质很活泼的物质，特别是很容易与氧化合，所以自然界没有游离态的磷存在。地壳中有磷灰石与纤核磷灰石的巨大矿层。前者的主要矿物组成是 $Ca_5X(PO_4)_3$，其中 X 大多数情况下代表 F，少数情况下代表 Cl 或 OH；后者的主要矿物组成则是 $Ca_3(PO_4)_2$。自然界存在的其他含磷矿物见表 1-1。磷灰石风化产物为磷钙土、碳磷灰土、碳酸磷灰土和深绿磷灰石。

表 1-1 自然界存在的其他含磷矿物

矿物名称	主要成分化学式	结 晶	密度/$kg \cdot m^{-3}$	颜 色
磷灰石	$Ca_5[(F_3Cl)(PO_4)_2]$	复六方锥	3160~3220	各种颜色或无色
磷铅矿	$Pb[Cl(PO_4)_3]$	复六方锥晶系	6700~7000	绿色、蜜黄色或橙红色
磷铁矿	$Fe(PO_4) \cdot 2H_2O$	单 斜	2760	淡红色
红磷铁矿	$Fe(PO_4) \cdot 2H_2O$	斜 方	2870	红 色
磷铝矿	$Al(PO_4) \cdot 2H_2O$	斜 方	2520	苹果绿色至无色
独居石	$Ce(PO_4)$	单 斜	4800~5500	淡黄色或深棕色

磷原子的壳层电子结构是 $3s^2 3p^3$，并且在第三能级有 3d 空轨道。所以，可从电负性低的原子获得三个电子，形成含 P^{3-} 离子的离

子型化合物。但由于 P^{3-} 有较大的半径而易变形，向共价结合过渡的倾向很强，所以这种离子型化合物为数不多。这一类磷化物易水解，水溶液中不能得到 P^{3-}；当其与负电性高的元素（F、O、Cl）相化合时，可以拆开成对的 3s 电子，将一个单电子激发进入 3d 能级参加成键，这时磷的氧化价数是 +5，形成极性共价分子和基团。

白磷分子式为 P_4，其结构为一个四面体。其氧化物 P_4O_6、P_4O_{10} 与硫化物 P_4S_3、P_4S_7 和 P_4S_{10} 的结构即是由此结构衍生出来的。磷的电负性为 2.1，是一个亲氧元素，P(V) 含氧化合物中，P—O 键有很高的稳定性，P—O 键能为 360.06kJ/mol（86kcal/mol），使 PO_4^{3-} 四面体成为一个稳定的结构单元。

磷的氧化态之间的标准电势图如下：

$$E^{\ominus}/V \quad PH_3 \xrightarrow{-0.89} P \xrightarrow{-1.73} PO_2^- \xrightarrow{-1.12} PO_4^{3-} \quad （酸性介质中）$$

$$E^{\ominus}/V \quad PH_3 \xrightarrow{-0.06} P \xrightarrow{-0.50} H_3PO_3 \xrightarrow{-0.28} H_3PO_4 \quad （碱性介质中）$$

无论是磷酸还是磷酸盐，基本上都不是氧化剂，除非在极强的还原条件下，磷的低氧化态才有较强的还原性。单质磷在酸或碱性介质中都倾向于发生歧化。单质磷与亚磷酸盐在碱性介质中是很强的还原剂。有关元素磷的其他主要性质归纳于表 1-2 中[1]。

表 1-2 磷的主要性质

原子序数	相对原子质量	价电子构型	主要氧化价	共价半径 / ×10⁻¹⁰m	离子半径 / ×10⁻¹⁰ m		电负性	电子亲和能 /eV	第一至五电离势 /eV	$S_{298}^{\ominus}/J \cdot (mol \cdot K)^{-1}$	$c_p(25℃)$ /J · $(mol \cdot K)^{-1}$
					P^{3+}	P^{5+}					
15	30.97	$3s^2$ $3p^3$	-3 $+1$ $+3$ $+5$	1.10	2.12	0.34	2.06	0.77	10.55 19.65 30.16 51.35 65.01	44.31	94.05

1.1.1 磷的氧化物

一般认为磷的氧化物有三种，经蒸气密度测定证明，其正确的

分子式应为 P_4O_6、P_4O_{10} 和（PO_2）$_n$。磷在空气中燃烧一般得到 P_4O_6 与 P_4O_{10} 的混合物，在过量的氧中燃烧时生成 P_4O_{10}。$45\sim50℃$ 的白磷通入 N_2+O_2 混合气体可得到 P_4O_{10}。P_4O_6 一般是在氧不充足与温度低于 $100℃$ 时生成的，在一密闭管内加热 P_4O_6 至 $200℃$ 时可生成（PO_2）$_n$：

$$nP_4O_6 = 3(PO_2)_n + \frac{n}{4}P_4$$

隔绝空气将 P_4O_{10} 加热至 $400℃$ 使其分解，也可制得（PO_2）$_n$。

P_4O_{10} 为白色雪花状六方晶体，熔点为 $420℃$，在 $359℃$ 时升华，生成熔极高，很稳定，是很弱的氧化剂，它与有限量的水作用生成偏磷酸（(HPO_3)$_x$）：

$$xP_4O_{10} + 2xH_2O = 4(HPO_3)_x$$

加入更多的水时生成焦磷酸（$H_4P_2O_7$），最后可生成正磷酸：

$$P_4O_{10(s)} + 6H_2O_{(1)} = 4H_3PO_{4(1)} \qquad \Delta H_{298}^{\ominus} = -368300J/mol$$

一粒 P_4O_{10} 投入水中，与水作用会放出大量的热，这是因为它与水有很大的亲和力。它在空气中吸湿会迅速潮解，广泛地用作强干燥剂。

P_4O_6 是白色蜡状晶体，熔点为 $23.8℃$，沸点为 $173.5℃$，有蒜味、剧毒，在空气中会缓慢地被氧化；加热至 $70℃$ 即着火，生成 P_4O_{10}；隔绝空气加热，可分解为 P_8O_{16} 与红磷；缓慢地溶于冷水，可得亚磷酸（H_3PO_3）；在热水中则不稳定，歧化为磷酸与磷化氢：

$$P_4O_6 + 6H_2O_{(冷)} = 4H_3PO_3$$

$$P_4O_6 + 6H_2O_{(热)} = PH_3 + 3H_3PO_4$$

（PO_2）$_n$ 是无色、有光泽的结晶，常压下不能熔融也不被分解而直接升华。

文献中也曾有过关于一氧化磷（PO）与过氧化磷（P_2O_5）的制取与性质的报道。例如，在 P_4O_{10} 蒸气与 O_2 的混合物中放电曾制得过氧化磷，它是强氧化剂。有人断定炼制金属与合金时，在所有研究过的磷氧化物中只有五价磷的氧化物（即 P_4O_{10}）存在。

1.1.2 各种磷酸及磷酸盐

五价的氧化磷与水相互作用，根据加合的水分子数生成不同的磷酸：

$$P_4O_{10} + 2H_2O \Longrightarrow 4HPO_3 \qquad （偏磷酸）$$

$$P_4O_{10} + 4H_2O \Longrightarrow 2H_4P_2O_7 \qquad （焦磷酸）$$

$$P_4O_{10} + 6H_2O \Longrightarrow 4H_3PO_4 \qquad （正磷酸）$$

正磷酸被强热脱水会逐步生成焦磷酸和偏磷酸：

$$2H_3PO_4 \Longrightarrow H_4P_2O_7 + H_2O \qquad \Delta H_{298}^{\ominus} = -146.3kJ/mol$$

$$H_4P_2O_7 \Longrightarrow 2HPO_3 + H_2O \qquad \Delta H_{298}^{\ominus} = -25.08kJ/mol$$

在焦磷酸与偏磷酸之间还有一种三磷酸（$H_5P_3O_{10}$）。磷酸是无色晶体，熔点为42℃，在空气中会立即潮解，无毒，通常以浓浆状的85%水溶液出售。焦磷酸呈软的玻璃状，熔点为61℃，易溶于水。偏磷酸则是聚合体，其组成为（HPO_3）$_x$（$x = 2 \sim 6$），为无色玻璃状体，约在40℃熔化。

磷酸是一种中强的三元酸，可有如下三种盐类：

酸式盐	NaH_2PO_4	磷酸二氢钠
	Na_2HPO_4	磷酸氢钠
正盐	Na_3PO_4	磷酸钠

所有的磷酸二氢盐都易溶于水，而磷酸氢盐与正盐中则只有钠盐等少数几种可溶于水。PO_4^{3-} 离子无色，因此磷酸盐一般也无色。

天然的磷酸盐不溶于水，需将其粉碎并加硫酸处理后方得水活性的磷酸二氢钙，其可作为肥料：

$$Ca_3(PO_4)_2 + 2H_2SO_4 + 2H_2O \Longrightarrow Ca(H_2PO_4)_2 + 2CaSO_4 \cdot 2H_2O$$

如此制得的磷肥称为过磷酸钙。用磷酸处理天然磷酸盐所得产品称为双料过磷酸钙。所谓"安福粉"，则是 $NH_4H_2PO_4$ 和（NH_4）$_2HPO_4$ 的混合物，是氮、磷混合肥料。

磷酸钠（Na_2PO_4）、三磷酸钠（$Na_5P_3O_{10}$）和 x 聚偏磷酸钠（（$NaPO_3$）$_x$）都是水的软化剂，后者是长链聚合体，当 $x = 6$ 时称为六聚偏磷酸钠，是一种最常见的磷酸盐玻璃体，没有固定的熔点，在水中有很大的溶解度，但不恒定。其水溶液有很大的黏度，在冶金上有时用来作补炉料的黏结剂。使用这种补炉料黏结剂时未见金属有显著的增磷，足见磷酸钠的稳定性。

单质磷和磷酸在 200℃ 发生反应，得到次磷酸（H_3PO_2）。它是一种无色的晶体，熔点为 26.5℃，易潮解，是一元酸，水溶液中按下式电离：

$$H_3PO_2 \Longrightarrow H^+ + H_2PO_2^-$$

次磷酸盐一般易溶于水，但其碱土金属盐的水溶性较小，如 $Ba(H_2PO_2)_2$ 的水溶性就很小。次磷酸盐用于化学镀，有毒性。

亚磷酸（H_3PO_3）是一种无色固体，熔点为 73℃，易溶于水。经 X 射线结构分析证实，钙磷酸盐玻璃中的基本结构单元是磷氧四面体 PO_4^{3-}。当然，如果熔体中的氧磷原子比为 3.5 时，可能生成 $P_2O_7^{4-}$ 阴离子团；氧磷原子比为 3.0 时，可能生成环状的 $P_4O_{12}^{4-}$ 或者链状的（PO_3^-）$_n$。在有足够碱度的熔融碱性冶金炉渣中，可认为磷以最简单的磷氧阴离子 PO_4^{3-} 形式存在；且认为在有过剩的氧阴离子 O^{2-} 存在的炉渣中，不会形成比 PO_4^{3-} 有更多氧原子（对一个磷原子来说）的复合阴离子。对 $Ca_3P_2O_8$-$MgSi$ 准二元系熔体的黏度和电导测定表明，熔体中硅氧阴离子团优先与镁阳离子结合，而磷氧离子团则优先与钙阳离子结合。

为了方便热力学计算，常假设冶金炉渣中有 $Ca_3P_2O_8$、$Ca_4P_2O_9$、$Fe_3P_2O_8$ 等分子形态的磷酸盐存在，并测定和计算了它们的生成自由能与生成热，例如：

$$3CaO_{(s)} + P_{2(g)} + \frac{5}{2}O_2 \Longrightarrow Ca_3P_2O_{8(s)}$$

$$\Delta G^{\ominus} = -53700 + 129.4T \quad (J/mol)$$

$$4CaO_{(s)} + P_{2(g)} + \frac{5}{2}O_2 \Longrightarrow Ca_4P_2O_{9(s)}$$

$$\Delta G^{\ominus} = -541200 + 130.7T \quad (J/mol)$$

为了比较炉渣中哪一种碱性氧化物所生成的金属阳离子与 PO_4^{3-} 结合最稳定，可以查阅相应磷酸盐的生成热数据表（见表 1-3）。

表 1-3 磷酸盐的生成热数据表

磷酸盐	$Fe_3P_2O_8$	$Mn_3P_2O_8$	$Mg_3P_2O_8$	$Ca_5P_2O_8$	$Ca_4P_2O_8$	$Sr_3P_2O_8$	$Ba_3P_2O_8$
$-\Delta H^{\ominus}_{298}/kJ \cdot mol^{-1}$	$317.68 \sim 459.80$	365.75	480.70	677.16	718.96	827.64	973.94

由 CaO-P_2O_5 相图可见，CaO 与 P_2O_5 形成一系列中间化合物，其中对炼钢反应最重要的是磷酸二钙和磷酸四钙。前者在无机化学中是重要的，它有 α 和 β 两种变态，β-磷酸三钙在 1500℃ 下焙烧 2h 可以转变为 α 型。对快速凝固的碱性炉渣所做的 X 射线衍射和岩相鉴定表明，磷酸三钙和正硅酸钙极易形成固溶体。当含 Si、P、O 的铁液在高温下与固体石灰平衡时，生成针状的硅磷酸钙（9CaO·P_2O_5·3SiO_2）。许多基础实验证实，至少在 Fe-O-C-P 熔体与固体石灰相平衡的情况下，脱磷产物是磷酸四钙。将碳酸钙和磷酸氢二铵相混合，在铂容器中慢慢加热至 1000℃ 并保持恒温，可制得磷酸四钙。将磷酸氢二铵粉末涂于 CaO 坩埚内壁，在 800～900℃ 下加热 4～5h，可在表面生成磷酸三钙和磷酸四钙的混合物。但此坩埚在与 Fe-O-P 熔体接触完成平衡实验之后，表面全部转变为磷酸四钙。磷酸四钙中可固溶极少量氧化钙。

磷酸三钙被氢气还原可得磷酸四钙，进一步还原时则生成氧化钙和磷蒸气：

$$4Ca_3P_2O_8 + 5H_2 \Longrightarrow 3Ca_4P_2O_9 + P_{2(g)} + 5H_2O_{(g)}$$
$$Ca_4P_2O_9 + 5H_2 \Longrightarrow 4CaO + P_{2(g)} + 5H_2O_{(g)}$$

将 MgO 与（NH_4）$_2HPO_4$ 适量混合，并在铂坩埚中慢慢加热到 1000℃ 直至停止失重，总失重量与按下式计算的结果相一致：

$$3MgO + 2(NH_4)_2HPO_4 \Longrightarrow Mg_3P_2O_8 + 4NH_{3(g)} + 3H_2O_{(g)}$$

所得试样再于 1000℃ 和 1250℃ 下焙烧几个小时，速冷后的 X 射线衍射分析结果表明：当按以上反应式化学计量配料时，检出相中只有 $Mg_3P_2O_8$。不同配比的混合物（MgO 均过量）经焙烧，X 射线衍射分析检出相为 $Mg_3P_2O_8$ + MgO，没有新相（如 $Mg_4P_2O_9$）在两者之间生成，也未发现 $Mg_3P_2O_8$ 与 MgO 之间有任何程度的固溶。纯 $Mg_3P_2O_8$ 的熔点为（1430±5）℃。在铂丝炉内铂坩埚中测定不同配比的 $Mg_3P_2O_8$ 与 MgO 混合物的冷却曲线发现，在 4MgO + P_2O_5 与 4.6MgO + P_2O_5 的成分之间有一共晶点，共晶温度为（1330±5）℃。

1.1.3 金属磷化物

由于磷有较大的电负性，化学上又很活泼，几乎所有的金属都有一系列的磷化物。这里仅就铁、锰、铜、钠、钾、镁、钙、锶、钡、铬等金属的磷化物进行讨论。讨论前几种主要是为了弄清钢铁中磷的存在形式，讨论后几种是为了探讨各种还原脱磷的可能性[1]。

(1) 磷化铁。不同研究者根据他们各自的实验结果，认为磷化铁的形式有 Fe_6P、Fe_4P、Fe_3P、Fe_5P_2、Fe_2P、Fe_4P_3、FeP、Fe_3P_4、Fe_2P_3、FeP_2 等。其中，Fe_6P、Fe_4P、Fe_5P_2、Fe_4P_3、Fe_3P_4 及 Fe_2P_3 是否存在还是有争议的，例如，Fe_6P 可能是铁与 Fe_3P 的混合物。一般认为 Fe_3P、Fe_2P、FeP 及 FeP_2 这四种化合物的存在是比较肯定的，它们在 298K 下的标准生成热分别为 147.14kJ/mol、144.21kJ/mol、104.5kJ/mol 和 142.12kJ/mol。对冶金工作者来讲，只有 Fe_3P 和 Fe_2P 是重要的，因为很少会遇到金属中含有极大量的磷的情况。Fe_3P 之所以重要，是因为它是一种异分熔化的、高温下不稳定的化合物，如图 1-1 所示，它在 1166℃ 以上的温度分解。而 Fe_2P 则有同

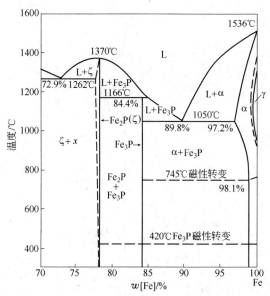

图 1-1 Fe-P 状态图

分熔点1370℃，在Fe-P状态图中相应的Fe_2P成分处，液相线上有明显的极值。大量的实验资料证实，在铁液中磷以Fe_2P分子集团的形式存在。Fe_2P的高温热化学数据为：

$$2Fe + \frac{1}{2}P_2 \rightleftharpoons Fe_2P \quad \Delta G^{\ominus}_{1800} = -84812J/mol,$$

$$\Delta H^{\ominus}_{1800} = -229482J/mol, \Delta S^{\ominus}_{1800} = -80.26J/(mol \cdot K)$$

使磷蒸气通过铁可制得Fe_3P，将磷酸盐与炭黑共熔（类似于高炉过程）可制得Fe_2P。

（2）磷化锰。锰与磷的相互作用在炼铁和锰铁合金的生产中十分重要，曾做过许多工作专门研究这个问题。加热时，锰与磷很容易化合，还原磷酸锰的盐类也可制得磷化锰。将锰在氯化钡的覆盖下熔融，用石棉管穿过氯化钡层将磷加入锰液，用热分析及显微镜分析法研究得到Mn-P状态图（见图1-2），发现该体系有化合物Mn_5P_2存在，还与另一化合物MnP生成共晶体。在密闭管内的氢气流中将氯化锰与磷一起加热，可制得化合物Mn_5P_2。它是黑色粉末

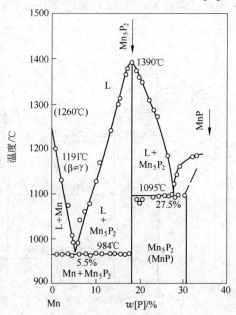

图1-2　Mn-P状态图

状物质，有磁性，共晶温度为1390℃，不溶于盐酸但溶于硝酸；在空气及氧气中加热只有很少的量被氧化，但在氯气中加热即燃烧。而 MnP 在空气中则剧烈氧化。该体系中另有 MnP_2 与 MnP_3，它们对冶金工作者来讲并不重要。由于磷的挥发性，实际生产中达不到 Mn-P 状态图相应的磷含量。

（3）磷化铜。铜与磷相互熔合或使磷与氧化铜、氯化铜、硫化铜相互作用，能生成一种稳定的化合物 Cu_3P，熔点为1030℃。将新还原出来的铜与红磷混合、磨细并加热，也可制得 Cu_3P：

$$3Cu + P_{(红)} = Cu_3P$$

另外，还有 Cu_5P_2、Cu_2P、Cu_3P_2、CuP 等形式的磷化铜。含磷 8% ~ 14% 的铜磷合金在制造铜基合金时用作脱氧剂。

（4）磷化钠和磷化钾。磷和钠在真空中加热至400℃时生成 Na_2P_5，它在潮湿的空气中不稳定。钠与磷酸或磷酸盐作用，也可得到 Na_2P_5。此外，还有一种磷化钠是 Na_3P。当液态氨和钠与红磷的混合物相互作用时生成 $Na_3P \cdot NH_3$，加热至180℃即放出 NH_3 而成为 Na_3P。磷和钾在真空中加热至400 ~ 450℃也生成 K_2P_5，它在高温下是稳定的。另外，还有 K_3P 与 KP_5。将磷通过铵盐和钾盐的氨溶液，可制备 K_3P。

（5）磷化镁。磷与金属镁在密闭容器中隔绝空气直接作用，可制得 Mg_3P_2 形式的磷化镁。如有 H_2 与 CO 气体存在，则生成 Mg_3P_2 的反应变得激烈。Mg_3P_2 在常温下与干燥的空气和氧不起作用，加热至870℃左右时可在氧气中燃烧。水能分解 Mg_3P_2 而生成磷。

（6）磷化钙。在石蜡下面隔绝空气将钙与磷加热，则它们化合生成 Ca_3P_2。Ca_3P_2 为红色结晶物，生成热为501.6kJ/mol。Ca_3P_2 在真空下加热分解。在900℃以下，氢、氮、硼、碳不与 Ca_3P_2 起作用；但在电弧炉温度下，碳能从此化合物中将磷置换出来。Ca_3P_2 与氧或硫一起加热至300℃时，发生化学变化而氧化分解。Ca_3P_2 在空气中会直接与水分起作用，放出恶臭的 PH_3 而褪去红色：

$$Ca_3P_2 + 3H_2O = 3CaO + 2PH_{3(g)}$$

由于 Ca_3P_2 有相当高的稳定性，合金中的磷如有机会与钙相接触，在惰性或还原性气氛下就有生成 Ca_3P_2 的可能，这是还原脱磷法的基础。

(7) 磷化锶和磷化钡。用炭黑在电弧中经过 3~4min 的加热，可将磷酸锶还原而制得 Sr_3P_2，它在电弧炉温度下已熔化为液体。Sr_3P_2 在潮湿的空气中是稳定的，在高温下能被碳分解，在氧气与氯气以及碘与溴的蒸气中能燃烧生成相应的化合物。在电弧炉温度下，用炭黑还原磷酸钡也可制得 Ba_3P_2。它是很稳定的，能在很高的温度下存在，但易被水解，在氯气与溴的蒸气中能燃烧。

(8) 磷化铬。用加热氯化铬并通入磷化氢、使磷蒸气作用于重铬酸钠或将磷与铬共热等方法，均可制得磷化铬（CrP）。CrP 为结晶状粉末，密度为 $4.68~5.71g/cm^3$，很难熔化，不溶于酸，但能够溶于硝酸和氢氟酸的混合物。将粉状铬与白磷共热还可制得组成为 CrP_2 及 CrP、Cr_2P、Cr_3P 的稳定磷化铬，用此法制得的组成为 Cr_3P 的磷化物，密度为 $6.24g/cm^3$。当加热至 700℃ 时，组成为 CrP_2 的磷化铬解离为磷化物 CrP 和磷，并吸热 27.17kJ/mol。

目前尚缺乏关于金属磷化物的热力学数据，因而无法精确计算生成各种磷化物的条件并弄清炼钢过程中它们的行为。某些金属与磷的化学亲和力的大小可近似用它们的生成热 $\Delta H_{298}^{\ominus}$ 来衡量，如表 1-4 所示。

表1-4 各种磷化物的生成热

磷化物	Fe_2P	AlP	Ba_3P_2	Ca_3P_2	Mg_3P_2	Fe_3P	Mn_3P
$-\Delta H_{298}^{\ominus}$ /kJ·mol^{-1}	140.87	167.20	459.80	501.60	535.04	163.86	130.00

戈什曾根据已有的热力学数据系统地计算了各种磷化物的生成自由能，所得结果如表 1-5 所示。

表1-5 各种磷化物的生成自由能

反 应	$\Delta G^{\ominus} = f(T)/J \cdot mol^{-1}$	温度范围/K	备 注
$P_{2(g)} + 3Ca_{(s)} = Ca_3P_{2(s)}$	$-596904 + 94.05T$	298~1123	
$\frac{1}{2}P_{2(g)} + Fe_{(s)} = FeP_{(s)}$	$-168872 + 47.23T$	—	分 解
$\frac{1}{2}P_{2(g)} + 3Fe_{(s)} = Fe_3P_{(s)}$	$-208582 + 47.23T$	298~1638	
$P_{2(g)} + Fe_{(s)} = FeP_{2(s)}$	$-270864 + 94.05T$	—	分 解
$P_{2(g)} + 3Mg_{(s)} = Mg_3P_{2(s)}$	$-630344 + 94.05T$	298~923	
$\frac{1}{2}P_{2(g)} + Si_{(s)} = SiP_{(s)}$	$-116622 + 47.23T$	298~1423	

1.1.4 磷在钢铁中的存在形式

鉴于磷元素在地壳中的广泛存在及炼铁过程中它必然会或多或少地进入铁水，有必要研究它在钢铁产品中的存在形式及其对钢铁性能的影响。

磷在固体铁中形成置换固溶体。磷在纯 γ-Fe 中的最大溶解度约为 0.5%，在纯 α-Fe 中的最大溶解度约为 2.8%。铁中碳含量增加并不会使磷的溶解度降低，也没有形成碳化物的倾向。在液体铁中则有很多证据表明，磷很可能以 Fe_2P 分子集团的形式存在。磷存在于液体铁中可以改善其流动性。磷在钢中与钒、铬、钛、钨、铝、硅、砷等元素一样是使 γ 相区封闭的元素，它使高温变态点 A_4（1394℃，γ-Fe ＝δ-Fe）降低，使低温变态点升高。它与使晶粒细化的元素铝、铌、钒、钛、铜、钨、铬相反，而与碳、锰等元素相同，是促进晶粒长大的元素。

一般来说，磷在钢中是有害杂质，需在炼钢时尽可能地将其除去，因此希望尽可能使用低磷铁水。但对托马斯生铁来说，因为在托马斯炉内精炼时要靠磷的氧化来提供相当一部分的热量，以维持正常的精炼操作，所以在空气吹炼时，托马斯生铁要求磷含量不低于 1.5%；而在富氧吹炼时，要求不低于 1.0%。另外，对于铸造复杂薄壁铸件（如带有复杂花纹的冲压铸件）用的生铁，也希望其中有一定的磷含量以利用其增加铁水流动性的性能。

磷溶于 α-Fe 中的量不大于 0.20% 时，它是非常有效的硬化剂，有显著的硬化效果。其强化作用仅次于碳，使屈服强度（R_e）与屈强比（R_e/R_m）都显著升高，但使钢的塑性和韧性变坏。一般情况下，钢的屈服强度每增加 0.1MPa，延伸率降低 0.9%；抗拉强度每增加 0.1MPa，延伸率降低 0.6%。特别是在低温条件下，韧性的变坏尤为显著，即能导致钢的冷脆，一般认为这是由于磷原子富集在铁素体晶界形成固溶强化所引起的。磷与碳、硅、硼一样，是对脆性转变温度产生最坏影响的元素（它们使此温度提高）。提高钢中 C、Si 含量，会使含磷钢的冲击韧性进一步恶化，对这方面的研究工作可以追溯到 1937 年华琼斯所做的工作。

1.2 脱磷的重要性及钢铁生产中的脱磷反应

磷在地壳中以磷酸盐的形态存在，约占地壳总重量的 0.12%，在所有一百多种化学元素中列于第 12 位。炼铁生产中，矿石及熔剂不可避免地要将一定数量的磷酸盐带进高炉。在高炉生产条件下，磷酸盐中的磷几乎全部被还原进入金属；炼铁操作对金属中的磷含量不能做任何控制，生铁磷含量完全取决于所用原料的磷含量，因此，国家标准对生铁磷含量未做任何规定。国内外都有一些磷含量高或较高的铁矿。

一般情况下磷在钢铁产品中是有害杂质，需在炼钢时设法将其尽可能多地去除掉；只有在个别场合磷才被作为合金元素，在钢中要求有一定的含量。炼钢生铁根据其磷含量的高低可分为：低磷生铁，$w[P] < 0.3\%$；中磷生铁，$w[P] = 0.3\% \sim 1.0\%$；高磷生铁，$w[P] = 1.0\% \sim 2.0\%$。不同含磷等级的铁水要采用不同的精炼方案，因此，脱磷问题在钢铁冶炼中占有重要的地位。日本、欧洲是许多炼钢方法的发源地，纵观炼钢工艺的发展历程，各种炼钢方法的变迁、兴衰都与脱磷问题有密切的关系[1]。

1.2.1 磷对钢性能的影响

磷在固态钢中形成置换固溶体，在纯 γ-Fe 中的最大溶解度为 $w[P] \approx 0.5\%$，在纯 α-Fe 中的最大溶解度为 $w[P] \approx 2.8\%$，钢中碳含量增加不会降低磷的溶解度。磷可以改善液态铁水、钢水的流动性，并明显加大固、液两相区，使钢水在凝固过程中产生严重的一次偏析，使固态下易偏析的 γ 固溶体区变窄。

磷与晶粒细化元素 Al、Nb、V、Ti、Mo、W、Cr 的作用相反，而与 C、Mn 等元素的作用相同，可促进晶粒长大。磷在 α 固溶体和 γ 固溶体内的扩散速度缓慢，易产生非均质结构，这种结构很难再用热处理的方式消除，尤其是对于没有经过塑性变形的铸态钢。磷在钢的凝固过程中偏析于晶粒之间，形成高磷脆性层，降低钢的塑性，使钢易产生脆性裂纹，低温下尤为显著，如图 1-3 所示。

α 固溶体中 $w[P] < 0.02\%$ 时，磷是非常有效的硬化剂，如图

1-4所示，其硬化作用仅次于碳。磷与碳、硅和硼一样，可提高钢的脆性转变温度。

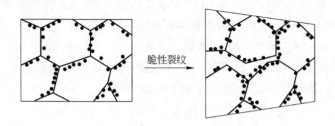

图1-3　钢中磷元素使钢发生脆性裂纹示意图

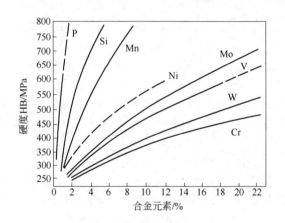

图1-4　钢中合金元素的硬化效应

　　由于磷在钢中的特殊行为，其对钢材性能有诸多影响，主要体现在以下方面：

　　（1）磷使钢的偏析度增大，降低钢的焊接性能。由于磷富集在晶界上，增加了熔合区的脆性裂纹，引起热裂，所以不锈钢、镍钢、管线钢等需有高焊接性能的钢种对磷含量要求严格，同时要求降低钢中硫含量。

　　（2）磷易引发氢致裂纹（HIC）和应力腐蚀裂纹（SCC）。18Cr-10Ni不锈钢在154℃ MgCl$_2$溶液中的应力腐蚀破裂试验表明，当

钢中 $w[\text{N}] \approx 0.02\%$（即一般钢中含量）时，不发生破裂的条件是 $w[\text{P}] < 0.003\% \sim 0.005\%$，这是一个极低的磷含量。20Cr-20Ni 不锈钢（$w[\text{N}] = 0.004\%$）在 143℃ MgCl_2 溶液中的应力腐蚀破裂试验（如图 1-5 所示）表明，磷含量为 $0.02\% \sim 0.04\%$ 时，应力腐蚀破裂时间为 $4 \sim 5\text{h}$；$w[\text{P}] = 0.01\%$ 时，为 10h；$w[\text{P}] < 0.003\%$ 时，破裂时间延长至 25h。所以，用作油气管道的奥氏体不锈钢要求 $w[\text{P}] < 0.05\%$，高强度低合金钢要求 $w[\text{P}] < 0.01\%$。

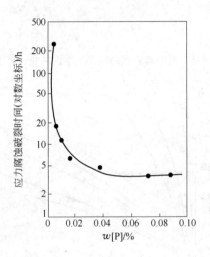

图 1-5   20Cr-20Ni 不锈钢的应力腐蚀破裂试验结果

（应力 3MPa，143℃沸腾的 MgCl_2 溶液中）

（3）磷降低钢的塑性和韧性，低温下尤为显著，即会产生冷脆。一般情况下，若磷使钢材料的屈服强度增加 10MPa，则延伸率相应降低 0.9%；若抗拉强度增加 10MPa，则延伸率下降 0.6%，因而轴承钢、优质碳素结构钢、高速工具钢等钢种对磷含量均有严格要求。磷含量对于冷加工结构钢的稳定性危害很大，该类钢将磷、硫含量作为判定质量等级的依据。合金结构钢对疲劳抗力、耐磨性、韧性等力学性能要求严格。磷虽然是固溶硬化元素，但当 $w[\text{P}] > 0.46\%$ 时，强度将下降。我国于 1982 年修改标准，将高级优质合金结构钢的磷含量由 $w[\text{P}] = 0.030\%$ 改为 $w[\text{P}] = 0.025\%$。

（4）钢中磷会增加钢的回火脆性敏感性和引起冷脆现象。磷使钢在 250～400℃回火时产生低温回火脆性，这种脆性无法用重新加热的方法消除。碳素工具钢需进行退火、淬火、回火等热处理工艺，必须严格控制磷含量。磷在钢中的偏析会增加钢的冷脆性，尤其是低温脆性。由于磷在钢中偏析大且难以消除，很难获得均匀的钢组织，有时需采用长时间的扩散退火才能使组织有所改善。碳钢中磷是一个相对较弱的脆化元素，与合金元素一起共偏聚会加剧高温回火脆性。为消除钢材回火脆性和提高钢材低温延展性，应使 $w[P] \leqslant 0.01\%$；若 $w[Si] = 0.15\% \sim 0.35\%$，则应使 $w[P] \leqslant 0.005\%$。

（5）磷对钢的冲击韧性危害很大。王能贤报道了 -20℃时 16MnR 钢板冲击功与钢中磷含量的关系，如图 1-6 所示。

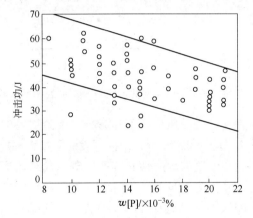

图 1-6　-20℃时磷含量对 16MnR 钢板冲击功的影响

由图 1-6 可见，零下 20℃时，钢板冲击功随磷含量的增加而下降；当 $w[P] \leqslant 0.10\%$ 时，钢板低温冲击韧性较好。合金工具钢中磷含量由 0.03% 降至 0.01% 时，冲击韧性值提高 1 倍以上，因而提出合金工具钢 $w[P] \leqslant 0.005\%$ 的指标，以提高钢的韧性、改善各向异性的缺陷。另外，低合金高强度钢中，磷、硫对钢板冲击韧性的影响极为显著。磷会降低弹簧钢的塑性、韧性、屈强比，影响钢质的均匀性，因而弹簧钢要求磷含量低且波动范围小。

（6）磷存在于钢中会加剧晶间腐蚀。磷元素固溶时向晶界富集，当钢中 $w[P] > 0.01\%$ 时开始出现非敏化状态，随着磷含量增加，晶间腐蚀率急剧提高，而且钢中磷、硫含量增加会加剧碳对晶间腐蚀的影响，因此耐腐蚀钢一般要求 $w[P] < 0.015\%$。磷对晶间腐蚀率的影响见图 1-7。

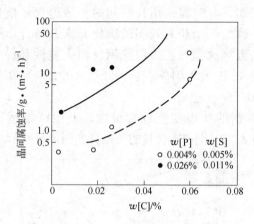

图 1-7　碳、磷、硫含量对 0Cr19Ni9 钢晶间腐蚀率的影响

（7）磷对钢材的表面质量有不利影响。由磷引发的表面缺陷为裂纹，硫、磷含量降至 0.005% 时，钢材表面质量大幅提高。

（8）磷影响高锰钢的耐磨性和寿命。磷以其结晶形式沿晶界析出，会降低钢的耐磨性。据资料介绍，磷含量从 0.07% ~ 0.10% 降至 0.02% ~ 0.04% 时，高锰钢的塑性、韧性、耐磨性提高 40% ~ 50%，同时铸件裂纹大大减少。$w[P] = 0.12\%$ 的高锰钢用来制造圆锥式破碎机衬板，其寿命仅为 $w[P] = 0.038\%$ 高锰钢寿命的 50%。

（9）磷对钢性能的有益作用。由于磷在钢中的固溶强化作用，有些钢种要求钢中含磷。例如，低合金钢往往要求具有更好的综合性能，耐大气侵蚀的低合金钢加入少量 Ca、P、Cr、Ni 等元素可提高耐候性能，允许钢中 $w[P] < 0.045\% ~ 0.050\%$。对于冷轧薄板，利用磷溶解于铁素体来提高强度；但为了避免磷过多而引起脆性，要求 $w[P] < 0.1\%$，凝固过程中磷的大量偏析会使冷轧薄板出现浅色条纹。磷在电工钢中缩小 γ 相区，促进晶粒长大，提高电阻率和

硬度，降低铁损，减轻磁时效（阻碍碳化物析出）；但磷是晶界偏析元素，含量过高会使电工钢的冷加工性能变坏，所以磷含量不能过高，Si 含量低时 $w[P] \leq 0.15\%$，Si 含量高时 $w[P] < 0.03\%$。易切削钢（Y12 钢为 P-S 复合低碳易切削钢）中加入磷可改善表面粗糙度，形成固溶体，提高固溶强度，降低韧性，改善可切削性；但磷含量较高时冷脆性温度提高至 $-10 \sim 10℃$，易产生加工硬化，加上硫、磷偏析，产生严重的带状组织，冷拉时有很强烈的裂纹敏感性，发生脆性断裂。高强度 IF 钢中磷含量每增加 0.01%，其强度增加 10MPa；但磷含量过高时晶界偏析严重而产生脆性裂纹，该类钢的磷含量以控制在 0.015% 内为宜。

一般情况下磷在钢中都被视为有害元素，它对钢的表面质量、裂纹、延展性、拉伸强度、抗点腐蚀、抗应力腐蚀以及焊接性能都有不利影响，特别是在低温条件下使钢产生冷脆的危害更大。所以，冶炼低磷钢和极低磷钢以改善钢材性能仍是钢生产的发展趋势之一。

1.2.2 脱磷反应的研究

鉴于脱磷问题的重要性，各国冶金工作者早就对它给予了足够的重视，开展了大量的研究工作。这些研究工作既有在实验里完成的基础研究，也有半工业规模或工业规模的发展研究。因为欧洲多用高磷生铁炼钢，所以大多数的脱磷研究是在欧洲完成的。近年来，随着高磷贫矿的开发利用，生铁中的磷含量有升高的趋势；而对钢材质量的要求却越来越苛刻，低磷钢的用途扩大了，低磷钢种有所发展，因此，脱磷一直是受到普通关注的重要研究课题。我国也有相当一部分含磷铁矿，有一部分钢厂就是以高磷、中磷铁水为原料进行炼钢生产的。内蒙古的铁矿不但磷含量高而且含有贵重的共生元素，因此脱磷问题还与资源的综合利用联系在一起。我国的锰矿与许多其他国家一样，不但一般品位较低，而且大多含磷较高，因此，有一些铁合金厂生产的高炉锰铁磷含量过高，成为一个突出的问题。由此看来，脱磷问题对我国的钢铁冶金也是非常重要的。

一般认为脱磷反应的速度是很快的。实验室与工厂的研究工作都表明，无论哪一种炼钢方法，在精炼末期炉渣与金属间的脱磷反应都接近达到平衡，在脱氧、出钢和浇注等操作中，由于平衡条件被破坏，很快地发生回磷。因此，关于脱磷反应热力学（即用炉渣从金属中脱磷的热力学条件）的研究远比关于脱磷反应动力学的研究要多。只有在某些特定炼钢方法中，脱磷问题的热力学与动力学两者才具有同等的重要性，结合在一起进行分析讨论。

脱磷反应的热力学研究内容除包括脱磷反应本身的标准自由能变化（不同温度下的反应平衡常数可由此求得）之外，还涉及两个方面：一方面是金属中磷的热力学活度及金属中其他组分对它的影响，另一方面是脱磷产物在炉渣中的热力学活度及渣中其他成分对它的影响。对整个脱磷反应而言，一般后者要重要得多，已发表的研究成果的数量也是关于后者的比关于前者的多。对磷在液体铁中的热力学研究，由于液体铁中各种元素相互作用的复杂性，其数据的分歧还比较大。不过在一般情况下，金属中磷活度的变化幅度与炉渣中脱磷产物活度的变化幅度相比要小得多，因此在多数脱磷反应研究中，当金属液中磷和其他杂质元素的含量都比较低时，可以认为金属液服从亨利定律，可用质量百分数代替活度进行热力学处理。至于液体炉渣中脱磷产物的热力学活度，所发表的定性研究资料一般是一致的；但就其定量的数据而言，则各家的分歧仍然很大，这主要是由液体炉渣的成分、结构及组成之间相互作用的复杂性造成的。不同的研究工作者在各自的实验条件下，将所得数据归纳为各种各样经验的或半经验的定量公式。尽管不断有人企图用这样或那样的公式来统一这些相分歧的数据，但即使是最受肯定的公式也只能在一定的条件下才可应用。

尽管关于脱磷反应研究的定量数据还有较大的分歧，但各种脱磷的实践（实验室研究和工业及半工业规模的试验）仍在不断地发展。例如，关于高碳铁水脱磷的禁区早已被突破，并已给予了必要的理论说明。缺乏资源的日本为了满足转炉钢品种质量的要求，也为了开发转炉无渣（或少渣）冶炼新工艺并将其作为实现连续炼钢的一个预备性步骤，正在大力开展铁水同时脱硫、脱磷的研究。另外，还发展了各种还原脱磷法，主要适用于不锈钢和一些铁合金的脱磷。钢铁生产中更多是采用氧化脱磷的方法，它是指脱磷处理在氧化气氛中或在添加氧化剂的条件下进行，金属中的磷被氧化为 +5 价，以磷酸盐的形态固定在炉渣中。炉渣根据所用熔剂分为石灰与苏打两大渣系，脱磷产物分别为 $3CaO \cdot P_2O_5$、$4CaO \cdot P_2O_5$、$Ca_5(PO_4)_3Cl$、$Ca_5(PO_4)_3F$、$Ca_5(PO_4)OH$、$3Na_2O \cdot P_2O_5$ 及 $3K_2O \cdot P_2O_5$。

石灰是良好的脱磷固定剂，可以把磷氧化物牢固地结合在炉渣中，但需另配氧化剂，首先使金属中的磷氧化。石灰本身的熔点很高，需另配助熔剂，其中除传统使用的 CaF_2 之外，最近还试验使用了 $CaCl_2$，其效果比 CaF_2 更好；另外，各种氟化物、氯化物与硼化物都已被证明是有效的助熔剂。CaF_2 和 $CaCl_2$ 除助熔作用外，本身也参加脱磷，脱磷产物经 X 射线衍射分析鉴定为 $Ca_5(PO_4)_3F$ 与 $Ca_5(PO_4)_3Cl$。采用 $CaO\text{-}FeCl_2$ 系脱磷剂在氮气气氛下对铁液进行脱磷，经鉴定，脱磷产物不是原先所期待的卤化磷而仍是磷酸盐。实验与理论计算表明，这里作为氧源的竟是 CaO。为了防止回磷，曾研究过用过氧化钙（CaO_2）代替石灰。约 400℃ 时 CaO_2 在金属与熔渣界面分解：

$$CaO_2 = CaO + \frac{1}{2}O_2$$

同时，其提高了焙烧的碱度和界面氧分压，非常有利于脱磷。在碱土金属氧化物系列中，理论分析与基础试验都已证实 SrO 与 BaO 应是比 CaO 更有效的脱磷剂，只是不如使用 CaO 经济和取材方便。

$CaCO_3\text{-}CaSO_4$、$BaSO_4\text{-}CaCO_3$ 是高熔点的渣系，实验证明它们对铁液具有较强的脱磷能力且不会发生回磷。苏打脱磷的实验研究始于 20 世纪 40 年代末。70 年代以前的研究仅把苏打作为固定剂使用（磷酸钠比磷酸钙更稳定），氧化剂需另行添加。70 年代以来，日本冶金界对苏打用于铁水同时脱硫、脱磷开展了大量的研究，以至有人预言"苏打冶金"（即所谓的"钠冶金"）将会盛行。他们的研究证实，苏打灰不仅是很好的固定剂而且本身也是氧化剂，加之熔点低、高温下流动性好，所以可以单独使用。而且精炼后的苏打渣是水溶性的，便于回收再利用，因而存在工业应用的可能性。实际上，苏打冶金工艺已在日本住友金属鹿岛厂工业化。从苏打铁水脱磷的基础研究工作的首次发表到实现工业化应用，其间经历了整整 20

年。苏打灰在对已预脱硅的铁水脱磷、脱硫的同时，对铁水中的钒和铝也有提取作用，这对我国铁矿资源的综合利用是有重大借鉴意义的。苏打灰再配加各种氧化剂和其他添加剂，效果会更好。

石灰、苏打两大渣系还可以互相渗透，这方面也已取得了成果。例如，以 CaO 为主的 $CaO\text{-}Fe_2O_3\text{-}CaF_2\text{-}Na_2CO_3$ 渣系中配加苏打会加速渣料熔化，从而使磷在渣中结合得更稳定，能防止回磷。又如，$Na_2CO_3\text{-}CaO\text{-}Fe_2O_3$ 系主要靠苏打脱硫、脱磷，加入石灰可减少苏打的气化损失。

为了使含有大量比磷更容易氧化的合金元素（Al、Si、Mn、Cr 等）的金属（如含铬不锈钢及铝、硅、锰、铬质铁合金）脱磷，发展了完全是另外一种机制的还原脱磷法。还原脱磷法是指在惰性气氛或还原气氛中进行脱磷，金属中的磷被还原为 -3 价，以磷化物的形态析出进入炉渣或气化跑掉，其脱磷产物为 Ca_3P_2、Mg_3P_2、Na_3P 和 AlP。这里作为脱磷剂的还原性物质主要是钙。钙与磷有较大的亲和力，如能在惰性气氛中使金属钙与液体金属接触，可期望生成 Ca_3P_2 以脱除金属中的磷。但钙的熔点为 839℃、沸点为 1484℃、密度为 $1.55g/cm^3$，1600℃时蒸气压达 1.98atm（1atm = 101.325kPa），而且在高温铁液中的溶解度十分有限（1600℃时 $w[Ca] = 0.032\%$），为了较长时间地保持钙与铁液的接触，以促进磷化钙的形成，需要采取一些技术性措施。方法之一是加压，例如，向一抽真空的密封容器（可以是一个钢包）中充氩至 1~8atm，然后分批向 1600℃的 Fe-P 熔体中加入金属钙，使金属表面生成液体钙以利于脱磷。更好的方法是使 Ca 溶于 CaF_2 熔体中。已查明，Ca 与 CaF_2 在高温下可以完全混溶。因此，在 CaF_2 熔点（1418℃）以上的温度下，使 $Ca\text{-}CaF_2$ 熔体在惰性气氛中与铁液接触时可以发生下列还原脱磷反应：

$$3(Ca) + 2[P] \Longrightarrow (Ca_3P_2)$$

或 $$3(Ca) + 2(P) \Longrightarrow 3(Ca^{2+}) + 2(P^{3-})$$

此法被命名为 MSR（Metal Bearing Solution Refining），即在惰性气氛中用碱土金属及其卤化物熔体形成的溶液精炼金属的方法。由于钙有很高的化学活性，可将铁液中一系列有害杂质，如 P、O、S、N、As 等 V_A 和 VI_A 族元素及 Sn、Pb 的含量同时降至很低的水平，此即所谓的"钙冶金"。

用价廉而又容易分解出钙的化合物来代替金属钙，肯定是更为经济的。据查，CaC_2 和 $CaCN_2$ 均为不稳定的钙化合物，其中，CaC_2 的价格仅为钙的 1/20。又据 A·米歇尔的研究，高温下 CaC_2 在 CaF_2 熔体中有足够大的溶解度，由此发展了 CaC_2-CaF_2 系还原脱磷法，被命名为 CAR（Calcium Carbide Refinning）。实验表明，$CaCN_2$ 的效果不如 CaC_2 好。Si-Ca 合金及钙的氟化物 CaF_2 熔体形成的溶液，用于液态金属的还原脱磷也是有效的。以上 MSR 与 CAR 法都使用大量 CaF_2 为熔剂，对耐火材料有严重的侵蚀作用，因此，多用于使用水冷铜模的电渣炉和等离子熔炼炉。为了使这些方法也适用于以耐火材料为衬的反应器，进行了单独用固态 CaC_2 脱磷或少用 CaF_2（例如 $w(CaF_2) = 10\% \sim 25\%$）的 CaC_2-CaF_2 半熔融状态的熔剂脱磷试验，证明它们对碳不饱和的液体合金（包括高铬钢和碳素钢）都是有效的。

在 Fe-Si 液态合金中，发现 Al 含量与 P 含量之间有一种特殊的关系，即加 Al 后 P 含量降低；加 P 后 Al 含量降低；同时加 Al、加 P，则合金中 P 和 Al 的含量各减少一半以上。据分析，之所以产生这种效应可能是由于生成气态 AlP 所致。文献中也有关于挥发性的 Si 和 AlP 存在及其生成热的报道。此外，用铝片包裹 NaF、NaCl 等钠盐加入碱性渣中，可生成 Na_3P 使液体锰合金脱磷。

含有大量硅、铝的铁合金体系的平衡氧势极低，例如，$w[Al] > 10\%$ 时可使体系氧势降至 $p_{O_2} = 10^{-18} \sim 10^{-17}$ atm，这时可用稳定的 CaO 作为钙源在强还原条件下进行脱磷，而固体碳的存在对这种方式的脱磷有促进作用。脱磷反应的通式可写为：

$$2[Me''P] + 3(Me'O) + 3C_{(s)} === (Me_3'P_2) + 2[Me''] + 3CO_{(g)}$$

$$2[Me''P] + 6(Me'O) + \frac{3}{2}Si === (Me_3'P_2) + 2[Me''] + \frac{3}{2}(2Me'O \cdot SiO_2)$$

式中　Me'——碱土金属，如 Mg、Ca、Ba、Sr；

Me''——过渡族金属，如 Cr、Mn、Fe、Ni。

这种脱磷法用于硅、铝质铁合金，往往可以利用含有大量 Me′O （CaO 或 MgO）的铁合金废渣进行倒包渣洗；成本比较低，但由于磷在炉渣与金属之间的分配比较小（$L_P < 5$），为了有效地进行脱磷就需要很大的渣量，例如两倍于金属的渣量。这种脱磷法对硅、铝含量低的合金则不生效，例如用 CaO-CaF$_2$ 渣系对液态 Si-Mn 合金脱磷，仅适用于 $w[Si] > 25\%$ 的高硅硅锰合金。

所谓气化脱磷，是指真空条件下按下式进行的脱磷：

$$[P] = \frac{1}{2}P_{2(g)}$$

此法只有在金属 Si 含量很高（例如 $w[Si] > 40\%$）时才有可能适用，对 Fe-Si、Fe-Si-Cr 合金等有效，因为硅是使铁中磷活度提高最多的元素。

最近，还发展了在脱磷剂熔点以上、被脱磷金属熔点以下的温度范围内，用液体或气体脱磷剂对固体合金粉末进行脱磷处理的方法。其中，既有属于氧化脱磷的（苏打渣系），也有属于还原脱磷的（用气态碱土金属或含碱土金属的 CaF$_2$、CaCl$_2$、MgCl$_2$ 溶液）。固体合金粒的脱磷在热力学方面有以下有利条件：

（1）磷在固体金属（如 γ-Fe）中比在液体金属中有更高的活性；

（2）低温条件下有利于脱磷反应进行；

（3）避免了有高化学活性的脱磷剂（苏打或碱土金属）在高温下过度地挥发损失。

生产中往往出现这种情况，同样的脱磷剂与被脱磷金属，金属为液体时不能脱磷，为固体时则能脱磷。例如，用液体苏打对含铬不锈钢水、液态铬铁或液态锰铁脱磷不能成功，但对固体铬铁粒与锰铁粒则能成功地脱磷。

作为概括，图 1-8 示出各种液态、固态合金氧化脱磷、还原脱磷及气化脱磷之间的关系。图中横坐标是按金属易氧化程度为序排列的。可以看到，液态合金氧化脱磷与还原脱磷的分界线是清晰的，在铁基和铬基合金之间，分界线两侧表示氧化脱磷与还原脱磷的区域，迄今未见重叠；而固态合金氧化脱磷与还原脱磷则没有明确的

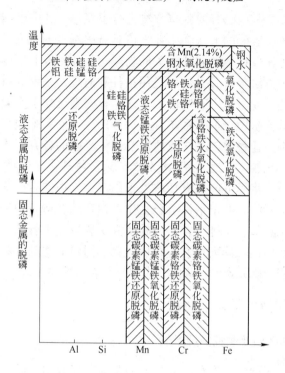

图 1-8 液态、固态合金氧化脱磷、还原脱磷及气化脱磷之间的关系

分界线，例如，固态铬基合金和锰基合金既可以氧化脱磷也可以还原脱磷。

在钢铁生产过程中，为了回收利用炼钢炉渣中的铁和其他元素，需考虑对炉渣进行脱磷处理。日本东京大学松下幸雄对此进行了一系列的基础研究和开发研究。利用碳和硅铁使炉渣中的铁和磷都被还原，而被还原转至金属相中的磷由于金属中硅含量很高，大大地提高了活度，容易按反应 $[P] = \dfrac{1}{2}P_{2(g)}$ 气化。在真空条件下和体系产生一氧化碳气泡时，将促进和加速磷的气化。气化后的磷可冷凝收集，从而达到同时回收铁和磷的目的。试验发现，也可用锡代替硅使铁和磷分别回收。因为锡和硅一样，也使金属中磷的活度大幅度地增高，从而容易进入气相。

以上就文献中已有的脱磷方法进行了概述，其中以钢水用石灰渣系进行氧化脱磷的方法在工业上最具有根本性的意义，本书将在以下章节中比较详尽地叙述有关的物理化学原理及其实际应用。其他各种脱磷方法各有其具体的应用条件和对象，是钢水石灰渣氧化脱磷的一些补充。其中有些已工业化，有些则还处于实验室研究及小型工业试验阶段。本书将在有关章节里尽可能系统地介绍其方法和原理。因为这些脱磷法广泛地涉及无机界磷的各方面物理化学性质，所以，比较广泛地了解无机界磷元素的物理化学资料是必要的。接下来的各节将尽可能地概括散见于许多文献中的有关这方面的资料，这些资料将有助于钢铁冶金工作者拟定从金属和炉渣中脱磷的各种途径和方案、安排脱磷的基础研究实验以及进行炼钢炉渣的综合利用，在他们阅读大量有关金属脱磷、回磷的文献资料，理解钢铁生产过程中磷元素的行为时，也将是很有帮助的。

1.3 脱磷技术的发展概况

1.3.1 铁水预处理脱磷技术

石油、天然气、汽车、电子等工业的发展对钢材质量的要求越来越高，因此，纯净钢、超纯净钢的生产技术获得迅速发展。为了生产纯净钢和超纯净钢以及普遍采用连铸技术，铁水脱硫、脱磷技术获得广泛应用。20 世纪 70 年代后期，铁水预处理—转炉—炉外精炼已成为转炉炼钢的优化工艺线路。对转炉炼钢车间，全量铁水脱硫已被钢铁界普遍接受，而对铁水脱磷技术的采用，目前国内钢铁界尚存在一定分歧[2]。

早于 20 世纪 70 年代末期至 80 年代初期，为了生产低磷、超低磷钢种，日本各大钢铁公司相继开发了铁水罐或混铁车铁水"三脱"（脱硅、脱硫及脱磷）技术，并均已投入工业化生产。由于铁水罐或混铁车脱磷尚存在一些问题，90 年代后期，日本一些钢铁企业根据本厂具体条件又相继开发了转炉脱磷工艺，并在日本钢管福山厂一、二炼钢车间以及新日铁君津二炼、住友金属和歌山厂被采用，称为 SRP 工艺（Simple Refining Process）。

1978 年 7 月，新日铁君津厂开发了铁水脱硅、脱磷技术，于 1982 ~ 1983 年在君津一、二炼钢厂相继投产，称为 ORP 工艺（Optimizing Refining Processing），旨在把过去传统转炉进行脱硅、脱磷、脱硫、脱碳的工序分三段进行，以使各工序在热力学最佳条件下进行冶炼。所谓三段工序是指在高炉出铁槽中进行脱硅，在铁水罐或混铁车内进行脱磷、硫，在转炉中进行脱碳。当高炉铁水硅含量高时，尚需在铁水罐或混铁车中进行二次脱硅，其脱硅目标值应为 $w[Si] \leqslant 0.15\%$，以满足铁水脱磷要求。

近年来，用户对低磷钢和超低磷钢的需求明显增加，特别是深冲钢和高级别管线钢等对磷含量要求苛刻的钢种，常规转炉炼钢法难以低成本地组织生产。20 世纪 90 年代中后期，为解决超低磷钢的生产难题，日本各大钢厂进行了转炉铁水脱磷的试验研究。1993 ~ 2007 年，日本新日铁、JFE、住友金属和神户制钢四家钢铁企业申请的转炉脱磷专利量分别为 33 项、40 项、18 项和 7 项。

日本发明的转炉脱磷炼钢工艺的操作方式主要有两种，其中一种是采用两座转炉双联作业，一座脱磷，另一座接受来自脱磷炉的低磷铁水脱碳，即"双联法"。而双联法是日本各大钢厂目前采用的最先进的转炉炼钢方法，其主要优势是：炉内自由空间大，允许强烈搅拌钢水；顶吹供氧，高强度底吹；不需要预脱硅；废钢比较高；炉渣碱度较低，渣量大幅下降；处理后的铁水温度较高，大幅提高了脱磷效率。

日本各大钢厂发明的双联法转炉炼钢工艺与混铁车和铁水罐法脱磷相比，具有大批量生产纯净钢的优势，转炉容量大，有充分的反应空间，反应动力条件优越，通常铁水磷含量可脱至 0.010%，为少渣冶炼创造了条件。

1.3.2 日本转炉钢厂铁水脱磷的实绩

1.3.2.1 基本情况

新日铁君津二炼钢厂采用 ORP 工艺，铁水脱硅在高炉出铁槽中进行，吨铁脱硅剂加入量一般为 30kg；铁水脱磷在混铁车中进行，吨铁脱磷剂（铁矿石粉或烧结矿粉）加入量一般为 50kg。该厂平均月处理铁水量已达 20 万吨，1982 年 9 月 ~1983 年 7 月共处理铁水量已达 204 万吨。高炉出铁脱硅目标值为 $w[Si] \leqslant 0.15\%$。脱磷工序目标值视冶炼钢种要求而异，冶炼低磷钢时，要求处理后的铁水磷含量为 $w[P] = 0.01\% \sim 0.02\%$；冶炼普碳钢时，要求铁水磷含量为 $w[P] = 0.03\% \sim 0.05\%$。

住友金属鹿岛厂在高炉出铁槽内进行脱硅，在混铁车内进行二次脱硅，采取真空吸渣后进行铁水脱磷，脱磷后再进行真空吸渣，而后兑入转炉。脱硅剂（烧结矿粉）在高炉出铁槽及混铁车中加入，吨铁加入量为 31kg；脱磷剂（苏打灰）在混铁车中加入，吨铁加入量为 19kg，苏打灰可进行回收利用。经脱磷后的铁水成分变化见表 1-6。

表 1-6　经脱磷后的铁水成分变化　　　　　　　　　（%）

$w[i]$	铁水原始成分	脱硅后铁水	脱磷后铁水
$w[Si]$	0.64	0.08	0.03
$w[P]$	0.100	0.010	0.001
$w[S]$	0.034	0.050	0.002

住友金属和歌山厂从 1982 年 7 月开始，以生产极低磷钢用铁水为目的，在 150t 混铁车内用生石灰作脱磷剂进行了喷吹试验，其后又在 50t 铁水罐内进行喷吹试验并取得进展。1984 年 7 月，用于大量铁水脱磷处理的设备开始投入生产。150t 混铁车脱磷处理铁水主要是供转炉生产低磷钢、高碳钢、高锰钢，50t 铁水罐脱磷铁水是供 AOD 生产不锈钢。1985 年 11 月，其月处理铁水量达 24 万吨，约占全部铁水量的 70%。由于转炉采用小渣量操作工艺，有助于生产费用的降低。脱磷剂组成及粒度见表 1-7。

表 1-7　脱磷剂组成及粒度

组　成	生石灰	氧化铁屑	萤　石	氯化钙	粒　度
含量/%	30~40	50~55	5~10	0~5	<0.15mm

$w[Si] > 0.1\%$ 时为脱硅期，$w[Si] \leqslant 0.1\%$ 时为脱磷期，当顶吹氧强度（标态）为 $6m^3/min$ 时（50t 铁水罐），在脱硅期内铁水温度

有所上升，因此，脱磷期内铁水温度降低的问题得到一定改善。

川崎公司千叶钢厂采用 Q-BOP 转炉进行脱磷，即将铁水兑入 Q-BOP转炉，加入脱磷剂，其中每吨铁水加入生石灰 20kg、铁矿石 28kg，吹入氧气（标态）6m³ 脱磷处理前后的铁水成分及温度变化见表1-8。

表1-8　脱磷处理前后的铁水成分及温度变化

$w[i]/\%$	$w[C]$	$w[Si]$	$w[Mn]$	$w[P]$	$w[S]$	温度/℃
脱磷处理前	4.5	0.2	0.4	0.14	0.02	1370
脱磷处理后	3.7	—	0.3	0.01	0.01	1370

处理后的铁水从 Q-BOP 转炉中倒出，将熔渣排出，脱磷后的铁水再兑入另一座 Q-BOP 转炉炼钢。

神户制钢在高炉出铁槽中进行铁水脱硅，铁水流入铁水罐中，经铁水处理炉进行脱磷，处理后兑入转炉。脱硅、脱磷处理前后的铁水成分见表1-9。

表1-9　脱硅、脱磷前后的铁水成分　　　　（%）

$w[i]$	铁水原始成分	脱硅后铁水	脱磷后铁水
$w[Si]$	0.04	0.18	—
$w[P]$	0.085	0.082	0.015
$w[S]$	0.040	0.040	0.010

1.3.2.2　铁水脱硅、脱磷工艺存在的主要问题

铁水脱硅、脱磷处理技术为日本在 20 世纪 70 年代开发的一项铁水预处理工艺，同时在日本各钢铁公司获得了广泛应用并取得了良好效果，它已成为转炉冶炼低磷、极低磷或超低磷钢的重要手段。由于转炉采用少渣冶炼，转炉冶炼工艺也获得改善，为提高钢质量和降低转炉生产成本提供了良好条件。

尽管如此，被普遍推广采用的这项技术，在一定条件下，工艺上尚存在一些问题，需在今后进一步改进完善。

（1）工艺过程引起的铁水温降比较大。就转炉冶炼热平衡条件而言，转炉冶炼的热量来自铁水带入的显热及化学热。当采用铁水

脱硅、脱磷工艺时，由于化学元素的烧损及加入大量脱磷剂，致使铁水化学热及铁水温度降低，因此兑入转炉的铁水温度偏低。以君津厂为例，铁水脱磷前后的温降一般大于100℃。1984年11月~1985年1月，君津厂铁水实际温度见表1-10。

表1-10 铁水脱磷前后的成分及温度变化

项 目	高炉出铁	铁水脱磷前	铁水脱磷后
$w[Si]/\%$	0.38	0.15	0.02
$w[P]/\%$	0.090	0.132	0.025
温度/℃	1521	1376	1270

铁水自脱磷后至兑入转炉时，温度还需下降30℃左右，因此，兑入转炉铁水的温度仅为1240℃，从而给转炉吹炼带来诸多困难。由于热量不足，使转炉炉料中的废钢比大幅度降低，同时往往造成吹炼中渣铁黏附氧枪，尤其当冶炼高碳钢时更会感到热量不足，有时甚至需要外供热源，如喷吹或加入焦炭，以弥补转炉吹炼热量的不足。

（2）脱硅剂、脱磷剂消耗量大。脱硅剂一般在高炉出铁槽中加入，加入量视高炉铁水原始硅含量及出铁速度而定。当高炉铁水$w[Si] \approx 0.3\%$、脱硅后铁水硅含量为$w[Si] \leqslant 0.15\%$时，吨铁需加入脱硅剂30kg。脱硅剂的组成及粒度见表1-11。

表1-11 脱硅剂的组成及粒度

FeO/%	Fe_2O_3/%	CaO/%	SiO_2/%	其他/%	粒度/mm
17.82	53.12	8.3	5.24	15.32	<3

脱磷剂一般在混铁车或铁水罐中加入，加入量视铁水原始磷含量及残留渣量而定。当铁水硅含量为$w[Si] = 0.15\%$、欲将铁水中的磷降至$w[P] = 0.01\% \sim 0.02\%$时，吨铁脱磷剂的消耗量约为50kg。脱磷剂的组成及粒度见表1-12。

表1-12 脱磷剂组成及粒度

氧化铁屑/%	CaO/%	CaF_2/%	$CaCl_2$/%	粒度/mm
55	35	5	5	<1

（3）铁水供送系统流程复杂。由于采用铁水脱硅、脱磷技术，使从高炉至炼钢供送铁水的工序有所增加，传搁时间有所延长，每次延长时间约为 2h。铁水脱硅、脱磷与不脱硅、脱磷（仅脱硫）工艺的工序比较如表 1-13 所示。

表 1-13　两种工艺的工序比较

序　号	铁水脱硅、脱磷	铁水脱硫
1	高炉出铁脱硅	高炉出铁
2	扒除脱硅渣	—
3	进入脱硅、脱磷间	—
4	铁水二次脱硅	—
5	扒除脱硅渣	—
6	铁水脱磷	铁水脱硫
7	扒除脱磷渣	扒除脱磷渣
8	进入炼钢倒罐站	进入炼钢倒罐站

（4）铁水罐、混铁车装铁水量减少。由于铁水脱硅、脱磷工艺在铁水罐或混铁车内加入大量的脱硅剂、脱磷剂，化学反应较为激烈，为了抑制铁水温降过大，采取吹入部分氧气时喷溅更为激烈，因此需在铁水罐或混铁车上部留出适当的反应空间，从而导致装入铁水量减少，不利于与转炉装入量相匹配。由于铁水脱硅、脱磷产生大量酸性渣，使内衬侵蚀加剧，原用黏土质内衬已不能满足要求，一般将内衬改为 Al_2O_3、SiC、C 质耐材，导热系数较大，使铁水温降加剧。

鉴于此，为了生产纯净钢、超纯净钢和提高钢的质量，适当提高转炉生产率，降低生产成本，日本一些钢厂相继开发了在转炉内进行铁水脱磷的方法和另座转炉的脱碳工艺，具体参见 1.3.4 节。

1.3.2.3　铁水脱磷工艺方案的选择

近年来，SRP 技术在日本一些转炉钢厂被采用，并取得了良好效果；另一些转炉钢厂，根据本厂具体条件仍采用混铁车或铁水罐进行脱磷。我国一些钢厂是否采用铁水脱磷或其他脱磷工艺，应根据产品方案、铁水供送方式、车间转炉座数和同时吹炼转炉座数以及炼钢与炼铁、轧钢生产能力的平衡情况等因素综合分析确定。

当生产不锈钢且用高炉铁水为部分原料时,应采用铁水脱磷技术,脱磷后铁水中 $w[P] \leqslant 0.010\% \sim 0.015\%$,一般采用铁水罐脱磷。

对于低磷钢($w[P] \leqslant 0.015\%$)、极低磷钢($w[P] \leqslant 0.01\%$)和超低磷钢($w[P] \leqslant 0.005\%$),应采用铁水脱磷工艺。其脱磷工艺应视现有铁水供送方式(如混铁车或铁水罐)而定,铁水脱磷能力应视低磷、极低磷、超低磷钢的产量而定。

1.3.3 铁合金氧化脱磷/还原脱磷

1.3.3.1 氧化脱磷的缺点

当生产高钒或高铬钢时,用氧化法脱磷时能否实现保钒去磷、保铬去磷,可根据热力学判断[3]。

由

$$4CaO + 2[P] + 5[O] \Longrightarrow 4CaO \cdot P_2O_5$$

$$\Delta G_1^{\ominus} = -1336600 + 546.8T \quad (J/mol) \tag{1-1}$$

$$2[V] + 3[O] \Longrightarrow V_2O_3$$

$$\Delta G_2^{\ominus} = -810030 + 337.4T \quad (J/mol) \tag{1-2}$$

可得: $4CaO + 2[P] + \frac{5}{3}V_2O_3 \Longrightarrow 4CaO \cdot P_2O_5 + \frac{10}{3}[V]$

$$\Delta G_3^{\ominus} = 13450 - 15.5T \quad (J/mol) \tag{1-3}$$

冶炼 W6Mo5Cr4V2 高速钢时,实际反应自由能为:

$$\Delta G_3 = \Delta G_3^{\ominus} + RT\ln a_{[V]}^{10/3}/a_{[P]}^2 = 13450 + 42.6T \quad (J/mol)$$

因此,氧化脱磷时,钒比磷更易氧化。

[Cr] 与 [O] 在碱性渣中的反应如下:

$$2[Cr] + 3[O] \Longrightarrow Cr_2O_3$$

$$\Delta G_4^{\ominus} = -707800 + 303.7T^{[1]} \quad (J/mol) \tag{1-4}$$

式 (1-1) 与式 (1-4) 联立可得:

$$4CaO + 2[P] + \frac{5}{3}Cr_2O_3 \Longrightarrow 4CaO \cdot P_2O_5 + \frac{10}{3}[Cr]$$

$$\Delta G_5^{\ominus} = -156933 + 40.6T \quad (\text{J/mol}) \qquad (1-5)$$

冶炼 W6Mo5Cr4V2 钢，当 $T = 1823\text{K}$、$w[\text{P}] = 0.03\%$ 时，$\Delta G = 82.6\text{kJ/mol}$，氧化脱磷时铬也将被氧化。冶炼 0Cr18Ni9Ti 钢，当 $T = 1823\text{K}$、$w[\text{P}] = 0.03\%$ 时，$\Delta G = 170.3\text{kJ/mol}$，由此可见，氧化脱磷时铬氧化严重。

1.3.3.2 还原脱磷的可能性

为实现还原脱磷，必须保证很低的氧势（$p_{O_2} < 2.23 \times 10^{-14}$ Pa）[4]。由 Al、Ca、Mg 和 CaC_2 等还原脱磷的平衡氧势可见，用 Al 作还原剂，达不到还原脱磷所需的氧势；用 Ca、Mg、CaC_2 与 CaSi 等作还原剂，可以达到还原脱磷所需的氧势（见表 1-14）[3,4]。用 Ca、Mg、CaC_2 与 CaSi 作还原剂时，平衡磷含量 $w[\text{P}]_{\text{平}}$ 低于钢种所需要求（见表 1-15）[1]。

表 1-14   不同还原剂的热力学数据及平衡氧分压

反 应 式	$\Delta G^{\ominus}/\text{J} \cdot \text{mol}^{-1}$	平衡氧分压 p_{O_2}（$T = 1823\text{K}$）/Pa
$2[\text{Al}] + \dfrac{3}{2}O_2 = Al_2O_3$	$-1556540 + 379.1T$	$w[\text{Al}] = 0.1\%$，$p_{O_2} = 2.6 \times 10^{-11}$ $w[\text{Al}] = 1\%$，$p_{O_2} = 2.3 \times 10^{-12}$
$Ca_{(1)} + \dfrac{1}{2}O_2 = CaO$	$-540150 + 108.57T$	$p_{O_2} = 4.5 \times 10^{-26}$
$Mg_{(1)} + \dfrac{1}{2}O_2 = MgO$	$-609570 + 116.52T$	$p_{O_2} = 1.7 \times 10^{-23}$
$CaC_2 + \dfrac{1}{2}O_2 = CaO + 2[\text{C}]$	$-519920 + 48.78T$	$a_{[\text{C}]} = 1$，$p_{O_2} = 2.0 \times 10^{-25}$
$CaSi + \dfrac{1}{2}O_2 = CaO + [\text{Si}]$	$-550639 + 33.40T$	$a_{[\text{Si}]} = 0.2$，$p_{O_2} = 4.5 \times 10^{-21}$

表 1-15   金属还原脱磷剂的平衡磷含量

反 应 式	$\Delta G^{\ominus}/\text{J} \cdot \text{mol}^{-1}$	$w[\text{P}]_{\text{平}}$（$T = 1823\text{K}$）/%
$Ca_{(1)} + \dfrac{2}{3}[\text{P}] = \dfrac{1}{3}(Ca_3P_2)$	$-146730 + 55.80T$	0.012
$Mg_{(1)} + \dfrac{2}{3}[\text{P}] = \dfrac{1}{3}Mg_3P_{2(s)}$	$-137689 + 53.88T$	0.012
$CaC_2 + \dfrac{2}{3}[\text{P}] = \dfrac{1}{3}(Ca_3P_2) + 2[\text{C}]$	$-26500 + 4.00T$	0.007
$CaSi + \dfrac{2}{3}[\text{P}] = \dfrac{1}{3}(Ca_3P_2) + [\text{Si}]$	$-57219 + 19.40T$	0.00002

1.3.3.3 铝镁合金的优越性

铝镁合金的优越性体现在如下几方面:

(1)利用率较高。镁在钢中的溶解度高于钙在钢中的溶解度。由图1-9可见,镁在钢中的标准溶解自由能小于钙在钢中的标准溶解自由能。1873K时,钙在钢液中的溶解度为$w[Ca] \approx 0.016\%$,而镁在钢中的溶解度为$w[Mg] \approx 0.04\%$。因此,镁比钙有更大的脱磷潜力。

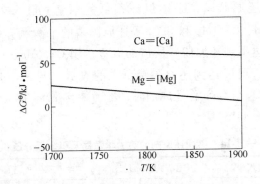

图1-9 镁与钙在钢中的标准溶解吉布斯自由能

Ca、Mg、CaC_2与CaSi在高温下易挥发。当$w[C] < 0.5\%$时,CaC_2的分解速度很快,钙受到很大的挥发损失,因此冶炼不锈钢时,CaC_2的挥发损失高达78.4% ~ 89.9%,另外一部分主要与氧、硫等反应,而用于脱磷的CaC_2只占1.5%左右。可见,CaC_2的利用率极低。而铝镁合金中的铝能起到终脱氧作用,可减少部分镁与氧反应。通过喂丝法加入铝镁合金,可提高镁的利用率。

(2)增碳甚微。冶炼超低碳0Cr18Ni9Ti钢时,如用CaC_2作还原剂,钢中很容易增碳,使钢成分出格。而用铝镁合金脱磷,基本无增碳现象。

(3)易于保存和运输。Ca在空气中就能与氧气发生氧化反应,而碳化钙在运输过程中有发生爆炸的危险。铝镁合金在空气中能保存,运输过程无危险。

1.3.3.4 锰铁合金真空氧化脱磷

锰铁合金是炼钢生产的重要原料之一,应用于钢的脱氧和合金化, 由于其用量较大且在炼钢终点时加入钢包, 锰铁合金的质量直接影响到成品钢的质量。锰铁合金的脱磷一直是冶金工作者研究的重要内容, 常规条件下采用强碱性的 BaO 基熔渣, 虽然能够获得大于40%的脱磷率, 但仍存在1%左右的锰损。真空虽然对氧化脱磷反应本身没有明显影响, 但可以防止在锰铁合金脱磷过程中锰被大气氧化, 还可以促进碳对氧化锰的还原, 产生的 CO 气泡搅拌熔池, 促进了脱磷反应的进行, 因此可实现氧化脱磷过程保锰的目的。编者[5]曾研究在真空条件下, 高碳锰铁合金氧化脱磷过程中影响脱碳效果的因素以及脱磷过程元素的变化, 得到提高脱磷率、降低锰损、实现脱磷保锰的途径。

1.3.4 转炉炼钢脱磷技术

1.3.4.1 国内外大型转炉炼钢脱磷技术

鉴于铁水罐、混铁车脱硅、脱磷工艺存在诸多缺点, 为了生产纯净钢和超纯净钢, 提高钢的质量, 适当提高转炉生产率, 降低生产成本, 日本一些转炉钢厂于 20 世纪 90 年代中后期开发了转炉脱磷和另座转炉脱碳工艺, 住友金属称之为 SRP 法。

转炉车间钢产量已发挥了转炉最大生产能力, 当转炉车间钢产量已按 2 吹 2 或 3 吹 3 设计时, 则转炉已无富余能力, 在此条件下一般不宜选取 SRP 工艺。如产品方案有要求时, 也可采用铁水罐或混铁车进行部分铁水脱磷。

转炉车间设计钢产量按 2 吹 1 或 3 吹 2 考虑时, 由于近年来采用溅渣护炉以及炉衬耐火材料的材质有所改善, 转炉炉衬寿命已达数千炉甚至超过万炉, 因此, 可利用一座或两座转炉进行脱碳炼钢, 而另一座转炉进行铁水脱磷, 如宝钢一、二炼钢厂均有采用 SRP 的条件。

新建转炉车间一般根据建设钢厂的具体条件和业主要求而定, 如国内近期新建的部分转炉炼钢厂未采用该工艺。上海宝钢集团一钢公司不锈钢工程中, 不锈钢系统采用铁水罐脱磷, 其中普钢系统设置两座公称容量为 150t 的顶底复吹转炉, 采用 SRP 工艺, 普钢系统车间年产钢 230 万吨。

SRP 工艺与传统转炉工艺路线相比，工艺路线复杂，具体如下：

（1）SRP 工艺。铁水兑入转炉—转炉脱磷—转炉出半成品—（扒渣）—半成品返回加料跨—半成品兑入脱碳转炉—转炉脱碳—转炉出钢—精炼—连铸。

（2）传统转炉工艺。铁水兑入转炉—转炉吹炼—出钢—精炼—连铸。

A 日本钢管

日本钢管福山厂三炼钢车间原设置有两座 300t 顶底复吹转炉，为了使铁水脱磷率增加到接近 100%，于 1995 年采用转炉脱磷工艺，技术参数见表 1-16。

表 1-16 转炉脱磷工艺技术参数

项　目	$w[Si]/\%$	$w[P]/\%$	铁水温度/℃	顶吹气体流量（标态）/$m^3 \cdot h^{-1}$	底吹气体
处理前	≤0.2	平均0.1	280~1350	—	—
处理后	—	0.11	1350	10000~30000	N_2

两座转炉分别在炉役前半期进行脱碳炼钢（大约 4000 炉），炉役后半期作为脱磷炉。两座转炉交替使用，炉衬寿命约为 8000 炉。由于采用低磷铁水，使转炉吹炼时间缩短约 3min。此外，通过少渣冶炼，使转炉终点控制得到改善，几乎可实现无取样直接出钢，这样，从上炉出钢到下炉出钢的周期时间从 29min 降为 25min，减少了 4min，从而提高了单座转炉炼钢生产能力，金属收得率和转炉炉衬寿命均有所提高，降低了生产成本。目前，福山厂二、三炼钢厂均采用单座转炉进行炼钢操作，每月钢产量达 70 余万吨。

B 住友金属

住友金属和歌山厂于 1999 年 3 月新建两座 210t 顶底复吹转炉，采用 SRP 工艺。兑入转炉铁水中 $w[P]=0.1\%$，脱磷后铁水中降至 $w[P]=0.01\%$。当冶炼低磷钢时，一般脱磷后铁水中 $w[P]=0.01\%~0.02\%$；当冶炼一般钢种时，脱磷后铁水磷含量控制在 $w[P]=0.03\%~0.05\%$。脱磷转炉氧耗（标态）为 13m^3/t，脱碳转炉氧耗为 45m^3/t。转炉脱磷后出半成品，采用挡渣，因此进入钢包中的渣量减少，不需扒渣；但对冶炼 $w[P] < 0.01\%$ 的钢种，需进行扒渣。脱磷渣的碱度控制在 $R = 2.2 \sim 2.7$，根据冶炼钢种考虑，温度越低，脱磷率越高，温度目标值一般控制为 1350℃。和歌山厂新建转炉车间配置有带顶枪并带喷粉的 RH 装置（RHPB），经 RHPB 处理后，可将钢中硫含量降低至 $w[S] < 5 \times 10^{-6}$、氮含量降至 $w[N] < 15 \times 10^{-6}$，同时可将钢中碳、磷、氧的含量降低到极低水平，从而实现了超纯净钢生产的最佳工艺。

C 新日铁

新日铁君津二炼钢厂采用了转炉脱磷工艺，转炉排渣后进行脱碳，转炉冶炼渣量可降低至 30kg/t 左右，石灰消耗量大幅度降低，同时钢质量也有所提高，并降低了生产成本。

新日铁八幡制铁所有两个炼钢厂，第一炼钢厂有两座 170t 转炉，采用传统的"三脱"工艺；第二炼钢厂有两座 350t 转炉，炼钢生产采用新日铁名古屋制铁所发明的 LD-ORP 工艺（双联法）[6]，参见图 1-10。

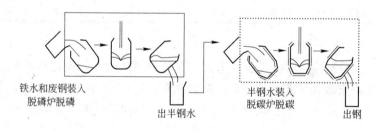

铁水和废钢装入
脱磷炉脱磷

出半钢水

半钢水装入
脱碳炉脱碳

出钢

图 1-10 新日铁名古屋制铁所发明的 LD-ORP 工艺

新日铁君津制铁所有两个炼钢厂，第一炼钢厂和第二炼钢厂均采用 KR（搅拌）法脱硫（$w[S] \leqslant 0.002\%$）。第一炼钢厂有三座 230t 复吹转炉，第二炼钢厂有两座 300t 复吹转炉，采用 LD-ORP 工艺和 MURC 法（双渣法）两种工艺炼钢。LD-ORP 工艺渣量少，可生产高纯净钢。脱磷转炉供氧弱，渣量大，碱度为 2.5 ～ 3.0，温度为 1320 ～ 1350℃，纯脱磷时间为 9 ～ 10min，冶炼周期约为 20min，废钢比通常为 9%，为了提高产量，目前废钢比已达到 11% ～ 14%，经脱磷后的半钢水（$w[P] \leqslant 0.020\%$）兑入脱碳转炉，总收得率达

92%以上。转炉的复吹寿命约为4000炉。脱碳转炉供氧强，渣量少，冶炼周期为28~30min。脱碳转炉不使用废钢。从脱磷至脱碳结束的总冶炼周期约为50min。日本大型钢铁厂转炉双联法的生产实绩参见表1-17。

表1-17 日本大型钢铁厂转炉双联法的生产实绩

钢 铁 厂	脱磷吹炼 时间/min	脱磷后的半钢水 温度/℃	脱磷后的 半钢水中 $w[P]$/%	脱碳冶炼 周期/min	脱碳吹炼 时间/min
住友金属鹿岛 制铁所	10~12	1300~1350	0.010	20	9
住友金属和歌山 制铁所	8	1350	—	30	14
新日铁君津制铁所 第二炼钢厂	9~10	1320~1350	0.020	30	12
JFE 京浜厂	12	1350	0.010	—	—
JFE 福山制铁所	8~10	1350	0.012	25~27	11~13

D 川崎制铁

川崎制铁的转炉脱磷技术为：在转炉脱磷吹炼中保持氧枪枪位不变，顶部氧气流量（标态）控制在600~700m³/min。在吹炼末期把供氧量降到很低，以使渣中TFe含量保持较高值、碳含量低些。底部搅拌气体流量（标态）控制在15m³/min。造渣剂加入石灰、萤石，转炉脱碳渣经处理后达到合格块度，供脱磷使用。脱碳渣加入量约为20kg/t，石灰消耗12~15kg/t，萤石消耗2~3kg/t。加矿石作冷却剂，过去川崎采用铁矿石，最近改用烧结矿代替。当冶炼一般钢种时，磷的目标值可控制在 $w[P]$=0.03%~0.05%。脱磷转炉吹炼时间约为10min，其周期时间为22~28min。脱碳转炉吨钢产生渣量约为30kg，脱磷转炉吨钢产生渣量为40~50kg，废钢加入量约为10%。由于采用转炉脱磷，提高了单座转炉生产能力和钢的质量，同时可降低生产成本，据日本有关资料报道，每吨钢可降低生产成本200日元左右。

E 宝钢

宝钢于 2002 年开始进行转炉双联法脱磷（BRP）[7]技术研究。为了满足 BRP 工艺技术要求，宝钢对一炼钢的 300t 转炉顶、底吹系统进行了改造。BRP 是宝钢拥有自主知识产权的技术，申请专利 7 项、技术秘密 14 项。

采用 BRP 工艺生产的主要是低磷和超低磷钢，包括管线钢、IF 钢、帘线钢、石油钻杆钢等。脱磷炉停吹时，磷含量平均在 0.015% 以下，最低达到 0.003%，钢坯磷的质量分数低于 0.006%。进行少渣吹炼时，脱磷和脱碳后的总渣量低于 60kg/t。

BRP 工艺对于拓展品种、提高钢水质量以及实现效益最大化有重要作用。

1.3.4.2 副枪在炼钢脱磷中的应用

利用副枪在吹炼过程中取样、测温的方法，可研究大型转炉炼钢的脱磷情况，适当控制炉渣的氧化铁含量和碱度，可使吹炼终点磷含量达到预定值；并可计算吹炼终点渣-钢反应的平衡值，给出终点钢水磷含量与影响脱磷反应工艺参数之间的回归方程。

近年来，用户对钢的纯净度要求越来越高。大量优质钢要求钢中 $w[P] < 0.015\%$，低温用钢管、特殊深冲钢、镀锡板要求钢中 $w[P] < 0.010\%$，一些航空、原子能、耐腐蚀管线用钢要求 $w[P] < 0.005\%$。为了满足市场对高质量钢的要求，宝山钢铁集团公司与钢铁研究总院合作，对转炉脱磷工艺进行了研究。研究过程利用副枪在吹炼过程中进行取样、测温，根据所取试样的化学成分、熔点、岩相检测数据和吹炼工艺参数对炼钢过程的脱磷进行了分析，计算了吹炼终点脱磷反应的平衡状况，对钢中磷含量与主要吹炼参数之间的关系进行了回归分析。这是国内首次在大型转炉上采用副枪取样、测温的方法研究转炉炼钢脱磷问题。由研究结果可以看出，影响吹炼终点磷含量的主要工艺参数为温度、碱度、氧化铁含量、渣量和铁水磷含量，渣中 MgO 含量、废钢装入量的影响较小。其中，碱度应控制在合适范围内。碱度过高时，渣中游离氧化钙增加，炉渣变黏，石灰的利用率低，不利于脱磷；铁水中硅含量低，渣量少，铁水化学热不足，不利于化渣。国际上通常认为，铁水中 $w[Si] =$

0.35%～0.45%对于转炉炼钢是合适的。

1.3.5　精炼过程中的脱磷技术及回磷控制

采用 EAF-LF 或 BOF-RH-LF 流程冶炼低磷、硫管线钢时，初炼炉脱磷可将磷含量脱至 $w[P] < 0.007\%$，最低可脱至 $w[P] = 0.002\%$；但在炉后脱氧合金化和 LF 精炼脱硫过程中，钢水发生回磷现象，回磷量视下渣量及铁合金加入量、加入种类的不同而不同。宝钢 EAF、BOF 在下渣控制较好的情况下，EAF-LF 流程回磷量一般为 $\Delta w[P] = 0.003\% \sim 0.005\%$，BOF-RH-LF 流程回磷量一般为 $\Delta w[P] = 0.004\% \sim 0.006\%$。即使采取一定措施，如提高精炼渣碱度、加强 EAF 和 BOF 操作等，使钢材磷含量降低至 $w[P] = 0.001\% \sim 0.002\%$，也不能满足冶炼极低磷钢的要求。为满足冶炼极低磷钢的需求，利用 LF 炉内的强还原气氛条件进行还原脱磷，对冶炼极低磷钢具有极其重要的意义[8]。

1.3.5.1　精炼渣与钢水间磷的平衡

在 EAF 或 BOF 出钢后，由于脱氧合金化以及精炼渣的加入，使渣-钢间磷的平衡改变。若保证钢水磷含量不增加，与钢水中磷含量平衡的炉渣中（P_2O_5）含量可通过计算得知。宝钢现有 EAF-LF 和 BOF-RH-LF 精炼渣的化学成分如表 1-18 所示。

表 1-18　宝钢现有 LF 精炼渣的化学成分　　　　（%）

$w[i]$	$w(FeO)$	$w(CaO)$	$w(SiO_2)$	$w(Al_2O_3)$	$w(MgO)$	$w(TiO_2)$	$w(S)$	$w(MnO)$	Σ
EAF-LF	2.25	52.94	14.25	20.32	10.29	—	—	—	100
BOF-RH-LF	2.93	45.65	8.71	31.19	7.52	1.23	0.10	2.67	100

在上述炉渣条件下，若保持钢水不回磷，渣中平衡（P_2O_5）含量可由公式计算得知。LF 精炼终点定氧探头测得钢水中溶解氧活度 $a_{[O]} = (1.0 \sim 5.0) \times 10^{-4}$，$t = 1620℃$，则：

$w[P]_{EAF} = 0.007\%$，$w(P_2O_5)_平 = 3.60 \times 10^{-7}\%$，$x_{P_2O_5} = 1.52 \times 10^{-7}$

$w[P]_{BOF} = 0.010\%$，$w(P_2O_5)_平 = 3.28 \times 10^{-6}\%$，$x_{P_2O_5} = 1.4 \times 10^{-6}$

精炼过程钢水不发生回磷，渣中 $w(P_2O_5)$ 应为微量；当钢水脱氧

至 $w[O] < 0.0015\%$ 时，渣-钢界面氧势已接近临界氧势值，此时炉渣中的磷全部回到钢水中。所以在现有精炼渣条件下，欲使钢水不回磷或者减少回磷，必须控制进入精炼钢包中的磷。

1.3.5.2 影响 LF 精炼过程钢水回磷量的因素

A 下渣量的影响

EAF 或 BOF 出钢过程或多或少地会有部分氧化渣随钢流一起进入钢包，EAF 由于采用偏心底出钢，下渣量较少；而 BOF 渣量较大，且下渣量因出钢口新、旧有较大的差别。下渣量越大，回磷量越大。

假设 LF 精炼终点渣-钢间磷已达到新的平衡，由计算可知，渣中磷含量为微量，下渣中的磷全部进入钢水。因下渣引起的钢水回磷量可表示为：

$$\Delta w[P]_{下渣} = W_{下渣} \times \frac{72}{142} \times \frac{w(P_2O_5)}{W_{钢}} \times 10^{-3} \times 100\%$$

式中 $\Delta w[P]_{下渣}$——下渣引起的钢水回磷量，%；

$W_{下渣}$——下渣量，kg；

72，142——分别为（P_2O_5）和磷的摩尔质量；

$w(P_2O_5)$——下渣中（P_2O_5）含量，%；

$W_{钢}$——炉容量，t。

EAF 终点炉渣 $w(P_2O_5) = 0.95\%$，炉容量为 150t；而 BOF 终点炉渣 $w(P_2O_5) = 1.59\%$，炉容量为 300t。由上式计算的下渣引起的 EAF-LF 和 BOF-RH-LF 两个流程钢水回磷量，见表 1-19 和图 1-11。

表 1-19 下渣量对钢水回磷的影响

下渣量/kg	200	400	600	800	1000	1500	2000
BOF-RH-LF 流程 $\Delta w[P]_{下渣}$/%	0.0005	0.001	0.0015	0.002	0.0025	0.0037	0.005
EAF-LF 流程 $\Delta w[P]_{下渣}$/%	0.0004	0.0009	0.0013	0.0017	0.0021	0.0032	0.0043

由图 1-11 可见，下渣量与钢水回磷量呈正比例关系，所以欲抑制钢水回磷，必须杜绝下渣。另外，BOF-RH-LF 流程下渣量对回磷

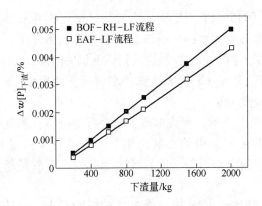

图 1-11　下渣量对钢水回磷量的影响

量的影响大于 EAF-LF 流程，说明下渣磷含量越高，回磷量越大。

　　B　铁合金的影响

　　在 LF 精炼条件下，炉渣已经没有了容磷能力。下渣和铁合金中的磷全部进入钢水，铁合金的种类和加入量对钢水回磷有直接的影响。

　　宝钢采用 EAF-LF 流程生产钢管钢，采用 BOF-RH-LF 流程生产 X70 管线钢。这两个钢种具有较高的硅含量和锰含量，如 40Cr 钢管钢中 $w[Si]=0.30\%$、$w[Mn]=0.69\%$，X70 管线钢中 $w[Si]=1.48\%$，需加入硅铁、锰铁合金调整硅、锰含量。宝钢现用各类硅铁、锰铁合金标准见表 1-20。由表 1-20 可见，各类锰铁合金都含有相当数量的磷，而硅铁合金磷含量较少。

表 1-20　宝钢现用各类硅铁、锰铁合金标准

铁合金种类	铁合金中元素含量（质量分数）/%				
	C	Si	Mn	P	S
低磷高碳锰铁	≤7.0	≤1.5	65.0~70.0	≤0.25	≤0.03
中碳锰铁	≤2.0	≤1.5	75.0~82.0	≤0.20	≤0.03
锰硅合金	≤1.8	1.70~20.0	65.0~72.0	≤0.25	≤0.04
硅　铁	≤0.2	72.0~80.0	≤0.5	≤0.04	≤0.02
高纯锰铁		≥70		≤0.2	≤0.03

铁合金种类	铁合金中元素含量(质量分数)/%				
	C	Si	Mn	P	S
低铝硅铁		76.0~80.0	≤0.5	≤0.02	≤0.01
低碳锰铁	≤0.7	<1.0	80.0~81.0	≤0.20	≤0.02

加入铁合金引发的钢水回磷量用 $\Delta w[\mathrm{P}]_{铁合金}$ 表示，则：

$$\Delta w[\mathrm{P}]_{铁合金} = (铁合金加入量 \times 铁合金磷含量)/钢水量 \times 100\%$$

由上式计算各类铁合金加入量不同时对钢水回磷量的影响，见表1-21和图1-12。

表 1-21 各类铁合金加入量不同引起的钢水回磷量 （%）

铁合金种类	铁合金加入量/kg·t⁻¹					
	4	5	6	7	8	9
低磷高碳锰铁	0.001	0.00125	0.0015	0.00175	0.002	0.00225
中碳锰铁	0.0008	0.001	0.0012	0.0014	0.0014	0.0018
锰硅合金	0.001	0.00125	0.0015	0.00175	0.002	0.00225
硅 铁	0.00016	0.0002	0.00024	0.00028	0.00032	0.00036
高纯锰铁	0.0008	0.001	0.0012	0.0014	0.0016	0.0018
低铝硅铁	0.0008	0.001	0.0012	0.0014	0.0016	0.0018
低碳锰铁	0.0008	0.001	0.0012	0.0014	0.0016	0.0018

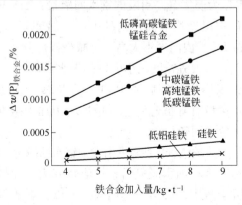

图 1-12 各类铁合金加入量不同时对钢水回磷量的影响

由图1-12可见，采用不同种类的铁合金及不同加入量时，钢水回磷情况不同，钢水回磷量与合金加入量呈正比。含锰合金使钢水回磷幅度较大，由于我国锰矿资源磷含量较高，很难将含锰合金中的磷含量降到更低的范围。冶炼极低磷钢时，必须注意锰铁合金的应用。采用电解锰，可避免合金引起的钢水回磷。

C　精炼渣的影响

宝钢LF炉用精炼渣中 $w(P_2O_5) = 0.04\%$，精炼渣加入量为 $6.67 kg/t$，精炼渣带入的磷使钢水增磷量用 $\Delta w[P]_{精炼渣}$ 表示，则：

$$\Delta w[P]_{精炼渣} = 0.04\% \times 6.67 \times 10^{-3} \times (72/142) \times 100\%$$

$$= 1.35 \times 10^{-4}\%$$

即精炼渣带入的磷可使钢水回磷 $1.35 \times 10^{-4}\%$。

1.3.5.3　出钢及LF精炼过程的钢水总回磷量

从出钢至钢包加入合金开始进行脱氧合金化，即为精炼过程。通过先前计算已知，加铝脱氧后，下渣中磷合金带入的磷以及精炼渣中的磷都将进入钢水中。钢水总回磷量用 $\Delta w[P]$ 表示，则：

$$\Delta w[P] = \Delta w[P]_t + \Delta w[P]_R + \Delta w[P]_{FeO} +$$

$$\Delta w[P]_{下渣} + \Delta w[P]_{铁合金} + \Delta w[P]_{精炼渣}$$

式中各项为不同因素引发的钢水回磷量，具体分析如下：

（1）$\Delta w[P]_t$ 为温度升高引发的钢水回磷量，$\Delta w[P]_t \geq 0$。一般钢种的精炼过程中温度均升高，钢种不同，温度升高幅度 Δt 也不同。应尽量保持LF炉内温度不太高，可减少该部分回磷。

（2）$\Delta w[P]_R$ 为炉渣碱度减小引发的钢水回磷量，$\Delta w[P]_R \leq 0$。在精炼过程中，采用铝脱氧后渣中 SiO_2 含量减少，使炉渣碱度提高，钢水平衡磷含量有降低趋势。若精炼渣中加入碱性化合物，提高渣的碱度，可减少回磷。

（3）$\Delta w[P]_{FeO}$ 为炉渣氧化性降低引发的钢水回磷量，$\Delta w[P]_{FeO} > 0$。精炼过程中，对炉渣和钢水脱氧后，炉渣转变为还原性炉渣，渣中的磷已经无法留于渣中，必然引起回磷。所以，炉渣氧化性降低是LF精炼过程中回磷的根本原因。

（4）$\Delta w[P]_{下渣} \geqslant 0$。当有下渣时，下渣中的（$P_2O_5$）势必被还原而返回钢水。所以，只有杜绝下渣，令 $\Delta w[P]_{下渣} = 0$，才能避免回磷。

（5）$\Delta w[P]_{铁合金} \geqslant 0$。铁合金中的磷在强还原性条件下全部进入钢水。其中，Fe-Mn 合金磷含量高，用电解锰代替 Fe-Mn 合金可以避免这一部分回磷。

（6）$\Delta w[P]_{精炼渣} \geqslant 0$。精炼渣料含磷，在强还原性条件下，其也极易被还原回到钢水中。因此，应尽量采用磷含量较低的原料配制精炼渣。

1.3.5.4 出钢及 LF 精炼过程钢水回磷的热力学分析

（1）EAF 冶炼终点，渣-钢间的磷基本达平衡状态，但 EAF 终点炉渣碱度较低，可以通过提高炉渣碱度进一步降低终点钢水磷含量，如炉渣碱度由 $R = 3.75$ 提高到 $R = 5.5$，钢水磷含量可由 $w[P] = 0.0073\%$ 降至 $w[P] = 0.0028\%$。BOF 冶炼终点，渣-钢间磷的分配未达平衡，应加强冶炼操作，使其达到平衡状态，降低钢水磷含量。

（2）热力学计算表明，当炉渣中 $\Sigma w(FeO)$ 由大于 30% 下降至小于 2% 时，EAF-LF 流程的钢水平衡磷含量由 $w[P]_{平} < 0.006\%$ 增加至 $w[P]_{平} > 0.635\%$，BOF-RH-LF 流程的钢水平衡磷含量由 $w[P]_{平} < 0.005\%$ 增加至 $w[P]_{平} > 0.429\%$；即当炉渣由氧化性转变为还原性时，渣-钢间磷的分配比急剧下降，炉渣中的磷回到钢水中。所以，LF 精炼过程中钢水回磷的根本原因为炉内的强还原性气氛。在此强还原性条件下，磷全部进入钢水。

（3）出钢及精炼过程中影响钢水回磷的因素有熔池温度、炉渣碱度、炉渣氧化性、渣量、铁合金磷含量及加入量、精炼渣纯净度。其中，熔池温度由冶炼钢种决定，为不可控因素；炉渣氧化性也因脱硫、脱氧的需要成为不可控因素。欲控制出钢及精炼过程的钢水磷含量，首先，必须加强操作，严格控制下渣；其次，改善原料纯净度，包括铁合金和精炼渣的纯净度，采用磷含量低的铁合金和精炼渣原料；最后，通过提高精炼渣碱度或还原脱磷等措施降低钢水磷含量。

1.3.5.5 控制出钢及 LF 精炼过程钢水磷含量的措施

（1）EAF/BOF 吹炼终点，向炉内添加调渣剂，改善炉渣性质以进一步脱除钢水中的磷。尤其是在 EAF、BOF 终点取样后必须提温的钢种，调渣剂抑制回磷的作用更加显著。实验室试验确定，调渣剂的组成为：$w(CaCO_3) = 40\%$，$w(CaCO_3 \cdot MgCO_3) = 30\%$，$w(NaCO_3) = 10\%$，$w(BaCO_3) = 20\%$。工业试验表明，上述成分的调渣剂用于 EAF 终点，可使出钢钢水平均磷含量降低至 $w[P] = 0.0018\%$。

（2）综合考虑炉渣脱硫能力，精炼渣基渣成分设计为：$w(CaO) = 60\%$，$w(Al_2O_3) = 15\%$，$w(MgO) = 10\%$，$w(\cdot SiO_2) = 7.5\%$，$w(CaF_2) = 7.50\%$。

（3）向精炼渣中加入 Na_2O、BaO 等添加剂时，可在一定程度上抑制回磷，但 Na_2O 加入量应小于 7%。

（4）实验室研制的预熔型精炼渣为：$w(CaO) = 70\%$，$w(Al_2O_3) = 18\%$，$w(CaF_2) = 5\%$，$w(NaCO_3) = 7\%$，具有一定的抑制钢水回磷的作用。工业试验表明，预熔型精炼渣应用于 EAF-LF 炼钢流程，可使 LF 精炼过程的回磷量减少 50%，同时预熔渣具有很强的脱硫能力，完全可以满足脱硫要求。

[本章回顾]

本章主要介绍了磷对钢铁性能的影响以及国内外钢铁脱磷技术的现状，简要介绍了铁水预处理技术、铁合金氧化脱磷/还原磷技术、转炉炼钢脱磷技术以及钢液精炼过程的脱磷和回磷控制技术，为理解后续章节中不同钢铁体系的脱磷和回磷控制理论及工艺奠定基础。

[问题讨论]

1-1 磷对钢铁性能的影响主要有哪几个方面，是有利的影响还是不利的影响？

1-2 为什么在钢包内会产生回磷现象，如何降低和控制回磷的发生？

1-3 钢铁生产过程的脱磷技术主要包括哪些工艺环节，各有哪些特点？

参 考 文 献

[1] 汪大洲. 钢铁生产中的脱磷[M]. 北京：冶金工业出版社，1986.

[2] 王承宽，王勇，等. 铁水脱磷技术的发展概况[J]. 炼钢，2002，18(6)：46~50.

[3] 郭培民，李正邦，薛正良. 高钒钢高铬钢用铝镁合金脱磷[J]. 特殊钢，2000，21
(5)：23~25.

[4] 杨文远，郑丛杰，杨立红. 大型转炉炼钢脱磷的研究[J]. 炼钢，2002，18(1)：
30~34.

[5] 王海川，王世俊，等. 锰铁合金真空氧化脱磷过程成分变化研究[J]. 铁合金，2004，
(2)：24~27.

[6] 潘秀兰，王艳红，梁慧智，等. 转炉脱磷炼钢先进工艺分析[J]. 世界钢铁，2010，
(1)：19~22.

[7] 康复，陆志新，蒋晓放，等. 宝钢BRP技术的研究与开发[J]. 钢铁，2005，(3)：
25~28.

[8] 张贺艳. EAF/BOF出钢及LF精炼过程钢水回磷控制[D]. 沈阳：东北大学材料与冶
金学院，2002.

2 铁水预处理脱磷

铁水预处理脱磷的目的主要是降低铁水中的磷含量，但是由于硅的氧化趋势远远大于磷，如果要进行铁水预处理脱磷，必须先脱硅，所以一般称之为铁水预处理"三脱"。实际上，真正的目的是要去除硫和磷，脱硅是为脱磷服务的。

由于硅的氧化趋势很强，脱硅的方法比较简单，可以吹氧，也可以向铁水中投入氧化性物质作脱硅剂。常用的脱硅剂有轧钢氧化铁皮、烧结矿粉末、锰铁矿等，它们都可以作为氧化剂。铁水预处理脱硅可以在出铁场进行，也可以在铁水预处理站进行。高炉出铁场脱硅有两种方式：一种是在铁水沟进行，向铁水沟内投入铁矿石，利用铁水在倾斜的出铁沟中流动的动能自然搅拌以促进反应，在铁水沟末设置撇渣器把脱硅渣扒除；另一种是在摆动溜嘴内脱硅，在摆动溜嘴上方设置喷枪喷吹脱硅粉剂，在摆动溜嘴两侧设置挡渣墙、溢渣槽，也可以比较方便地实现铁水与渣的分离。铁水预处理脱硅在铁水预处理站进行时，脱硅率比较高，作业条件好；但是后面要有专门的扒渣工位，不管是用哪种方法脱硅，都必须把脱硅渣扒除。从这个角度来讲，铁水沟脱硅有较大的优点，它可以利用撇渣器方便地去除脱硅渣。所以，现在大部分钢厂都采用铁水沟脱硅的模式，宝钢也是如此。

在铁水预处理脱磷发展初期，有许多专家学者持反对意见。其原因如前所述，即转炉具有较好的脱磷条件，多一个铁水脱磷工艺环节没有必要。但是后来实行的结果证明，铁水预处理脱磷具有以下一系列优点：

（1）可以降低铁水中的磷含量，减轻转炉负担，缩短转炉冶炼周期，提高转炉产量；同时，可以减少转炉渣量，节省转炉造渣剂成本。

（2）可以冶炼低磷钢种，提高钢种规格和钢的质量。

（3）可以使整个工艺优化，减轻转炉的负担，达到转炉少渣炼钢、减少对环境污染的目的。

（4）可以使高炉原料放宽，特别是可以使用磷含量高的铁矿石，这对于当前优质铁矿石资源越来越紧张、价格越来越高的形势更具有实际且重要的意义。

本章主要阐述 Fe-C-Si、Fe-C-P 三元系铁基熔体的热力学性质，以及不同脱磷渣系的铁水脱磷效果和影响铁水脱磷的主要因素等。

2.1 Fe-C 基熔体热力学

2.1.1 Fe-C-Si 三元系熔体中 C 与 Si 的相互作用

Fe-C-Si 三元系熔体中，当 C、Si 处于有限稀浓度范围内时，进行 C、Si 热力学行为的研究对于铁水预处理是很重要的。目前，文献中对于 ε_C^{Si}（ε_{Si}^C）已有许多报道[1~4]，但分歧很大；而对于二阶活度相互作用系数 ρ_C^{Si} 仅见文献 [5] 报道，C、Si 对 C 的二阶交叉活度相互作用系数 $\rho_C^{C,Si}$ 未见报道。本节的目的是应用碳溶解度法得到 Fe-C-Si 系熔体在 1400℃时 Si 对 C 溶解度的影响关系式，计算求得 ε_C^{Si}（ε_{Si}^C）、ρ_C^{Si}、$\rho_C^{C,Si}$、ρ_{Si}^C、$\rho_{Si}^{C,Si}$ 的数据，从而得到该体系内 C、Si 活度系数的表达式[6]。

2.1.1.1 Si 对 C 溶解度的影响关系式

实验装置和实验步骤如文献 [7，8] 所述，溶解平衡时间为 4h。Fe-C-Si 试样中，Si 用比色法测定，C 用燃烧法测定。由实验结果得到，在 1400℃温度下，当 Fe-C-Si 三元系熔体中 $x_{Si} \leqslant 0.1344$ 时，碳的饱和溶解度列于表 2-1。

表 2-1 Fe-C-Si 系实验结果（1400℃）

成 分	$w[C]/\%$	x_C	$w[Si]/\%$	x_{Si}
1	4.62	0.1825	0.85	0.0144
2	4.43	0.1750	1.55	0.0262
3	4.15	0.1649	1.85	0.0314
4	3.79	0.1507	3.12	0.0531
5	3.60	0.1422	3.64	0.0784
6	3.45	0.1366	4.85	0.0821
7	2.96	0.1179	6.0	0.1022
8	2.34	0.0936	7.8	0.1344

根据表 2-1 的实验结果，将表中 Si 浓度对 C 浓度进行线性回归（如图 2-1 所示），得到 Si 对 C 溶解度的影响关系式如下：

$$x_C = 0.1921 - 0.7164x_{Si} \quad (R = 0.992, n = 8) \qquad (2\text{-}1)$$

式中 R——一元线性回归方程的相关系数。

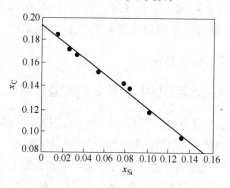

图 2-1 Si 对 C 溶解度的影响关系

计算中应用的热力学数据如表 2-2 所示。

表 2-2 1400℃温度下的 ε_i^i、ρ_i^i 值

组元 i	ε_i^i	ρ_i^i
C	11.744	-5.872
Si	13.713	-6.857

由文献可得：

$$\rho_i^i = -0.5\varepsilon_i^{i[9]}, \varepsilon_{i[T_1]}^j = (T_2/T_1) \cdot \varepsilon_{i[T_2]}^{j[10]}$$

$$\varepsilon_i^j = \varepsilon_j^i = 230\frac{M_j}{M_{Fe}} \cdot e_i^j + \frac{M_{Fe} - M_j}{M_{Fe}}$$

表 2-2 中的热力学数据通过查文献 [1] 的 e_i^i，由以上公式换算得到。

2.1.1.2 ε_C^{Si}、ρ_C^{Si}、$\rho_C^{C,Si}$ 的计算方法

参照文献 [7, 8, 11] 的实验数据处理方法。在 Fe-C-Si 三元系和 Fe-C 二元系熔体中，用一阶活度相互作用系数 ε 和二阶活度相互作用系数 ρ 表示 C 的活度时，计算式如下：

$$\ln\gamma_C = \ln\gamma_C^0 + \varepsilon_C^C x_C + \varepsilon_C^{Si} x_{Si} + \rho_C^C x_C^2 + \rho_C^{Si} x_{Si}^2 + \rho_C^{C,Si} x_C x_{Si} \quad (2\text{-}2)$$

$$\ln\gamma_C^b = \ln\gamma_C^0 + \varepsilon_C^C x_C^b + \rho_C^C (x_C^2)^2 \quad (2\text{-}3)$$

式中，上标"b"表示二元系。

当 Fe-C-Si 三元系和 Fe-C 二元系熔体中，其铁液溶解的碳分别达到饱和时，有：

$$a_{[C]} = a_{[C]}^b = 1$$

即

$$\gamma_C x_C = \gamma_C^b x_C^b$$

整理得：

$$\gamma_C / \gamma_C^b = x_C^b / x_C \quad (2\text{-}4)$$

式（2-2）、式（2-3）结合式（2-4），可整理得到：

$$\ln x_C^b / x_C - \varepsilon_C^C (x_C - x_C^b) - \rho_C^C [x_C^2 - (x_C^b)^2] = \varepsilon_C^{Si} x_{Si} + \rho_C^{Si} x_{Si}^2 + \rho_C^{C,Si} x_C x_{Si}$$

$$(2\text{-}5)$$

若 Fe-C-Si 三元系熔体中 Si 对 C 的溶解度影响关系式为：

$$x_C = x_C^b + K x_{Si} \quad (2\text{-}6)$$

将式（2-6）代入式（2-5），可整理得到：

$$- K\varepsilon_C^C - \rho_C^C (2K x_C^b + K^2 x_{Si}) - \ln(1 + K x_{Si} / x_C^b) / x_{Si}$$

$$= (\varepsilon_C^{Si} + \rho_C^{C,Si} x_C^b) + (\rho_C^{Si} + K\rho_C^{C,Si}) x_{Si} \quad (2\text{-}7)$$

令

$$G = - K\varepsilon_C^C - \rho_C^C (2K x_C^b + K^2 x_{Si}) - \ln(1 + K x_{Si} / x_C^b) / x_{Si} \quad (2\text{-}8)$$

则有：

$$G = (\varepsilon_C^{Si} + \rho_C^{C,Si} x_C^b) + (\rho_C^{Si} + K\rho_C^{C,Si}) x_{Si} \quad (2\text{-}9)$$

将 G 对 x_{Si} 作图（见图 2-2），如果 G 与 x_{Si} 呈线性关系，则：

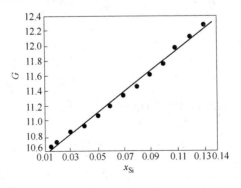

图 2-2　x_{Si} 与 G 的关系

$$截距 = \varepsilon_C^{Si} + \rho_C^{C,Si} x_C^b \tag{2-10}$$

$$斜率 = \rho_C^{Si} + K\rho_C^{C,Si} \tag{2-11}$$

再根据 Lupis[13] 所推导的公式：

$$\dot{\rho}_C^{Si} = \left[\rho_C^{Si} + \varepsilon_C^C (\dot{\varepsilon}_C^{Si})^2 x_C^b /2 + 2\rho_C^C (\dot{\varepsilon}_C^{Si})^2 (x_C^b)^2 - \rho_C^{C,Si} \dot{\varepsilon}_C^{Si} (x_C^b)^2 \right]/D \tag{2-12}$$

式中 $$D = 1 + \varepsilon_C^C x_C^b + 2\rho_C^C (x_C^b)^2 \tag{2-13}$$

因为 $$\dot{\varepsilon}_C^{Si} = (\partial \ln\gamma_C / \partial x_{Si})_{a_{[C]}=1, x_{Si} \to 0} \tag{2-14}$$

$$\dot{\rho}_C^{Si} = 0.5(\partial^2 \ln\gamma_C / \partial x_{Si}^2)_{a_{[C]}=1, x_{Si} \to 0} \tag{2-15}$$

考虑到 Fe-C$_{(饱和)}$-Si 系熔体中 $a_{[C]} = \gamma_C x_C = 1$（即 $\gamma_C = 1/x_C$）以及熔体中 Si 对 C 溶解度的影响关系式 $x_C = x_C^b + Kx_{Si}$，则有：

$$\gamma_C = 1/(x_C^b + Kx_{Si}) \tag{2-16}$$

将式（2-16）代入式（2-14）并求导得：

$$\begin{aligned}
\dot{\varepsilon}_C^{Si} &= \left[\partial \ln\gamma_C / \partial x_{Si} \right]_{a_{[C]}=1, x_{Si} \to 0} \\
&= \partial \ln\left[1/(x_C^b + Kx_{Si}) / \partial x_{Si} \right]_{x_{Si} \to 0} \\
&= -K/x_C^b
\end{aligned} \tag{2-17}$$

将式（2-16）代入式（2-15）并求导得：

$$\begin{aligned}
\dot{\rho}_C^{Si} &= 0.5(\partial^2 \ln\gamma_C / \partial x_{Si}^2)_{a_{[C]}=1, x_{Si} \to 0} \\
&= 0.5\{ \partial^2 \ln\left[1/(x_C^b + Kx_{Si}) / \partial x_{Si}^2 \right] \}_{a_{[C]}=1, x_{Si} \to 0} \\
&= 0.5(K/x_C^b)^2
\end{aligned} \tag{2-18}$$

由实验结果可求得 Fe-C-Si 三元系熔体中 Si 对 C 溶解度的影响关系式 $x_C = x_C^b + Kx_{Si}$，将 x_C^b 和 K 代入式(2-17)、式(2-18) 可求得 $\dot{\varepsilon}_C^{Si}$ 和 $\dot{\rho}_C^{Si}$ 的值，再引用表2-2 中的热力学数据 ε_C^C、ρ_C^C，则可由式(2-10) ~ 式(2-12) 联立解得 ε_C^{Si}、ρ_C^{Si}、$\rho_C^{C,Si}$。

2.1.1.3 ε_C^{Si}、ρ_C^{Si}、$\rho_C^{C,Si}$ 的计算结果

根据本实验结果，$x_C^b = 0.1921$，$K = -0.7164$。由表2-2 知，$\varepsilon_C^C = 11.744$，$\rho_C^C = -5.872$。将以上数值代入式(2-9)，再在本实验浓度范

围内任意选定 x_{Si} 代入式(2-8)，得到相应的 G。G 对 x_{Si} 回归（见图 2-2）得到：

$$G = 10.4138 + 13.7754 x_{Si} (R = 0.996, n = 13)$$

对照式（2-9）得到：

$$\varepsilon_C^{Si} + 0.1921 \rho_C^{C,Si} = 10.1138 \tag{2-19}$$

$$\rho_C^{Si} - 0.7164 \rho_C^{C,Si} = 13.7754 \tag{2-20}$$

G 对 x_{Si} 的关系示于图 2-2。

由实验结果求得：$\dot{\varepsilon}_C^{Si} = 3.7293$，$\dot{\rho}_C^{Si} = 6.9539$。将其代入式（2-12）得到：

$$\rho_C^{Si} - 0.1376 \rho_C^{C,Si} = 9.9674 \tag{2-21}$$

解式(2-19)~式(2-21)方程组得到：$\varepsilon_C^{Si} = 11.678$，$\rho_C^{Si} = 9.062$，$\rho_C^{C,Si} = -6.579$。

2.1.1.4 ρ_{Si}^C、$\rho_{Si}^{C,Si}$ 的计算

根据 Lupis[13] 提出的倒易关系式，对于 Fe-C-Si 体系有：

$$\varepsilon_C^{Si} + \rho_C^{C,Si} = 2\rho_{Si}^C + \varepsilon_C^C \tag{2-22}$$

$$\varepsilon_{Si}^C + \rho_{Si}^{C,Si} = 2\rho_C^{Si} + \varepsilon_{Si}^{Si} \tag{2-23}$$

将上面求得的 ε_C^{Si}、ρ_C^{Si}、$\rho_C^{C,Si}$ 值及表 2-2 中的 ε_C^C、ε_{Si}^{Si} 值代入式（2-22）、式（2-23）后，计算求得 $\rho_{Si}^C = -3.323$，$\rho_{Si}^{C,Si} = 20.160$。

2.1.1.5 $\ln\gamma_C$、$\ln\gamma_{Si}$ 的计算表达式

根据 Fe-C-Si 熔体中 Si 对 C 溶解度的影响关系式：

$$x_C = x_C^b + K x_{Si} \tag{2-24}$$

将式（2-24）整理并取对数后得：

$$\ln x_C = \ln x_C^b + \ln(1 + K x_{Si}/x_C^b) \tag{2-25}$$

对 $\ln(1 + K x_{Si}/x_C^b)$ 经泰勒(Taylor)级数展开并只取前两项,则：

$$\ln x_C = \ln x_C^b + K x_{Si}/x_C^b - 0.5(K/x_C^b)^2 x_{Si}^2 \tag{2-26}$$

由式(2-17)、式(2-18)：

$$\dot{\varepsilon}_C^{Si} = -K/x_C^b \tag{2-27}$$

$$\dot{\rho}_C^{Si} = 0.5(K/x_C^b)^2 \tag{2-28}$$

在本研究体系中 $\qquad a_{[C]} = \gamma_C x_C = 1 \qquad$ (2-29)

将式（2-29）代入式（2-26），并结合式（2-27）、式（2-28）得到：

$$\ln\gamma_C\big|_{a_{[C]}=1} = -\ln x_C + x_{Si}\dot{\varepsilon}_C^{Si} + \dot{\rho}_C^{Si}x_{Si}^2 \qquad (2\text{-}30)$$

将式（2-1）的 x_C^b、K 值代入式（2-27）、式（2-28）及式（2-30），并整理得到：

$$\ln\gamma_C\big|_{a_{[C]}=1} = 1.650 + 3.729x_{Si} + 6.954x_{Si}^2 \qquad (2\text{-}31)$$

根据 C. Wagner[14] 提出的熔体中溶质活度系数的 ε 公式：

$$\ln\gamma_i/\gamma_i^0 = \Sigma\varepsilon_i^j x_j + \Sigma\rho_i^j x_j^2 + \Sigma\rho_i^{j,k}x_j x_k \qquad (2\text{-}32)$$

将上述求得的数值 ε_C^{Si}、ρ_C^{Si}、$\rho_C^{C,Si}$、ρ_{Si}^C、$\rho_{Si}^{C,Si}$ 代入式（2-32），得到本研究熔体的 C 和 Si 的活度系数表达式：

$$\ln\gamma_C/\gamma_C^0 = 11.744x_C + 11.678x_{Si} - 5.873x_C^2 +$$
$$9.062x_{Si}^2 - 6.579x_C x_{Si} \qquad (2\text{-}33)$$

$$\ln\gamma_{Si}/\gamma_{Si}^0 = 11.678x_C + 13.713x_{Si} - 3.323x_C^2 -$$
$$6.857x_{Si}^2 + 20.160x_C x_{Si} \qquad (2\text{-}34)$$

2.1.1.6 活度相互作用系数的讨论

A C、Si 活度相互作用系数的检验

根据文献［7，8，15］推导得出的熔体组元活度相互作用系数检验式，将本实验结果及表 2-2 中的有关热力学数据代入得到：

$$x_C(11.744 - 11.744x_C - 6.579x_{Si}) + (1 - x_C)(11.678 - 6.646x_C + 20.160x_{Si})$$
$$= x_{Si}(13.713 + 20.160x_C - 13.713x_{Si}) + (1 - x_{Si})(11.678 - 6.579x_C + 18.124x_{Si})$$

在实验浓度范围内任意选取 x_{Si}，并由式（2-1）求得相应的 x_C 值，将其一起代入上式进行计算，计算结果如表 2-3 所示。

表 2-3 C、Si 活度相互作用系数的检验

序 号	x_{Si}	x_C	左边项计算值	右边项计算值	差 值
1	0.015	0.1814	10.5742	10.8521	0.2779
2	0.02	0.1778	10.6548	10.9934	0.3386
3	0.03	0.1706	10.8748	11.2682	0.3935

序 号	x_{Si}	x_C	左边项计算值	右边项计算值	差 值
4	0.04	0.1634	11.0981	11.5328	0.4347
5	0.06	0.1491	11.5778	12.0308	0.4530
6	0.08	0.1348	12.0225	12.4881	0.4656
7	0.10	0.1205	12.5046	12.9046	0.4000
8	0.12	0.1061	13.0009	13.2807	0.2798
9	0.13	0.0990	13.6592	13.4531	0.2061

从表 2-3 中看出，代入检验式左、右两边的计算值接近相等，说明了结果的可信性。

B 与前人结果的比较

对于 C、Si 的一阶活度相互作用系数，已有许多文献的研究报道，列于表 2-4。

表 2-4　ε_C^{Si} 值的比较

序 号	ε_C^{Si}	温度/℃	文 献
1	5.587	1550	[1]
2	7.80	1500	[2]
3	10.445	1600	[1]
4	12.874	1600	[3]
5	14.956	1420	[4]
6	29.414	1600	[1]
7	11.678	1400	[6]

由表 2-4 可见，由于温度及实验浓度范围等影响因素不同，各文献的 ε_C^{Si} 值彼此分歧颇大。但文献 [1] 所报道的碳饱和下测定值 $\varepsilon_{C[1600℃]}^{Si}$ 按文献 [10] 换算为 $\varepsilon_{C[1400℃]}^{Si}$，则这个值和本研究的 $\varepsilon_C^{Si} = 11.678$ 很相近。

关于 ρ_C^{Si}，仅见文献 [5] 报道 $\gamma_C^{Si} = 194/T - 0.0003$，由此换算得到 1400℃ 时 $\rho_C^{Si} = 10.686$，它与本研究的 9.062 也颇为接近。二阶交叉相互作用系数尚未见报道。

2.1.2 Fe-C-P 三元系熔体中组元的活度

根据 C. Wagner 提出的活度系数 ε 的表达式[14]，铁基溶液中溶质元素的活度系数可表示为：

$$\ln\gamma_i = \ln\gamma_i^0 + \Sigma\varepsilon_i^j x_j + \Sigma\rho_i^j x_j^2 + \Sigma\rho_i^{j,k} x_j x_k + \cdots \tag{2-35}$$

在稀溶液（如普通钢水）中，式（2-35）可简化为：

$$\ln(\gamma_i/\gamma_i^0) = \ln f_i = \Sigma\varepsilon_i^j x_j \tag{2-36}$$

关于 ε 值已有许多报道，并已汇编成热力学数据表[5,14]，式（2-36）也已被广泛使用。然而，在铁水、高合金钢和铁合金熔体中，溶质元素的浓度较高，它们不能简单地被考虑为稀溶液，而且处理温度也与炼钢温度有较大的差别。因此，当用式（2-35）来计算这类熔体中组元的活度时，除做温度修正外，还必须包含它的二次项。可是，至今关于二次项的系数 ρ_i^j、$\rho_i^{j,k}$ 的研究还甚少。

2.1.2.1 Fe-C-P 熔体中 C 的饱和溶解度

本节的目的是计算含有较高浓度溶质元素的 Fe-C-P 系中磷的活度。首先，由实验测出该三元系中碳的溶解度；然后，确定铁水预处理温度时碳的一阶、二阶活度相互作用系数值；再通过相互作用系数间的倒易关系，求出各三元系中磷的活度。

图 2-3 绘出了 1350℃、1400℃时 Fe-C-P 系的碳溶解度的测量结

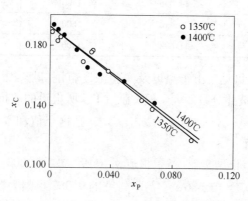

图 2-3   1350℃、1400℃时磷浓度对碳溶解度的影响

果。从实验数据可知，碳溶解度 x_C 和磷浓度 x_P 之间呈很好的线性关系，经回归分析后得到两者间的定量关系式为：

$$1350\text{℃} \qquad x_C = 0.1908 - 0.761x_P \qquad (R = 0.984) \qquad (2-37)$$

$$1400\text{℃} \qquad x_C = 0.1912 - 0.750x_P \qquad (R = 0.976) \qquad (2-38)$$

2.1.2.2 讨论和求值

应用碳的溶解度法来确定 Fe-C-j 三元熔体中碳和组元 j 的活度（j 表示除碳以外的其他溶质元素），其热力学基础为等活度法。

在 Fe-C$_{(饱和)}$-j 系中，碳的活度是常数，即：

$$a_{[C]} = \gamma_C \cdot x_C = 1 \qquad (2-39)$$

取对数后，则有：

$$\ln\gamma_C = -\ln x_C \qquad (2-40)$$

从实验结果可知，三元系中碳的溶解度可表示为另一组元浓度的线性函数，其常数项是 x_C^b，即：

$$x_C = x_C^b + K \cdot x_j \qquad (2-41)$$

结合式（2-40）、式（2-41），整理后得：

$$\ln\gamma_C = -\ln x_C = -\ln x_C^b - \ln[1 + (K/x_C^b) \cdot x_j] \qquad (2-42)$$

将式（2-42）的右边展开成泰勒级数的形式并忽略其三次以上项，则有：

$$\ln\gamma_C = -\ln x_C^b + \varepsilon_C^j x_j + \rho_C^j x_j^2 \qquad (2-43)$$

在 $a_{[C]} = 1$ 的条件下，式（2-35）对 x_j 偏微分，又得到等活度和等浓度的活度相互作用系数间的关系[16]为：

$$\dot{\varepsilon}_C^j = \frac{\varepsilon_C^j + \rho_C^{C,j} x_C + 2\rho_C^j x_j}{1 + \varepsilon_C^C x_C + 2\rho_C^C x_C^2 + \rho_C^{C,j} x_C x_j} \qquad (2-44)$$

因此，在已知 Fe-C 二元系热力学性质和实验测定了 ε_C^j 的基础上，即可利用式（2-44）求得 Fe-C-j 三元系中关于碳活度系数的 ε 表达式中的各一阶和二阶相互作用系数值。

Lupis 等提出了三元系中两溶质组元活度相互作用系数间的倒易关系[17]：

$$\varepsilon_i^j = \varepsilon_j^i \qquad (2\text{-}45)$$

$$\rho_i^{i,j} + \varepsilon_i^j = 2\rho_i^j + \varepsilon_i^j \qquad (2\text{-}46)$$

所以，由式（2-45）、式（2-46）可将已求得的关于碳的相互作用系数值换算为关于 j（即硫和磷）的相互作用系数值。

综上所述，为确定 Fe-C-P 系中磷的活度，首先需要确定 Fe-j 二元系中 j 的活度和 Fe-C-j 三元系中碳的活度。

2.1.2.3　Fe-j 二元系中的活度相互作用系数

L. Darken 曾提出适用于较高溶质元素含量的 Fe-j 二元熔体中组元活度的二次方程式[18]，经后来研究者证实，该二次式能成功地应用于铁基二元熔体[19,20]。Darken 的二次式为：

$$\lg\gamma_j = -2\alpha_{Fe-j} + \alpha_{Fe-j} \cdot x_j^2 \qquad (2\text{-}47)$$

$$\varepsilon_j^j = -2 \times 2.30 \times \alpha_{Fe-j}, \rho_j^j = 2.30\alpha_{Fe-j} \qquad (2\text{-}48)$$

式中，α_{Fe-j} 为 Darken 二次式的系数。根据他所报道的 1600℃ 时 Fe-C、Fe-S 二元系中的值，得到：

$$\varepsilon_C^C = 10.95, \rho_C^C = -5.47$$

$$\varepsilon_S^S = -3.64, \rho_S^S = 1.82$$

这些数据与文献 [21] 中列出的 $e_C^C = 0.20$、$e_S^S = -0.033$ 相吻合。

在 Darken 的论文中没有报道 Fe-P 系的结果。Sabirzyanov 在后来的工作中专门研究了 Fe-P 系中磷的活度[22]。他比较了不同研究者实验所测得的值，并根据 Fe-P 相图，应用熔化自由能法计算了磷的活度，提出 1600℃ 的 $e_P^P = 0.063$，相应的 $\varepsilon_P^P = 8.36$。

根据正规溶液中活度系数和温度的关系，将上述 1600℃ 的 Fe-j 二元系的数据换算到铁水预处理温度，结果列于表 2-5。

表 2-5　铁水预处理温度的 Fe-j 二元系熔体的活度相互作用系数

元　素	ε_i^i	ρ_i^i	温度/℃
C	12.36	-6.13	1400
C	12.64	-6.32	1350
P	9.35	-4.67	1400
P	9.65	-4.82	1350
S	-4.20	2.10	1350

2.1.2.4 Fe-C-P 系中碳的活度相互作用系数

对 Fe-C-P 系，结合式（2-43）和式（2-37）、式（2-38）可得出两个温度下的表达式，即：

1400℃ $\qquad \ln\gamma_C = 1.654 + 3.92x_P + 7.69x_P^2 \qquad$ (2-49)

1350℃ $\qquad \ln\gamma_C = 1.657 + 3.99x_P + 7.96x_P^2 \qquad$ (2-50)

式中，x_P 的系数是 $\dot{\varepsilon}_C^P$，x_P^2 的系数是 $\dot{\rho}_C^P$。

实验测得了 x_C 和 x_P 的关系（式（2-37）、式（2-38））及 $\dot{\varepsilon}_C^P$，文献 [18] 又给出了 $\varepsilon_C^C = 12.45$ 和 $\rho_C^C = -6.22$。所以，可以通过式（2-44）列方程计算各活度相互作用系数值，结果如下：

1400℃ $\quad \varepsilon_C^P = 13.150, \rho_C^P = -18.180, \rho_C^{C,P} = -9.402$

1350℃ $\quad \varepsilon_C^P = 13.600, \rho_C^P = -19.124, \rho_C^{C,P} = -9.555$

从以上数据可知，两温度的数据之间只存在很小的差异。为方便起见，取两者的平均值来描述铁水预处理温度（1300~1450℃）下该体系中组元的活度，结果是：

$$\ln\gamma_C = \ln\gamma_C^0 + 12.45x_C - 6.23x_C^2 + 13.38x_P -$$

$$18.65x_P^2 - 9.48x_Px_C \qquad (2-51)$$

2.1.2.5 Fe-C-P 系中磷的活度相互作用系数

根据式（2-45）、式（2-46）的倒易关系，Fe-C-P 三元系中磷的活度系数很容易求值，得到的结果是：

$$\ln\gamma_P = \ln\gamma_P^0 + 13.38x_C - 4.28x_C^2 + 9.50x_P -$$

$$4.75x_P^2 - 41.18x_Px_C \qquad (2-52)$$

至此，已经求得了以摩尔分数为基的 Fe-C-P 三元熔体中的全部活度相互作用系数值。在许多情况下，人们可能更习惯于采用以 $w[i](\%)$ 为基的相互作用系数。相应于式（2-35），以 $w[i] = 1\%$ 为基的活度系数 f_i 表达式为：

$$\lg f_i = \Sigma e_i^j w[j]_\% + \Sigma \gamma_i^j w[j]_\%^2 + \Sigma \gamma_i^{j,k} w[j]_\% w[k]_\% \qquad (2-53)$$

前人的工作已提出了由摩尔分数基准到 $w[i]$ 基准的相互作用系数的转换关系，应用这些关系也可得了相应的 e_i^j、γ_i^j、$\gamma_i^{j,k}$ 的值。

2.1.3　CaO-CaF$_2$-P$_2$O$_5$-Al$_2$O$_3$-Fe$_2$O$_3$ 系熔渣与含碳铁液之间磷的分配

铁水预处理进行脱磷方面的大量研究报道表明，选择石灰系熔渣或苏打系熔渣对铁水脱磷是行之有效的。朱本立、董元篪[23,24] 等选择 CaO-CaF$_2$-Fe$_2$O$_3$ 系熔渣，在实验室硅化钼炉（100g 级）和感应炉（150kg 级）上对中磷铁水（我国部分地区的铁矿石磷含量很高，经高炉冶炼后为中磷铁水）进行脱磷实验的结果表明：该渣系脱磷能力大，脱磷速度快，能够满足对中磷铁水预处理的工艺要求。

为进一步探讨 CaO 基熔渣的脱磷机理，提高其脱磷效率，在 Al$_2$O$_3$ 坩埚中进行了 CaO-CaF$_2$-Fe$_2$O$_3$ 熔渣-铁液之间磷分配平衡的基础研究，测定了磷在该熔渣和铁水（$w[P] = 0.3\% \sim 0.7\%$，$w[C] \approx 4\%$）间的平衡反应，并研究了在 1350℃下熔渣中各组分对磷分配比的影响规律[27]。

2.1.3.1　磷在 CaO-CaF$_2$-P$_2$O$_5$-Al$_2$O$_3$-Fe$_2$O$_3$ 系熔渣与铁液间的分配

为保证加入的熔剂中各组元均匀混合，先将各种配比的 CaO-CaF$_2$-Fe$_2$O$_3$ 渣系研细混匀，部分渣经预熔。

实验时将 150g 铁样放在 Al$_2$O$_3$ 坩埚内，再置于硅化钼炉内加热熔化，升温至实验温度 1350℃。先用石英棒搅拌铁液，用 4mm 石英管抽取初始铁样并分析其组成。然后加入配制好的 CaO-CaF$_2$-Fe$_2$O$_3$ 渣系，渣量为铁量的 12%。加完渣后开始计算反应时间。当磷在渣-金属两相间的分配达平衡后，用石英管抽取铁样，用石墨棒蘸取渣样并分析其组成。

通过改变加入渣中各组分的配比，进行 CaO-CaF$_2$-P$_2$O$_5$-Al$_2$O$_3$-Fe$_2$O$_3$ 系熔渣与含碳铁液间磷分配的平衡实验，实验测得的平衡熔渣和铁水的成分列于表 2-6。

表 2-6 磷在 CaO-CaF_2-P_2O_5-Al_2O_3-Fe_2O_3 系熔渣与
铁液间分配的实验数据（1350℃）　　　　（%）

序 号	加入渣系的配比 $w(i)$			平衡铁水的成分 $w[i]$		
	CaO	CaF_2	Fe_2O_3	P	C	O
A-1	50	10	40	0.011	3.55	0.0053
A-2	48	12	40	0.015	3.40	0.0045
A-3	45	15	40	0.028	3.44	0.0033
A-4	42	18	40	0.024	3.41	0.0030
A-5	40	20	40	0.022	3.65	0.0027
A-6	35	25	40	0.020	3.44	0.0041
A-7	30	30	40	0.041	3.51	0.0033
A-8	25	35	40	0.037	3.70	0.0022
A-9	20	0	40	0.046	3.64	0.0026
A-10	15	45	40	0.065	3.86	0.0026

序号	平衡时渣系的成分									
	CaO		CaF_2		Fe_2O_3		P_2O_5		Al_2O_3	
	x_{CaO}	$w(CaO)$	x_{CaF_2}	$w(CaF_2)$	$x_{Fe_2O_3}$	$w(Fe_2O_3)$	$x_{P_2O_5}$	$w(P_2O_5)$	$x_{Al_2O_3}$	$w(Al_2O_3)$
A-1	0.56	44.52	0.27	29.88	0.051	5.25	0.039	7.83	0.086	12.53
A-2	0.65	53.75	0.16	18.09	0.049	5.18	0.042	8.65	0.096	14.32
A-3	0.61	48.35	0.19	21.58	0.029	2.98	0.046	9.29	0.123	17.81
A-4	0.58	45.55	0.22	24.29	0.027	2.76	0.049	9.66	0.124	17.74
A-5	0.59	46.66	0.21	23.45	0.022	2.21	0.050	9.91	0.124	17.78
A-6	0.56	43.90	0.26	28.68	0.024	2.41	0.052	10.29	0.103	14.72
A-7	0.59	46.68	0.23	25.89	0.016	1.66	0.049	9.91	0.110	15.80
A-8	0.46	35.22	0.39	41.46	0.018	1.76	0.058	11.33	0.072	10.07
A-9	0.41	31.42	0.46	48.17	0.014	1.33	0.055	10.53	0.062	8.59
A-10	0.33	24.13	0.56	56.63	0.014	1.33	0.061	11.33	0.049	6.59

2.1.3.2 磷在渣-金属间的反应

以式（2-54）表示脱磷反应时，

$$2[P] + 5(FeO) \Longrightarrow (P_2O_5) + 5Fe$$

$$\Delta G^{\ominus} = -82242 + 318.0T(\text{J/mol}) \tag{2-54}$$

$$K = (x_{P_2O_5} \cdot \gamma_{P_2O_5})/(f_P^2 \cdot w[P]_\%^2 \cdot x_{FeO}^5 \cdot \gamma_{FeO}^5) \tag{2-55}$$

$$\lg K = \frac{4295.26}{T} - 16.63$$

$$x_{P_2O_5} = (w(P_2O_5)_\%/M_{P_2O_5})/\Sigma(w(i)_\%/M_i) \tag{2-56}$$

式中　K——平衡常数;

$w(i)_\%$——炉渣中组元 i 的质量百分数;

M_i——渣中组元 i 的相对分子质量。

将式 (2-56) 代入式 (2-55),并整理得到:

$$w(P_2O_5)_\%/w[P]_\% = K \cdot \Sigma(w(i)_\%/M_i) \cdot M_{P_2O_5} \cdot$$

$$w[P]_\% \cdot f_P^2 \cdot x_{FeO}^5 \cdot \frac{\gamma_{FeO}^5}{\gamma_{P_2O_5}} \tag{2-57}$$

$$w(P_2O_5)_\% = w(P)_\% \cdot M_{P_2O_5}/(2M_P) \tag{2-58}$$

将式 (2-58) 代入式 (2-57),并整理得到:

$$w(P)_\%/w[P]_\% = K \cdot \Sigma(w(i)_\%/M_i) \cdot 2M_P \cdot$$

$$w[P]_\% \cdot f_P^2 \cdot x_{FeO}^5 \cdot \frac{\gamma_{FeO}^5}{\gamma_{P_2O_5}} \tag{2-59}$$

$w(P)_\%/w[P]_\%$ 表示炉渣的脱磷能力,令 $L_P = w(P)_\%/w[P]_\%$,$K^* = K \cdot \Sigma(w(P)_\%/M_P) \cdot 2M_P$。在本实验炉渣组成范围内,$\Sigma(w(P)_\%/M_P) = 1.36 \sim 1.46$,变化幅度很小,$K^*$ 可看作常数,于是式 (2-59) 变为:

$$L_P = K^* \cdot w[P]_\% \cdot f_P^2 \cdot x_{FeO}^5 \cdot \frac{\gamma_{FeO}^5}{\gamma_{P_2O_5}} \tag{2-60}$$

从式 (2-60) 看出,影响 L_P 的因素除金属组成外,还有炉渣组成。x_{FeO} 表示炉渣中氧化铁的含量,它是影响 L_P 的一个重要因素,炉渣中 (FeO) 与 (P_2O_5) 的活度系数比值是影响 L_P 的另一个重要因素。显然,研究炉渣组元对 $\gamma_{FeO}^5/\gamma_{P_2O_5}$ 的影响关系是很有必要的。

2.1.3.3　炉渣组元对 $\gamma_{FeO}^5/\gamma_{P_2O_5}$ 的影响关系

如果将下式:

$$x_{FeO} = (w(FeO)_\% / M_{FeO}) / (\Sigma w(i)_\% / M_i)$$

代入式 (2-57), 可整理为:

$$\lg \frac{w(P_2O_5)_\%}{w[P]_\%^2 w(FeO)_\%^5} = \lg K - 4\lg \Sigma(w(i)_\% / M_i) +$$

$$2\lg f_P + \lg \frac{M_{P_2O_5}}{M_{FeO}^5} + \lg \frac{\gamma_{FeO}^5}{\gamma_{P_2O_5}} \qquad (2\text{-}61)$$

令表观平衡常数 $K' = \dfrac{w(P_2O_5)_\%}{w[P]_\%^2 w(FeO)_\%^5}$。已知 $M_{P_2O_5} = 142$, $M_{FeO} = 72$。
在本实验组成范围内 f_P 和 $\Sigma(w(i)_\% / M_i)$ 变化不大, $f_P = 2.8 \sim 3.0$,
$\Sigma(w(i)_\% / M_i) = 1.36 \sim 1.46$, 分别取它们的平均值。1350℃ 时,
$\lg K = -13.9618$。将它们代入式 (2-61) 并整理为:

$$\lg \frac{\gamma_{FeO}^5}{\gamma_{P_2O_5}} = 20.77 + \lg K' \qquad (2\text{-}62)$$

如果能测得 K' 与渣中各组分的关系, 则炉渣组元对 $\gamma_{FeO}^5 / \gamma_{P_2O_5}$ 的
影响关系式便可得到。

根据表 2-6 中的实验数据, 经多元回归分析得到下面关系式:

$$\lg K' = 0.052(w(CaO)_\% + 0.79w(CaF_2)_\% - 9.04w(FeO)_\%)$$

$$(2\text{-}63)$$

将式 (2-63) 代入式 (2-62) 得到:

$$\lg(\gamma_{FeO}^5 / \gamma_{P_2O_5}) = 20.77 + 0.052(w(CaO)_\% +$$

$$0.79w(CaF_2)_\% - 9.04w(FeO)_\%) \quad (2\text{-}64)$$

式 (2-64) 就是渣中组元对 $\lg(\gamma_{FeO}^5 / \gamma_{P_2O_5})$ 的综合影响关系式。
它表明: 比较渣中组元 CaO、CaF₂ 对 $\lg(\gamma_{FeO}^5 / \gamma_{P_2O_5})$ 的影响关系, 当
以质量百分数为基准时, CaO 与 CaF₂ 的当量比是 1:0.79。

2.1.3.4 熔渣组元对磷分配比 L_P 的影响关系

由表 2-6 中的实验数据算出磷在 CaO-CaF_2-P_2O_5-Al_2O_3-Fe_2O_3 系
与铁液间的分配比, 并将之对渣中组分进行多元回归处理, 可得到:

$$\lg L_P = 1.79 + 0.087R - 0.35x_{CaF_2} + 2.00x_{FeO} \qquad (2\text{-}65)$$

式中，$R = x_{CaO}/(1.13x_{P_2O_5} + 0.48x_{Al_2O_3})$。

式（2-65）说明：在本实验条件下，L_P 随碱度 R（3.5~7.0）、x_{FeO}（0.014~0.051）的增加而增加，而随 x_{CaF_2}（0.16~0.56）的增加而减小。

本结果的 x_{CaF_2} 的影响与前人的结果[25~27]正好相反，这主要是由于加入渣系配比变化时是用 CaF_2 代替渣系中的 CaO，同时保持 CaO 和 CaF_2 的总量不变，从而问题的关键是比较 CaO 和 CaF_2 对磷分配比的影响作用大小。

如前所述，比较 CaO 和 CaF_2 对 $\lg(\gamma_{FeO}^5/\gamma_{P_2O_5})$ 的影响大小，$w(CaO):w(CaF_2) = 1:0.79$。按照式（2-60），比较 CaO 和 CaF_2 对 $\lg L_P$ 的影响关系，$w(CaO):w(CaF_2) = 1:0.79$。因此，随配加的 CaF_2 量的增加，磷的分配比是降低的。由此看来，在石灰基熔剂中用 CaF_2 作助熔剂，CaF_2 的含量有一合适范围，既要保证熔剂顺利熔化，同时又不要过量。从本实验来看，熔剂配比中 $w(CaF_2) = 10\% \sim 12\%$ 时比较合适，当配加的熔剂配比为 $w(CaO):w(CaF_2):w(FeO) = 5:1:4$ 时，$L_P = 310$；当 $w(CaO):w(CaF_2):w(FeO) = 4.8:1.2:4$ 时，$L_P = 251$。以上溶剂配比具有很大的脱磷能力。

关于 FeO 对磷分配比 L_P 的影响，根据式（2-65）可知，随着 x_{FeO} 的增加，L_P 增大；但是根据式（2-64），随着渣中 FeO 含量的升高，$\lg(\gamma_{FeO}^5/\gamma_{P_2O_5})$ 下降，从而使 L_P 有下降的趋势，从表面上来看，FeO 所起的作用是矛盾的。为此，将 x_{FeO} 对 $\lg(\gamma_{FeO}^5/\gamma_{P_2O_5})$、$\lg(x_{FeO}^5 \cdot \gamma_{FeO}^5/\gamma_{P_2O_5})$ 做一计算，计算结果如图 2-4 和图 2-5 所示。

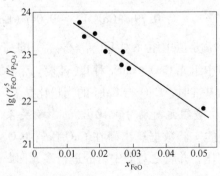

图 2-4　$\lg(\gamma_{FeO}^5/\gamma_{P_2O_5})$ 和 x_{FeO} 的关系

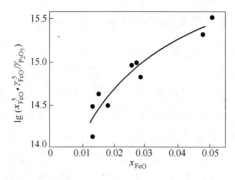

图 2-5　$\lg(x_{FeO}^5 \cdot \gamma_{FeO}^5/\gamma_{P_2O_5})$ 与 x_{FeO} 的关系

　　从图 2-4 和图 2-5 来看，虽然 x_{FeO} 升高使 $\lg(\gamma_{FeO}^5/\gamma_{P_2O_5})$ 降低，但是它使 $x_{FeO}^5 \cdot \gamma_{FeO}^5/\gamma_{P_2O_5}$ 增大；而从式（2-65）来看，L_P 仅与 $x_{FeO}^5 \cdot \gamma_{FeO}^5/\gamma_{P_2O_5}$ 有关，是随 $x_{FeO}^5 \cdot \gamma_{FeO}^5/\gamma_{P_2O_5}$ 的增大而增大的。因此，x_{FeO} 在式(2-60)~式(2-65)中所起的作用是一致的，即随着 x_{FeO} 的增大，最终使磷的分配比增加。

　　上述讨论对于如何选择最优的脱磷熔剂配比是有一定作用的。合适的 FeO 配比量应该是使 $\gamma_{FeO}^5/\gamma_{P_2O_5}$ 最大，从而使 L_P 最大。而单独考虑 FeO 对 $\gamma_{FeO}^5/\gamma_{P_2O_5}$ 的影响来选择磷分配比高的熔渣，是不合适的。

2.2　铁水预处理脱磷的热力学和动力学

　　著名的化学冶金先驱者古迪夫曾在 20 世纪 50 年代初的一次讨论会上发言，惊叹尽管磷是钢铁冶炼中最需要加以控制的重要元素之一，但人们对磷的知识的了解竟少得可怜。

　　在该时期，欧洲大陆已有大量彼此独立进行的实验证实，可以从 $w[C]=2\%\sim4\%$ 的铁水中去磷。这些试验结果对英国的冶金工作者很有诱惑力，因为当时英国的一些平炉必须使用 $w[P]\approx1.5\%$ 的铁水。任何快速、经济的铁水预脱磷工艺对减轻炼钢炉的冶金负荷都是非常有利的。为此，古迪夫呼吁对这种从热力学知识看来似乎是矛盾的现象开展进一步的研究。

2.2.1 碳饱和铁水预处理脱磷的物理化学基础

Shanahan对碳饱和铁水的脱磷进行了一系列的实验研究[28]。他指出，人们已经花费了大量的时间和精力来从事炼铁、炼钢反应的热力学研究，无疑这些研究是对反应过程化学方面理解的基础，特别是反应标准自由能变化的公式，在预示给定条件下能进行的特殊反应的限度方面是很有实际帮助的。但是，热力学研究的一个重要的不足是完全不考虑时间因素，不提供也不考虑任何关于精炼反应速度的资料，结果往往出现这种情况：按热力学数据判断似乎是一个很有效的精炼方案，但在实际中或在经济上却可能是完全无用的，因为有关反应的速度太低。Shanahan认为，技术人员应用艾林汉姆图很自然地得出结论：从铁液中脱磷只能在大部分碳被氧化之后才能显著进行，这实际上是假设有关化学反应的速度都非常快，以至于根本用不着考虑反应需要的时间；但实际却并非如此，因此过分地依赖热力学数据来判断冶金过程是危险的。

根据Shanahan的研究，碳饱和铁水之所以能进行脱磷，就是由于动力学的原因，可以用以下两种机理来给予解释：

（1）第一种机理是最简单不过的，即不管有无大量的碳存在，只要体系的氧势达到足够进行脱磷反应的氧位，就可以进行脱磷。这实际是假定碳-氧反应进行得很缓慢，比起脱磷反应还要迟滞很长一段时间，因此，体系的氧位不是由 C-O-CO 平衡所决定的。

（2）第二种机理是认为在氧气、炉渣与金属接触处，可能有少量脱碳、脱磷后相对较纯的铁存在，这一部分铁在其后可用稀释的办法使整个铁水相中的碳、磷含量降低，因此铁水中的碳、磷含量同时下降。而这与按艾林汉姆图的预报是相抵触的。

岩崎克博士为了了解碳饱和铁水的脱磷行为，在1300℃左右的铁水温度下，研究了磷在炉渣-金属间的平衡分配。使用的炉渣为 $CaO-SiO_2-FeO$（$-CaF_2$）渣系，为了防止渣中氧化铁与铁水中的碳反应生成 CO 所造成的干扰，用固体纯铁与熔渣进行磷分配平衡试验，然后用理论计算的办法间接求得碳饱和铁水和 $CaO\text{-}SiO_2\text{-}FeO$($\text{-}CaF_2$)炉渣之间的磷平衡分配比。试验结果表明：

（1）渣中 CaO、FeO 含量越高，则渣-铁间磷的分配比越大。

（2）渣中加入 CaF_2 对磷的分配有很大的影响，可提高炉渣的脱磷能力。

（3）碳饱和铁水脱磷，不但低温条件对脱磷反应有利，而且碳饱和条件也是有利的。根据理论计算，由于磷、碳在铁水中的相互作用，碳饱和铁水的脱磷条件比钢水的脱磷条件更好些。

综上所述，从动力学角度考查，脱碳反应不易发生，而脱磷反应容易在渣-铁界面发生，而且越是低温越是如此，因此，尽管有大量碳存在，但并不影响脱磷反应的进行。而从热力学角度来考查，一方面，低温有利于脱磷反应而不利于脱碳反应；另一方面，铁液中有大量的碳存在，使磷的活度增加，更加增加了从金属中脱磷的倾向。这就使得不但碳饱和铁水的脱磷是可能的，而且脱磷条件比钢水脱磷还要优越一些。

2.2.2 中磷铁水脱磷方法的热力学研究

铁水预处理技术是提高转炉生产能力和钢铁质量的重要冶炼环节。目前，铁水炉外脱硫的方法在热力学理论上和生产工艺上都日趋完善，随着喷射冶金技术引入工业生产中，它正逐步走向工业化。现阶段，冶金工作者更感兴趣的是铁水中同时脱硫、脱磷的研究。前人已经对此课题做了大量的工作，主要采用 Na_2CO_3 或 CaO 基熔剂进行铁水同时脱硫、脱磷的工艺性试验，并取得了比较满意的结果。但是，他们的研究对象大多是 $w[P] \approx 0.10\%$ 的低磷铁水，对于中、高磷铁水的脱磷方法和有关铁水脱磷的热力学理论问题（包括脱磷产物在熔剂中的活度，氧位对同时脱硫、脱磷效率的影响等）的研究则较少。

根据我国的资源情况，选择 $w[P]_i \approx 0.50\%$ 的中磷铁水为研究对象，应用热力学理论来比较 Na_2CO_3 和 CaO 基熔剂的不同脱磷特点，着重讨论氧位和熔剂量与铁水中同时脱硫、脱磷率之间的关系[29]。

2.2.2.1 Na₂CO₃ 和 CaO 基熔剂对铁水的脱硫、脱磷反应

研究者一致认为，脱硫产物分别是 Na_2SO_4 和 CaS，然而，对脱磷产物还持有不同的观点。考虑到磷酸根是 -3 价的性质，认为脱磷产物各自是 $2Na_2O \cdot P_2O_5$、$3Na_2O \cdot P_2O_5$ 较为合理。

文献［29］讨论了铁水预处理过程中的脱硫、脱磷问题，处理温度均为 1350℃，并认为此铁水已经过预脱硅处理，不考虑硅对脱磷的影响。

Na_2CO_3 熔剂的脱硫反应为：

$$(Na_2CO_3) + [S] = (Na_2S) + CO_{(g)} + 2[O]$$

$$\Delta G^{\ominus} = -106840 \text{J/mol} \tag{2-66}$$

硫的分配比为：

$$\lg L_S = \lg \frac{w(S)_\%}{w[S]_\%}$$

$$= -\frac{\Delta G^{\ominus}}{RT} + \lg \frac{a_{(Na_2CO_3)} \cdot f_S}{f_{Na_2S} \cdot p_{CO} \cdot a_{[O]}^2} + \lg \frac{M_{Na_2S}}{M_S} \tag{2-67}$$

因为：（1）熔剂中 $a_{(Na_2CO_3)} = 1$；

（2）$p_{CO} = 1 \text{atm}$；

（3）Na_2S 进入熔剂形成稀溶液，故以 $w[i] = 1\%$ 为标准态，并假定 $f_{Na_2S} = 1$；

（4）反应达平衡时，铁水中 Si、P、S 等元素的含量均较低，且它们对硫的活度相互作用系数的绝对值又较小，故忽略其对硫活度的影响，当 $w[C] = 4\%$ 时算得 $\lg f_S = 0.53$。

将上述条件代入式（2-67），即可得到：

$$\lg L_S = -2.523 - 2\lg a_{[O]} \tag{2-68}$$

Na_2CO_3 熔剂的脱磷反应为：

$$3(Na_2CO_3) + 2[P] + 2[O] = 3(Na_2O \cdot P_2O_5) + 3CO_{(g)}$$

$$\Delta G^{\ominus} = -237675 \text{J/mol}^{[9,10]} \tag{2-69}$$

磷的分配比为：

$$\lg L_P = \lg \frac{w(P)_\%}{w[P]_\%} = \frac{1}{2}\left(-\frac{\Delta G^{\ominus}}{RT} + \lg \frac{f_P^2 \cdot a_{[O]}^2 \cdot a_{(Na_2CO_3)}^3}{\gamma_{Na_3PO_4}^2}\right) + b_2$$

$$\tag{2-70}$$

式中　　b_2——$x_{Na_3PO_4}$ 与 $w(P)_\%$ 间的转换系数。

因为 Na_3PO_4 在熔剂中的密度较高，故以纯物质为标准态，并假定 $\gamma_{Na_3PO_4} = 1$；在 $w[C] = 4\%$ 时，$\lg f_P = e_P^C w[C] = 0.60$，所以式 (2-70) 可简化为：

$$\lg L_P = 5.920 + \lg a_{[O]} \tag{2-71}$$

CaO 基熔剂的脱硫反应为：

$$(CaO) + [S] = (CaS) + [O]$$

$$\Delta G^{\ominus} = -59480 \text{J/mol} \tag{2-72}$$

采用与 Na_2CO_3 熔剂同样的处理方法，可把硫分配比的关系式简化为：

$$\lg L_S = \lg \frac{w(S)_\%}{w[S]_\%} = -0.994 - \lg a_{[O]} + \lg a_{(CaO)} \tag{2-73}$$

CaO 基熔剂的脱磷反应为：

$$3(CaO) + 2[P] + 5[O] = 3(CaO \cdot P_2O_5)$$

$$\Delta G^{\ominus} = -496482 \text{J/mol}^{[9]} \tag{2-74}$$

用同样的方法可得到磷的分配比为：

$$\lg L_P = \lg \frac{w(P)_\%}{w[P]_\%^2} = 18.912 + 5\lg a_{[O]} + 3\lg a_{(CaO)} \tag{2-75}$$

比较式 (2-68)、式 (2-71) 与式 (2-73)、式 (2-75) 的硫、磷分配比和氧位的关系，可以看到：Na_2CO_3 本身具有很强的脱磷能力，它的熔点又低，熔体的流动性好，所以 Na_2CO_3 可以单独使用于铁水脱硫、脱磷中；CaO 基熔剂必须在较高氧位的条件下才能获得高的磷分配比，且 CaO 的熔点很高，所以用 CaO 脱磷时必须添加适当的氧化剂和助熔剂。

2.2.2.2　氧位对铁水中同时脱硫、脱磷率的影响

若初渣内不含有硫和磷，又无气化脱硫、脱磷，处理前后的铁水量不变，则有：

$$\eta_i = \frac{w[i]_i - w[i]_f}{w[i]_i} \times 100\% = \frac{w(i)}{w[i]_i} \cdot Q \times 100\% \tag{2-76}$$

式中 Q——熔剂量与铁量之比。

以 $w[P]_i = 0.05\%$、$w[S]_i = 0.10\%$ 的中磷铁水为处理对象。固定熔剂量 $Q = 6g/100g$（处理后的熔剂量）。

将式（2-76）和上述条件代入式（2-73）、式（2-75），经整理后即可得到氧位和 CaO 基熔剂处理中磷铁水时的同时脱硫、脱磷率之间的关系：

$$\lg \frac{\eta_S}{1 - \eta_S} = -2.216 - \lg a_{[O]} + \lg a_{(CaO)} \tag{2-77}$$

$$\lg \frac{\eta_P}{(1 - \eta_P)^2} = 17.389 + 5\lg a_{[O]} + 3\lg a_{(CaO)} \tag{2-78}$$

在 $a_{(CaO)} = 1$ 的条件下，计算氧位和脱硫、脱磷率之间的定量关系的结果如图 2-6 所示。

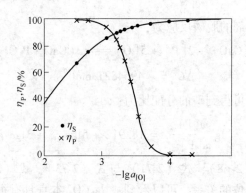

图 2-6 CaO 基熔剂处理中磷铁水时氧位与脱硫、脱磷率的关系

用同样的方法计算 Na_2CO_3 熔剂处理中磷铁水时氧位对脱硫、脱磷率的影响，结果如图 2-7 所示。

比较图 2-6、图 2-7 可以看到：采用 CaO 基熔剂处理中磷铁水时，若将 p_{O_2} 控制在比 Na_2CO_3 熔剂脱磷的 p_{O_2} 高出近两个数量级，则 CaO 基熔剂具有与 Na_2CO_3 熔剂相近的脱磷能力，这与文献 [11] 的研究结果相一致。由于用 Na_2CO_3 脱磷时 $p_{O_2} = 10^{-16}$ atm 就能达到 80% 的脱磷率，Na_2CO_3 脱磷时铁水中的碳含量几乎无变化。然而，

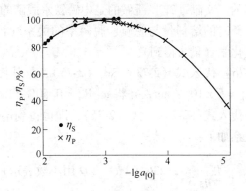

图 2-7　Na_2CO_3 熔剂处理中磷铁水时氧位与脱硫、脱磷率的关系

CaO 基熔剂要获得相近的脱磷率时的氧位高于此平衡氧位，所以，为保证后续工序的正常进行，必须特别注意铁水中碳含量的变化规律。

从图 2-6 可以看到：对 CaO 基熔剂处理中磷铁水，增加氧位，脱硫率略有下降；在 $lga_{[O]} = -3.5 \sim -3$，即 $p_{O_2} = (0.13 \sim 1.3) \times 10^{-14} atm$ 范围内，随着氧位的增加，脱磷率急剧上升。本工作所讨论的对象在 $p_{O_2} = (0.1 \sim 1) \times 10^{-14} atm$ 下，可获得 80% 的脱硫率和 70% ~ 80% 的脱磷率。考虑到 Na_2CO_3 会侵蚀耐火材料，Na_2CO_3 与 Fe、C 等元素反应造成 Na 的气化流失和环境污染以及资源困难和成本高等因素，编者认为，采取 CaO 基熔剂处理中磷铁水或在 CaO 基熔剂中添加一定量的 Na_2CO_3 来增加熔剂的流动性和脱硫、脱磷能力，将是更经济、更实用的方法。

2.2.2.3　熔剂量与脱硫、脱磷率的关系

熔剂量与脱除率有关，它还关系到工业生产上的应用问题。前文的讨论均是在 $Q = 6g/100g$ 的条件下进行的，其熔剂的用量似乎很大，所以必须进一步分析降低熔剂量的可能性。

由于在铁水预处理的脱硫、脱磷过程中，熔剂中的大部分 (FeO) 将被还原而进入铁水；铁水中的硅、磷等元素氧化进入熔剂，铁水中的硫还原进入熔剂，所以，平衡时的熔剂量和加入的熔

剂量是不相等的。文献［32］所做的是中磷铁水脱磷的热力学研究，该文只讨论平衡时的熔剂量与脱硫、脱磷率的关系（该量与加入量的关系可通过化学计量法得到）。

将式（2-76）代入式（2-73）、式（2-75），再从图 2-6 中选择合适的氧位 $p_{O_2} = 5 \times 10^{-15}$ atm，并将 $w[P] = 0.50\%$ 和满足 $a_{(CaO)} = 1$ 的条件也一并代入式（2-73）、式（2-75），即可得到熔剂量与脱硫、脱磷率间的关系如下：

$$\lg \frac{\eta_S}{1 - \eta_S} = 2.236 + \lg Q \quad （Q\text{ 用小数表示}） \tag{2-79}$$

$$\lg \frac{\eta_P}{(1 - \eta_P)^2} = 2.461 + \lg Q \tag{2-80}$$

按式（2-79）、式（2-80）计算所得的不同熔剂量下的脱硫、脱磷率，如表 2-7 所示。

表 2-7　熔剂量与脱硫、脱磷率的关系

Q	$\eta_S/\%$	$\lg \eta_S$	$\eta_P/\%$	$\lg \eta_P$
0.06	91.17	1.960	78.70	1.893
0.05	89.59	1.952	76.93	1.886
0.04	87.32	1.941	74.60	1.873
0.03	83.78	1.923	71.32	1.853
0.02	77.50	1.889	66.17	1.821
0.01	63.26	1.801	55.99	1.748

将表 2-7 中的结果经回归处理后（见图 2-8）得到：

$$\eta_S = 165.96 Q^{0.203} \times 100\% \quad (R = 0.98) \tag{2-81}$$

$$\eta_P = 136.46 Q^{0.139} \times 100\% \quad (R = 0.99) \tag{2-82}$$

用方差分析的方法检验 η 与 Q 之间的回归方程，结果表明，式（2-81）、式（2-82）的回归方程比方程 $\eta = a + bQ$ 对表 2-7 中数据点的拟和更好。又将其他条件下的熔剂量与脱除率的关系进行计算，也得到了类似于式（2-81）、式（2-82）的关系，只是其系数随着氧位等因素的不同而变化。所以，熔剂量与脱除率的定量关系可用下

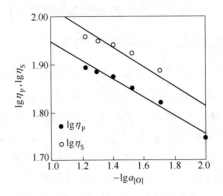

图 2-8 熔剂量与脱硫、脱磷率的关系

列通式表示：

$$\eta = AQ^n \times 100\%$$

式中 A——与氧位等因素有关的系数。

文献报道的 CaO 基、Na_2CO_3 熔剂对铁水脱硫、脱磷的试验，其熔剂加入量一般为 4～6kg/100kg[30,31]。本研究结果预示了降低熔剂加入量的可能性，为将该方法引入工业生产提供了依据。

需要指出的是：上述研究是对中磷铁水脱磷方法的热力学研究，所得结论都是在热力学平衡条件下的结论。但实际过程是错综复杂的，具体如下：

（1）在增加氧位大幅度提高 CaO 基熔剂脱磷能力的同时，也会增大铁水中碳的损失量，从而影响后序工艺的正常生产。因此，用该熔剂脱磷时要特别注意碳含量的变化规律，要控制碳、磷的氧化速率以达到最佳的脱磷保碳的效果。

（2）加入的熔剂成分和熔剂量与反应后的熔剂成分是不同的。为达到高的脱硫、脱磷率，需要通过加入的熔剂来控制反应后熔剂中 CaO 的活度、FeO 的含量以及熔剂的动力学条件。

（3）存在提高熔剂利用率的问题。

总之，通过中磷铁水脱磷方法的热力学研究，知道了脱磷的可能性及各因素对脱磷程度的影响，可以提出试验方案。但是，欲付诸于工业实践，必须进一步开展铁水脱磷的动力学研究。

2.2.3 铁水同时脱硫、脱磷反应的动力学

铁水预处理是目前冶金界研究的热点之一。然而，研究重点主要是优化渣系组成，提高渣系的脱硫、脱磷能力和一些工艺因素对脱硫、脱磷的影响，动力学方面的研究则进展不快。

早期的工作主要侧重于单个组元和单个反应的动力学研究。钢铁冶金过程是一个在高温下、多相间、有多个组元参与反应的复杂过程，而且反应与反应之间、相与相之间互相影响、互相干涉。众所周知，铁水中硅含量对脱磷反应的影响，就是发生在渣-铁相间硅、磷的氧化反应的互相影响和干涉之中。所以，用单个组元和单个反应的观点来解释整个复杂的冶金过程是有一定局限性的。1984年，Roberston[32]和Ohguchi[31]等提出了多相多组元耦合反应的动力学模型，它使钢铁冶金过程的动力学研究进入一个新的阶段。20世纪80年代后期，许允元[33]、Drahma[34]等又相继将该模型应用于铁水预处理和转炉炼钢过程，并根据实际条件对模型做了相应地修正。

应用此模型对最近铁水同时脱硫、脱磷的实验结果[35]做了动力学解析，发现模型描述的处理过程中，铁水中磷、硫、碳的变化与实验数据之间还存在着一定的差距，分析原因后认为：欲将动力学模型成功地应用于实际过程，除了模型本身具有合理性外，还必须选择准确的模型参数，即热力学参数和动力学参数，前人的工作中忽视了这点。

文献［36］在前人已提出的耦合反应动力学模型的基础上，利用前期工作所得到的有关铁水同时脱硫、脱磷的准确的热力学数据和实验结果，对模型提出修正，使修正后的模型更接近实际过程。

2.2.3.1 耦合反应的动力学模型

Roberston和Ohguchi等曾建立了铁水同时脱硫、脱磷的耦合反应动力学模型[31,32]，其基本思想是：

（1）反应速度由渣-金属两侧的传质所控制，即双膜理论。相应的传质方程可表示为：

$$J_M = k_m(w[M]_\% - w[M]_\%^*), \quad J_{MO} = k_s(w(MO)_\%^* - w(MO)_\%)$$

式中，上角标"＊"表示相界面。

（2）化学反应只在渣-金属界面上进行，且界面上的化学反应处于平衡状态。因此，界面上各组元的浓度关系均可由其反应的平衡常数关系式表示。

（3）由于界面处于平衡状态，在过程中界面无物质积累，某组元进入界面的速率和离开界面的速率相等，即 $J_M = J_{MO}$。

（4）由于各个反应都以氧作为传递元素，则界面上输入的总氧速率＋输出的总氧速率＝0。由此求出界面氧活度 a_O^*，再通过平衡常数关系式求得界面上各组元的浓度 $w[M]_\%^*$ 或 $w(MO)_\%^*$，将界面浓度代入传质方程，求解铁水预处理过程中各元素随时间的变化。

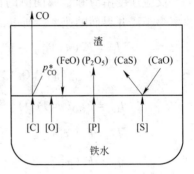

图2-9　模型考虑的化学反应

在上述思想下可以导出耦合反应的动力学模型。在已进行预脱硅的铁水中，用 CaO 基渣系进行同时脱硫、脱磷，应考虑的化学反应（如图2-9所示）为：

$$2[P] + 5[O] = (P_2O_5) \tag{2-83}$$

$$Fe + [O] = (FeO) \tag{2-84}$$

$$[C] + [O] = CO_{(g)} \tag{2-85}$$

$$[S] + (CaO) = (CaS) + [O] \tag{2-86}$$

这些反应只在渣-金属界面进行。它们的平衡常数关系式经变换后可各自写为：

$$E_P = \frac{w(P_2O_5)_\%^*}{w[P]_\%^* \cdot a_O^*} = \frac{100 \times n_{(i)} \cdot M_{P_2O_5} \cdot f_P \cdot K_P}{\rho_s \cdot \gamma_{P_2O_5}} \tag{2-87}$$

$$E_{Fe} = \frac{w(FeO)_\%^*}{a_O^*} = \frac{100 \times n_{(i)} \cdot M_{FeO} \cdot K_{Fe}}{\rho_s \cdot \gamma_{P_2O_5}} \tag{2-88}$$

$$E_C = \frac{p_{CO}^*}{w[C]_\%^* \cdot a_O^*} = f_C \cdot K_C \tag{2-89}$$

$$E_S = \frac{w(CaS)_\%^* \cdot a_O^*}{w[S]_\%^* \cdot w(CaO)_\%^*} = \frac{M_{CaS} \cdot f_S \cdot \gamma_{CaO} \cdot K_S}{M_{CaO} \cdot \gamma_{CaS}} \quad (2-90)$$

式中　E_i——修正的平衡常数；

　　　$n_{(i)}$——渣中总物质的量；

　　　K_i——平衡常数；

　　　M_i——相对分子质量；

　　　ρ_s——渣中密度。

反应速度由渣和金属两侧的传质控制，且各组元向界面传质的速率等于离开界面的速率。所以，传质方式可表示为：

$$J_P = F_P(w[P]_\% - w[P]_\%^*)$$

$$= F_{P_2O_5}(w(P_2O_5)_\%^* - w(P_2O_5)_\%) \quad (2-91)$$

$$J_{Fe} = F_{FeO}(w(FeO)_\%^* - w(FeO)_\%) \quad (2-92)$$

$$J_C = F_C(w[C]_\% - w[C]_\%^*) = G_{CO}(p_{CO}^* - 1) \quad (2-93)$$

$$J_S = F_S(w[S]_\% - w[S]_\%^*)$$

$$= F_{CaS}(w(CaS)_\%^* - w(CaS)_\%) \quad (2-94)$$

$$J_O = F_O(w[O]_\% - w[O]_\%^*) \quad (2-95)$$

式中　J_i——传质通量；

　　　F_i——以质量百分数表示的传质系数，$F_i = k_i\rho/(100 \cdot M_i)$，
　　　　　k_i为传质系数；

　　　G_{CO}——CO生成的速率常数。

上述推导过程中认为，$w[Fe]_\% = w[Fe]_\%^*$，$w(CaO)_\% = w(CaO)_\%^*$。

考虑到界面上所有的反应均处于平衡状态以及各个反应均与氧有关，所以传质过程中输入界面的氧+输出界面的氧=0，即：

$$2.5J_P + J_C + J_{Fe} - J_S - J_O = 0 \quad (2-96)$$

这意味着，FeO向界面供给的氧等于磷、碳氧化所消耗的氧、脱硫反应所放出的氧、向金属熔池的增氧之和。

将式（2-95）代入式（2-96），并将式（2-87）~式（2-90）与式（2-91）~式（2-94）结合，然后把界面浓度表示为仅含本体浓度和a_O^*

的项也代入式（2-96），初始本体浓度可以直接测定，过程中的本体浓度也可以测定或由计算得到。所以，式（2-96）就成为仅含一个未知数 a_0^* 的高次方程，即可求解。而且它也表明，a_0^* 不是由某单个反应或单个组元的传质过程所决定的，而是整个体系内所有化学反应和传质过程的综合效果，这正是耦合反应模型的特征。

将解出的 a_0^* 代回到式（2-87）～式（2-95），即可求出渣-金属界面上各组元的浓度 $w[M]_\%^*$ 和 $w(MO)_\%^*$，最后根据传质方程：

$$- dw[M]_\% / dt = A/V_m \cdot k_m (w[M]_\% - w[M]_\%^*) \qquad (2-97)$$

当时间间隔 Δt 很小时可得：

$$\Delta w[M]_\% = A/V_m \cdot k_m (w[M]_\% - w[M]_\%^*) \cdot \Delta t \qquad (2-98)$$

计算出 $w[M]_\%$ 随时间 t 变化的曲线，即可定量地描述整个过程中铁水内各元素随时间的变化规律。

2.2.3.2 铁水同时脱硫、脱磷过程的动力学

利用上述耦合反应的动力学模型，对编者开展的铁水同时脱硫、脱磷的应用性试验结果进行分析。实验条件和主要的实验结果分别为：温度 $t = 1350℃$，终渣量 $M = 30kg/t$，以 Fe_2O_3 作为氧化剂，实验在 MgO 坩埚中（部分实验在 Al_2O_3 坩埚中）进行，金属料为 1kg，金属料成分和实验用的同时脱硫、脱磷剂组成以及实验结果列于表2-8、表2-9。

表 2-8　铁水同时脱硫、脱磷过程的动力学实验条件　　　　（%）

序号	项目	脱硫、脱磷剂及终渣组成							实验坩埚
		$w(CaO)$	$w(CaF_2)$	$w(CaS)$	$w(SiO_2) + w(Al_2O_3)$	$w(P_2O_5)$	$w(Na_2O)$	$w(Fe_2O_3)$	
A8	熔剂	43.8	15.0	0	3.8	0	0	38.0	MgO
	终渣	43.8	15.0	0	3.8	0	0	38.0	
B3	熔剂	65.5	24.0	0.8	6.1	3.2	0	—	Al_2O_3
	终渣	1.3	17.6	约1	38.1	5.8	约2	—	

表 2-9　铁水同时脱硫、脱磷过程的动力学实验结果　　　（%）

序号		实　验　结　果						
A8	$w[P]$	0.1052	0.0154	0.0063	0.0083	0.0099	0.0101	0.0418
	$w[S]$	0.045	0.030	0.026	0.024	0.024	0.021	0.020
	$w[C]$	2.79	2.69	2.56	2.56	2.52	2.51	2.49
B3	$w[P]$	0.1006	0.0122	0.0072	0.0167	0.0185	0.0193	0.0418
	$w[S]$	0.0580	0.0280	0.0347	0.0401	0.0397	0.0360	0.0346
	$w[C]$	3.12	2.87	2.72	2.58	2.59	2.54	2.52

分析结果发现，采用文献［31，32］中的模型参数值（见表2-8），用耦合反应动力学模型模拟铁水同时脱硫、脱磷过程中各元素的变化，所得到的结果与表2-9中的实验结果还存在着一定分歧，主要原因是 Ohguchi 等的工作中没有对模型涉及的参数的准确选择足够重视。欲将模型成功地应用于实际过程，模型自身的合理性和模型参数的准确性都是十分重要的。

应通过对模型中的修正平衡常数 E_i 进行分析，从热力学上修正动力学模型，以准确地计算模型中的主要变量 a_O^* 和渣、金属两相中各组元的界面浓度，再通过传质方程建立 $w[i]_\%$-t 的关系。

由式(2-87)~式(2-90)可知，E_i 主要取决于平衡常数 K_i 和渣、金属相中的活度系数 γ_i、f_i。严格地讲，E_i 不是常数，而是随温度和渣、金属的组成而变化。文献［36］和 Ohguchi 的工作都是在1350℃下进行的，所以仅考虑它们随渣、金属的组成的变化。

（1）平衡常数 K_i。本工作的 K_i 均是根据文献［37］提供的 $\Delta G_i^\ominus$ 数据换算而得到的，对应于反应式(2-83)~式(2-86)，1350℃下其 K_i 值分别是：

$$K_P = 0.00283, K_{Fe} = 32.8, K_C = 553, K_S = 0.013$$

（2）渣中的活度系数 γ_i。作者研究结果得到了适用于该试验渣系的 $\lg\gamma_{P_2O_5}$ 的计算式，在1300℃下，

$$\lg\gamma_{P_2O_5} = 6.878 + 2.016R - 0.324R^2 \quad (R < 3^{[35,38]}) \quad (2\text{-}99a)$$

$$\lg\gamma_{P_2O_5} = 10.01 \quad (R \geqslant 3) \quad (2\text{-}99b)$$

再经温度换算至本试验的温度1350℃（式中 R 为碱度）。在

CaO-CaF$_2$型渣系中取 $\gamma_{FeO} \approx 1$。文献中报道在同类型渣系中 $\gamma_{CaS} \approx 3 \sim 15^{[39]}$，根据本试验的实验数据，取 $\gamma_{CaS} \approx 5$。

（3）金属中的活度系数 f_i。对于铁水溶液，因其碳含量较高，其对其他组元活度系数的影响宜引进二阶活度相互作用系数；而硫、磷的含量仍较低，仍可按稀溶液模型处理。近期研究得到的铁水中硫、磷活度系数的计算式为：

$$\lg f_S = -0.033w[S]_\% + 0.29w[C]_\% - 0.0149w[C]_\%^2 -$$

$$0.0259w[C]_\% w[S]_\% \tag{2-100}$$

$$\lg f_P = -0.071w[P]_\% + 0.25w[C]_\% - 0.0134w[C]_\%^2 -$$

$$0.0184w[C]_\% w[P]_\% \tag{2-101}$$

把上述数据代入式（2-87）～式（2-90）后，即可求得较为准确的模型参数 E_i 值，其结果也列于表 2-10，以便于与 Ohguchi 选用的参数做比较。采用的这些参数还体现了在处理进程中它们随渣、金属的组成而变化的规律。

表 2-10　参数 E_i 值的比较

E_i	E_P	E_S	E_{Fe}	E_C
Ohguchi	10^9	0.015	500	2000
文献 [36]	$0.32f_P/\gamma_{P_2O_5}$	$0.0064f_S$	3770	$553f_C$

其中，$\gamma_{P_2O_5}$、f_i 分别由式（2-99）～式（2-101）求得。

F_i 和 G_{CO} 仍采用 Ohguchi 推荐的数据，经计算后得到的值列于表 2-11。

表 2-11　F_i 和 G_{CO} 的值

F_P	F_S	F_C	F_O	$F_{P_2O_5}$	F_{FeO}	F_{CaS}	G_{CO}
9.03×10^{-7}	8.75×10^{-7}	2.33×10^{-6}	1.75×10^{-6}	8.45×10^{-8}	8.33×10^{-8}	8.31×10^{-8}	0.3×10^{-8}

采用本工作所得的 E_i、F_i 和 G_{CO} 的参数值，再用耦合反应模型，通过式（2-96）求出 a_O^* 和相应的其他组元的界面浓度，再通过式（2-98）来模拟实验结果（见图 2-10、图 2-11）。图 2-11 反映的是

$\gamma_{P_2O_5}$变化的情况，且渣中添加了少量的 Na_2O，按照 Muraki[40] 的研究结果对 $\gamma_{P_2O_5}$ 做了修正，并考虑了 Al_2O_3 溶入渣中的影响。

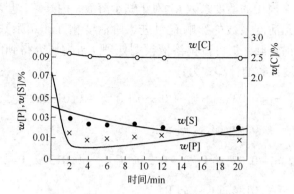

图 2-10　A8 炉的模型计算结果和实验结果

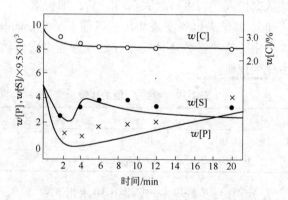

图 2-11　B3 炉的模型计算结果和实验结果

由图 2-10、图 2-11 可知，实验结果和模型模拟结果十分吻合，尤其是碳含量随时间的变化，两者几乎完全重合；而硫、磷的实验值高于模型结果，这可能是由于渣系没有充分利用的缘故。

通过上述分析说明，采用准确的模型参数，耦合反应的动力学模型是能够较好地定量描述铁水同时脱硫、脱磷过程的。它为工艺优化、过程模化和控制提供了重要依据，对其他复杂的冶金过程的描述同样具有指导意义。

2.2.4 石灰系复合熔剂同时脱磷、脱硫的冶金反应特征

石灰是冶金生产常用的一种廉价易得的碱性熔剂,用石灰系熔剂对铁水单独脱磷或脱硫都是有效的,并且在处理过程中铁水温降小,对耐火材料的侵蚀和环境的污染也都比苏打系熔剂要少。但是一般认为,石灰系熔剂同时脱磷、脱硫的能力弱、效率低、速度慢、效果不稳定,而且铁水脱碳量大。特别是作为喷吹用时,它的黏附性强,易吸潮,使输送性能变坏;并且氧化钙的熔点高,在铁水预处理温度下很难形成液态渣。因此,近年来正在积极开发以石灰为主体的复合熔剂。文献 [41] 报道,同时脱磷、脱硫有一定效果,但处理前铁水成分一般为:$w[Si] \leqslant 0.15\%$,$w[P] \approx 0.10\%$,$w[S] \approx 0.03\%$,都是在低磷铁水条件下取得的。对于 $w[P] \approx 0.5\%$ 的中磷铁水的处理,所见资料还很少。为此,编者在实验室条件下,对 $w[P] = 0.3\% \sim 0.5\%$ 的中磷铁水及半钢,采用喷吹石灰系复合熔剂进行同时脱磷、脱硫的试验研究。文献 [42] 着重讨论石灰系复合熔剂同时脱磷、脱硫的冶金反应特征。

2.2.4.1 实验条件

该实验在中频感应炉中熔化 65kg 左右的生铁及半钢,温度保持在 1350℃ 左右,经熔清、扒渣、测温、取样,测量金属熔池的深度一般在 280~320mm 之间,喷枪插入金属液的深度为 150~200mm。用 N_2 输送不同配比的石灰系复合粉剂,喷粉时间约为 1.5min,喷粉罐工作压力约为 2.0kPa(表压),流态化气体流量为 0.3~0.4m^3/h(表流量),助吹气体流量为 0.6~1.2m^3/h(表流量)。喷吹结束后测温,取金属样和渣样,测熔池深度,估算金属损失。

实验所用金属材料的成分见表 2-12。

表 2-12 金属材料的成分

成分	$w[C]/\%$	$w[Si]/\%$	$w[Mn]/\%$	$w[P]/\%$	$w[S]/\%$
生铁	4.0	0.88	0.20	0.63	0.022
半钢	3.5	—	0.06~0.085	0.28~0.33	0.039~0.044
磷铁	0.35	—	0.43	47.04	0.043
硫铁	—	—	—	0.006	29.60

为了节省熔化时间，有些炉次在脱磷、脱硫后补加磷铁，再继续试验。几种主要粉剂的成分和粒度分布分别见表 2-13 和表 2-14。

表 2-13　粉剂的成分　　（%）

成分	$w(CaO)$	$w(SiO_2)$	$w(MgO)$	$w(Al_2O_3)$	$w(Fe_2O_3)$	$w(CaF_2)$	$w(FeO)$	$w(TFe)$
石灰	80.09	3.51	0.80	0.87	0.65	—	—	—
萤石	—	10.99	—	0.30	0.42	83.91	—	—
铁皮	—	2.26	—	—	—	—	50.66	70.25

表 2-14　粉剂的粒度分布　　（%）

粒度/目	32~40	40~55	55~75	75~100	100~130	130~150	>150
石灰	3.54	8.59	60.41	21.79	5.07	0.30	0.30
萤石	2.00	4.92	59.29	21.03	9.82	1.04	2.52
铁皮	0.66	4.52	26.03	12.69	31.33	9.73	15.04

添加剂氧化钙为工业纯，碳酸钠为化学纯，硫酸锶为天青石矿粉，成分列于表 2-15。

表 2-15　天青石的成分　　（%）

成分	$w(SrSO_4)$	$w(BaSO_4)$	$w(CaO)$	$w(SiO_2)$	$w(Fe_2O_3)$	$w(Al_2O_3)$	$w(TiO_2)$
含量	88.17	3.45	0.36	6.18	1.55	0.17	0.10

各种粉剂都经过烘烤后才使用，烘烤温度为 200℃，烘烤时间为 2h 以上。

2.2.4.2　石灰系复合熔剂对中磷铁水和半钢同时脱磷、脱硫的效果

（1）CaO-FeO-CaF$_2$ 复合熔剂，喷粉量在 54kg/t 左右时，脱磷率在 50% 以上，同时脱硫率在 30% 以上。

（2）添加 $w(CaCl_2)=3\%\sim8\%$ 的粉剂，对脱磷率的影响不明显，但使脱硫率显著提高到 50% 以上，并且使终点硫含量 $w[S]_f$ 降低到 0.01% 以下。

（3）添加 $w(SrSO_4)=3\%\sim10\%$ 的粉剂，在同样的喷粉量下能显著提高脱磷效率，但同时出现了增硫现象。

（4）添加 $w(Na_2CO_3) = 3\% \sim 5\%$ 的粉剂，使脱磷、脱硫效率都得到提高，绝对脱磷量最大达到 $\Delta w[P] = 0.374\%$，脱磷效率为 66%，氧化钙的利用率提高到 62.95%，而脱碳量 $\Delta w[C] \leqslant 0.10\%$。

2.2.4.3 石灰系复合熔剂的喷粉量对脱磷效果的影响

图 2-12 表示在初始磷含量 $w[P]_i = 0.45\% \sim 0.55\%$ 的范围内，熔剂单耗与脱磷效率基本上呈线性关系，所得到的回归方程式为：

$$\eta_P = 1.12Q - 11.87 \quad (R = 0.86) \tag{2-102}$$

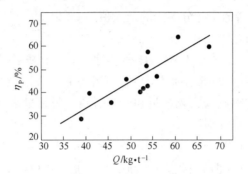

图 2-12　脱磷率与喷粉量之间的关系
（$w[P]_i = 0.45\% \sim 0.55\%$）

这就是说，要想取得 80% 以上的脱磷效率，喷粉量 Q 要在 82kg/t 以上。这样不仅使渣量增大，而且从图 2-13 所示的喷粉量与

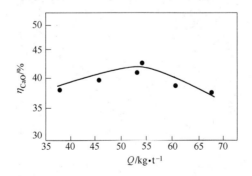

图 2-13　喷粉量与氧化钙利用率之间的关系
（$w[P]_i = 0.45\% \sim 0.55\%$）

氧化钙利用率的关系可见，η_{CaO} 有一个最佳值。在实验条件下，其关系式为：

$$\eta_{CaO} = 17.979 + 0.8557Q - 0.00817Q^2 \qquad (2\text{-}103)$$

喷粉量 Q 的最佳值为 52.368kg/t，这时 η_{CaO} =40.38%，超过这个值后继续增大粉剂量，氧化钙的利用率是降低的。

实验所用的石灰系复合熔剂是具有一定的同时脱磷、脱硫能力的，各种熔剂的终渣中 $w(P_2O_5)$ 都较大，一般在 9.6% 左右，最大值达 12.81%。磷的实际分配比的最大值达 62 以上，硫的实际分配比也达到 20 左右。

2.2.4.4 铁水初始磷、硫含量对脱磷、脱硫效果的影响

图 2-14 和图 2-15 分别表示供粉量在 54kg/t 左右的条件下，初始磷、硫含量与终点磷、硫含量和绝对脱磷、脱硫量之间的关系，所得到的回归方程分别为：

$$w[P]_{\%f} = 0.976w[P]_{\%i} - 0.214 \quad (R = 0.98, \delta_y = 0.075) \quad (2\text{-}104)$$

$$w[S]_{\%f} = 0.661w[S]_{\%i} - 0.00245 \quad (R = 0.964, \delta_y = 0.006)$$
$$(2\text{-}105)$$

$$\Delta w[P]_{\%} = (0.0272w[P]_{\%i} + 0.216) \pm 0.015 \qquad (2\text{-}106)$$

$$\Delta w[S]_{\%} = 0.339w[S]_{\%i} + 0.00245 \quad (R = 0.88, \delta_y = 0.003)$$
$$(2\text{-}107)$$

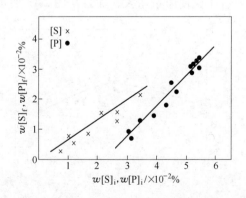

图 2-14　$w[P]_f$ 和 $w[P]_i$、$w[S]_f$ 和 $w[S]_i$ 的关系

（Q =54kg/t）

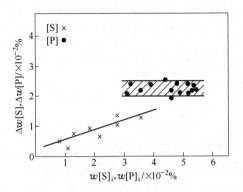

图 2-15 $w[P]_i$ 和 $\Delta w[P]$、$w[S]_i$ 和 $\Delta w[S]$ 的关系

($Q = 54kg/t$)

由图 2-15 和式（2-106）可得，供粉量在 54kg/t 左右时，$w[P]_i$ 在 0.30% ~ 0.55% 范围内变动，$\Delta w[P]$ 都在 0.209% ~ 0.245% 范围内。同样，由式（2-104）可得，对 $w[P]_i \leqslant 0.32\%$ 的 $w[P]_f$，可达到 0.10% 以下。

2.2.4.5 石灰系复合熔剂同时脱磷、脱硫的能力

A 脱磷

石灰系熔剂对铁水的脱磷反应式为：

$$n(CaO) + 2[P] + 5[O] \Longrightarrow (nCaO \cdot P_2O_5) \quad (2-108)$$

由于各研究者对脱磷产物持有不同观点，将式（2-108）两边消去 CaO，即得到：

$$2[P] + 5[O] \Longrightarrow (P_2O_5)$$

$$\Delta G^{\ominus} = -742032 + 532.71T \quad (J/mol) \quad (2-109)$$

1350℃ 时， $\lg K_P = \lg \dfrac{\gamma_{P_2O_5} \cdot x_{P_2O_5}}{a_{[P]}^2 \cdot a_{[O]}^5} = -6.526$

CaO 和 P_2O_5 的结合反应对式（2-109）的影响反映在 $\gamma_{P_2O_5}$ 上。

现以 $w[P]_\% = 0.476$、与氧化铁相对应的 $a_{[O]} = 0.0138$、渣中 $x_{P_2O_5} = 0.044$、$f_P = 3.17$ 为例，经计算得到，若渣中 $\gamma_{P_2O_5} < 7.7 \times$

10^{-15}，式（2-109）所示的脱磷反应即可进行。

研究认为，$\gamma_{P_2O_5}$ 与渣成分的关系如下：

$$\lg\gamma_{P_2O_5} = -1.12(22x_{CaO} + 15x_{MgO} + 13x_{MnO} + 12x_{FeO} - 2x_{SiO_2}) -$$

$$\frac{42000}{T} + 23.58 \tag{2-110}$$

按式（2-110）可算出，渣的 $\gamma_{P_2O_5} = 4.62 \times 10^{-22} \ll 7.7 \times 10^{-15}$。

可见，石灰系复合熔剂具有较强的脱磷能力，人们通常用磷容量或磷酸盐容量来描述熔渣溶解磷或磷酸盐的能力。

磷容量 C_P 对于反应式（2-109）可定义为：

$$C_P = w(P)_\% / (a_{[P]} \cdot a_{[O]}^{5/2}) \tag{2-111}$$

根据反应式（2-109）的平衡，可得到以下关系式：

$$\lg C_P = -\frac{\Delta G^{\ominus}}{2 \times 2.303RT} - \frac{1}{2}\lg\gamma_{P_2O_5} + \lg(w[P]_\% / x_{P_2O_5}^{1/2})$$

$$\tag{2-112}$$

可以看出，由式（2-111）定义的磷容量与由 Richardson 和 Fincham 定义的硫化物容量相类似，都是渣成分和温度的函数。

在一定温度下，渣中 $\gamma_{P_2O_5}$ 值越小，$\lg\gamma_{P_2O_5}$ 的负值越大，渣的磷容量 C_P 就越大。

在式（2-112）中的最后一项（即 $\lg(w(P)_\% / x_{P_2O_5}^{1/2})$）取决于渣的成分，特别是渣中（$P_2O_5$）的含量。显然，渣中（$P_2O_5$）含量为一定时，可以认为其接近常数。

把反应式（2-109）的 $\Delta G^{\ominus}$ 和相应的 $\lg\gamma_{P_2O_5}$ 计算式代入式（2-112），可以得到 $\lg C_P$ 与温度和熔渣组成的关系式。

对 CaO-MgO-SiO_2-FeO 渣系，在铁水预处理条件下，渣的磷容量的计算式推荐为：

$$\lg C_P = 11.6x_{CaO} + 8.6x_{MgO} + 4.0x_{FeO} + 53300/T - 17.4$$

$$\tag{2-113}$$

计算结果表明，石灰系复合熔剂在试验条件下所形成的熔渣具有很大的磷容量。在试验温度范围内，C_P 的数量级都在 10^{23}。

熔渣的脱磷能力是用磷的分配比表示的。磷分配比越大，则脱磷能力越强，脱磷效果越好。

从脱磷反应的平衡常数可以得出分配比为：

$$x_{P_2O_5}/w[P]_\%^2 = K_P f_P^2 a_{[O]}^5 / \gamma_{P_2O_5} \qquad (2\text{-}114)$$

要提高磷的分配比，必须增大 f_P、$a_{[O]}$ 及 K_P，而降低 $\gamma_{P_2O_5}$。

Healy 根据反应式（2-108）总结分析了 $CaO\text{-}P_2O_5$ 二元系平衡试验数据，应用熔渣离子模型，根据电当量离子分数确定了组元的活度，最后又把离子浓度换算为质量百分数，代入式（2-108）的平衡式中得出：

$$\lg \frac{w(P)_\%}{w[P]_\%} = 22350/T - 16.0 + 0.08w(CaO)_\% + 2.5\lg w(TFe)_\%$$

$$(2\text{-}115)$$

文献［30］指出，在1350℃左右的铁水预处理条件下，必须对Healy 公式进行修正，即：

$$\lg \frac{w(P)_\%}{w[P]_\%} = 22350/T - 15.9 + 0.04w(CaO)_\% + 2.5\lg w(TFe)_\%$$

$$(2\text{-}116)$$

将式（2-116）计算的 L_P 值和试验的实际 L_P 值相比较，见图2-16。

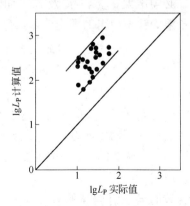

图 2-16　$\lg L_P$ 计算值与实际值的比较

从图 2-16 可以看到，实际值与计算值呈平行的线性关系。但是，试验得到的实际磷分配比要比根据熔渣成分计算的值低得多，一般相差一个数量级，表明试验中脱磷反应还远没有达到平衡。这主要是由于动力学因素、工艺条件的影响，如粉剂的粒度，特别是石灰粉的颗粒太粗；熔池的深度浅，导致粉粒在金属液中滞留时间短等，都使脱磷反应偏离平衡。

B　脱硫

石灰系复合熔剂喷入铁水或半钢后，其脱硫反应式为：

$$CaO_{(s)} + [S] + [C] = CaS_{(s)} + CO_{(g)}$$

$$\lg K_S = -5540/T + 5.75 \tag{2-117}$$

当温度在 1350℃ 左右时，$K_S = 217$。

为了定量地确定脱硫反应的平衡关系，用离子方程式表示为：

$$[S] + (O^{2-}) = (S^{2-}) + [O] \tag{2-118}$$

反应的平衡常数 K_S 为：

$$K_S = (a_{(S^{2-})} \cdot a_{[O]})/a_{(O^{2-})} \tag{2-119}$$

同样，用硫的分配比 L_S 表示熔渣的脱硫能力：

$$L_S = \frac{w(S)_\%}{w[S]_\%} = K_S \frac{a_{(O^{2-})} \cdot f_S}{a_{[O]} \cdot \gamma_{S^{2-}}} \tag{2-120}$$

要提高硫的分配比，必须增大 $a_{(O^{2-})}$、f_S 及 K_S，而降低 $a_{[O]}$ 和 $\gamma_{S^{2-}}$。

按熔渣完全离子溶液模型得出的理论计算式为：

$$L_S = 32 \frac{L'_S \cdot f_S}{\gamma_{S^{2-}} \cdot \gamma_{Fe^{2+}}} \cdot \frac{\Sigma n_+ \Sigma n_-}{n_{Fe^{2+}}} \tag{2-121}$$

试验所用的石灰系复合熔剂脱磷、脱硫后形成的熔渣，用式（2-121）计算的硫分配比 L_S 在 10 ~ 30 之间，这表明石灰系复合熔剂在脱磷的同时是具有一定脱硫能力的。L_S 实际值虽然比用式（2-121）计算的值稍小，但两者的数值是接近的。

C　同时脱磷、脱硫

用石灰系熔剂脱磷时要求有较高的氧位（p_{O_2}），但铁水和半钢的碳含量都较高而氧位较低，若增加熔剂的氧化性，不仅会影响脱硫效果，还会增加脱碳量。所以，控制合适的氧位是石灰系复合熔剂具有较强的同时脱磷、脱硫能力的关键。

图 2-17 表明，在铁水的氧位下，用苏打系熔剂处理时，其同时脱磷、脱硫能力是非常强的；而用石灰系熔剂处理，则几乎不能脱磷。欲用石灰系熔剂脱磷，就必须提高氧位，势必会影响脱硫能力。文献［43］在对铁水喷吹石灰系熔剂时，测定包内不同位置的氧位，在靠近喷枪附近 p_{O_2} 高（$10^{-14} \sim 10^{-13}$ atm），而在顶渣-铁水界面附近 p_{O_2} 低（10^{-15} atm），喷吹中这种氧位分布的不均匀性提供了在不同位置同时进行脱磷、脱硫的可能性，即在喷枪附近喷入熔剂成渣脱磷，而在顶渣及桶壁附近脱硫。

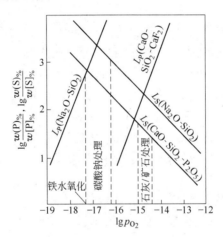

图 2-17 苏打系和石灰系处理时的氧位估算（1300℃）

图 2-17 示出，将氧位控制在 $10^{-15} \sim 10^{-14.4}$ atm 范围内时，能够得到较高的同时脱磷、脱硫能力。对以脱磷为主的中磷铁水，处理氧位拟控制在 10^{-14} atm 左右。根据计算，当 $T = 1573K$、$p_{O_2} = 10^{-14}$ atm 时，得 $a_{[O]} = 1.1$，$a_{(FeO)} = 0.021$，大约相当于 $x_{FeO} = 0.09$，即控制终渣的 $w(TFe) = 5\% \sim 7\%$。根据文献［29］提出的氧位与石灰系熔剂同时脱磷、脱硫率的关系计算式，当 $p_{O_2} = 10^{-14}$ atm 时，脱磷、脱硫效率都可以达到85%以上。所以，只要氧位控制得当，石灰系复合熔剂是可以同时获得较好的脱磷、脱硫效果的。

2.2.4.6 添加剂的作用

A CaF₂ 的作用

众所周知，石灰通常与萤石一起使用，它对脱磷起着有效的作用。首先，萤石降低了渣的熔点，在低温下这个作用更为重要。因为在 1350℃时，成分在 CaO 饱和曲线附近的渣，若不加萤石就很难形成液态渣。在实验中所形成的熔渣，测定其熔点为 1150~1220℃。其次，添加 CaF₂ 能提供 Ca²⁺而不升高渣的熔点。再次，它还能增加（PO_4^{3-}）的稳定性，生成氟磷灰石（$Ca_5F(PO_4)_3$），从而降低渣中 P_2O_5 的活度。一般萤石的配比在 10%左右时较合适，因为随着 CaF₂ 含量的进一步增加，部分 CaO 被渣中 CaF₂ 代替，磷的分配系数值将减小。

B CaCl₂ 的作用

CaCl₂ 常常单独或与 CaF₂ 一起作为添加剂加入，以增强渣的脱磷、脱硫能力。CaCl₂ 在渣中也形成氯磷灰石（$Ca_5Cl(PO_4)_3$），比 CaF₂ 更明显地降低渣中磷酸盐的活度；但在增加 FeO 活度方面，不如 CaF₂ 好。CaCl₂ 吸水性很强，会影响喷吹效果，因此在工业应用时宜制成预熔渣或配入顶渣，从包口加入。在这次试验中没有准确地确定 CaCl₂ 的脱磷、脱硫作用及其最佳添加量，有待进一步试验。

C SrSO₄ 的作用

锶（Sr）是碱土金属，钙、锶、钡是同族元素。硫酸锶喷入铁水后发生如下反应：

$$SrSO_{4(s)} + [C] = SrO_{(s)} + SO_2 + CO$$

$$\Delta G^\ominus = -151467 + 76.04T \quad (J/mol) \qquad (2-122)$$

$$2SrSO_{4(s)} + [Si] = 2SrO_{(s)} + 2SO_2 + SiO_2$$

$$\Delta G^\ominus = -563060 + 76.04T \quad (J/mol) \qquad (2-123)$$

氧化锶的熔点很高，达到 2430℃。氧化锶的脱磷、脱硫反应与氧化钡类似，所以氧化锶同样具有较大的脱磷、脱硫能力。但添加硫酸锶的脱磷、脱硫特性还有待进一步研究，至于硫酸锶分解而引起的增硫问题也还需要解决。

D Na$_2$CO$_3$ 的作用

由 Na$_2$CO$_3$ 分解后生成的 Na$_2$O 是活性很强的脱磷、脱硫剂。因为 Na$_2$O 与 CaO 相比碱性更强，脱硫能力大 1070 倍。脱磷能力取决于 $w(Na_2O)/w(SiO_2)$，当比值大于 3 时，磷的分配比 $w(P_2O_5)_\%/w[P]_\%$ 可达 2000，脱磷能力极强。而且苏打熔点低、反应速度快、效果稳定、脱碳量小，渣量也少。所以，在石灰系复合熔剂中添加 3% ~5% 的苏打，既可减少粉剂用量和渣量，获得较高的脱磷、脱硫率，又可以弥补单独使用苏打处理时温降大、成本高、烟气逸出量大、污染环境和对耐火材料侵蚀严重等缺点。因此，含少量苏打的氧化钙脱磷、脱硫渣系很值得进一步研究。

2.2.4.7 脱磷保碳

脱磷后的铁水必须含有一定量的碳，才能在炼钢时保持必要的热源以达到出钢的温度。脱磷保碳是选择性氧化问题，用一步法求 [C]、[P] 氧化的转化温度。

$$4(CaO) + 2[P] + 5CO_{(g)} == (4CaO \cdot P_2O_5) + 5[C]$$

$$\Delta G^\ominus = -337400 + 202.85T \quad (J/mol)$$

$$\Delta G = \Delta G^\ominus + RT\ln \frac{a_{(4CaO \cdot P_2O_5)} \cdot f_C^5 \cdot w[C]_\%^5}{a_{(CaO)}^4 \cdot f_P^2 \cdot w[P]_\%^2 p_{CO}^5} \tag{2-124}$$

取 $p_{CO} = 1atm$、$a_{(CaO)} = 1$、$a_{(4CaO \cdot P_2O_5)} = 1$，令 $\Delta G = 0$，代入 $\Delta G^\ominus$ 简化后得：

$$5\lg f_C + 5\lg w[C]_\% - 2\lg f_P - 2\lg w[P]_\% = (73748.6/T) - 44.34 \tag{2-125}$$

根据实验数据，对不同情况下的转化温度进行计算，其结果见表 2-16。

表 2-16 [C]、[P] 氧化的转化温度

$w[C]/\%$	4	3.5	3	4	3.5	3	4	3.5	3
$w[P]/\%$		0.5			0.2			0.1	
$t/℃$	1228	1237	1247	1204	1213	1223	1187	1195	1205

从热力学导出的结果可知：

(1) 转化温度是随着铁水和炉渣成分的变化而变化的。

（2）脱磷越好，转化温度越低，保碳越难。

（3）铁水预处理要求处理后的铁水温度一般不低于1250℃，这就必然要氧化一部分碳。

（4）两个元素的氧化转化温度与氧的存在形式（$\{O_2\}$、[O]或（FeO））及氧的压力（浓度）无关，而只取决于该两元素及氧化产物的浓度（压力）。

从实际脱碳量 Δw[C]来看，在1350℃左右的处理温度下，Δw[C]一般在0.20%以内。当温度超过1400℃时，脱碳量增加到0.50%以上。由此，应在实践中从热力学、动力学两方面创造有利于加速磷氧化的条件，并抑制碳的氧化，以达到脱磷保碳的目的，具体措施有：

（1）低温有利于高碳铁水脱磷，而高温则促进碳的氧化。吹氧时，[C]、[P]氧化都是放热反应；用氧化铁皮时，只有[P]氧化放热，但其放出的热量比吹氧气要小得多，而[C]的间接氧化是吸热反应。因此，以氧化铁皮（矿粉）为氧化剂时会抑制碳的氧化、促进磷的氧化。

（2）高碱度氧化渣能促进脱磷反应、抑制碳的氧化。用氮气为载气喷吹 $CaO\text{-}FeO\text{-}CaF_2$ 复合熔剂，能加速石灰熔化，形成高碱度氧化渣。

（3）添加少量苏打提高石灰系复合熔剂的脱磷能力，以降低脱磷所需要的氧位，可提高脱磷保碳的转化温度。

（4）脱磷是渣和金属之间的多相反应，采用喷吹粉剂的方法可大大增加反应界面，加快脱磷反应的速度。

（5）目前在解决铁水预处理过程的温降问题时，都采用吹氧气氧化金属铁放出的热量来弥补热量损失。但若控制不当、温度过高，就会造成严重的脱碳。

总之，脱磷保碳是石灰系复合熔剂处理中一个需要认真对待的问题，铁水预处理温度宜控制在1350℃。

2.3　体系性质及渣系组成对脱磷的影响

2.3.1　铁水氧势对铁水预处理脱硅、脱磷的影响

随着科学技术的不断进步，材料工业对优质钢的需求日益增加，

特别是要求钢中磷、硫含量均在"双零"水平以下。铁水预处理脱磷是降低钢中磷含量的重要措施，但脱磷效果与铁水硅含量密切相关，理想的脱磷效果要求有合适的铁水初始硅含量。据文献［44］报道，高炉铁水脱磷预处理之前，必须对铁水进行脱硅预处理，当采用苏打系熔渣脱磷时，脱硅后铁水的最佳硅含量应为 $w[Si] <$ 0.1%；用石灰系熔渣脱磷时，脱硅后铁水的最佳硅含量应在 $w[Si] = 0.10\% \sim 0.15\%$ 范围内。最佳硅含量对铁水预脱磷效果有重要作用，但其影响机理尚不清楚。利用氧势来探讨金属熔体（如铁合金、铁水）的脱磷过程是一种新思路[45]，文献［46］利用铁水氧势研究了高炉铁水预处理脱硅和脱磷的有关问题。

2.3.1.1 铁水氧势与渣中 Fe_2O_3 含量的关系

用定氧探头分别测定了脱硅和脱磷处理终点铁水的氧势，分析铁水氧势对脱硅和脱磷效果的影响。如果用铁水中的氧活度 $a_{[O]}$ 表示铁水的氧势，其计算公式为：

$$lg a_{[O]} = 4.53 - (89.83 + 10.08 E_{[O]})/T \qquad (2\text{-}126)$$

式中 $E_{[O]}$——铁水的电动势，mV。

在铁水脱硅和脱磷过程中主要有两个氧源向铁水供氧，一是与之相通的炉气，其向铁水中传输氧的途径为 $\{O_2\} = 2[O]$；二是脱硅渣和脱磷渣中的氧化剂，其传输氧的途径为 $(Fe_2O_3) = 2(FeO) + [O]$。在本实验条件下，炉气中不存在气体 $\{O_2\}$，氧源只能是渣中的氧化剂，因此渣中的 Fe_2O_3 是铁水脱硅和脱磷处理时的氧源。根据实验测定，铁水氧势与脱硅渣和脱磷渣中的 Fe_2O_3 含量有关，可直接用渣中的 Fe_2O_3 含量来分析脱硅率和脱磷率与氧势的关系。1573 ~ 1623K 温度下，利用定氧探头测定铁水脱硅与脱磷处理终点铁水的电动势 $E_{[O]}$，经统计得到，$E_{[O]}$ 与初始脱硅渣和脱磷渣中的 Fe_2O_3 含量($10\% < w(Fe_2O_3) < 60\%$)的关系为：

$$E_{[O]} = 450.086 + 0.7060 w(Fe_2O_3)_\% - 0.0482 w(Fe_2O_3)_\%^2$$
$$(R = 0.950, n = 10) \qquad (2\text{-}127)$$

由式（2-127）可直接用渣中 Fe_2O_3 含量得出铁水的氧势，进而分析铁水氧势对高炉铁水预处理脱硅和脱磷效果的影响，即可找出脱硅和脱磷处理目标值与渣中 Fe_2O_3 含量之间的关系，以便通过调整脱硅渣和脱磷渣中的 Fe_2O_3 含量来控制铁水氧势,从而获得所需要的脱硅和脱磷预处理效果。

2.3.1.2 预脱硅同时伴随着脱磷的研究

为了在高炉铁水预处理脱磷时获得较高的脱磷率 η_P,研究了铁水脱磷前合适的硅含量以及如何控制铁水中的硅含量。本实验对初始硅含量为 $w[Si]_i = 0.3\%$ 的高炉铁水先进行预脱硅处理。1623K 温度下高炉铁水预脱硅处理及伴随脱磷的实验结果见表2-17 及图2-18。

表 2-17　1623K 温度下高炉铁水预脱硅处理及

伴随脱磷的实验结果　　　　　（％）

炉号	渣的组成			$w[Si]_i$	$w[Si]_f$	η_{Si}	$w[P]_i$	$w[P]_f$	η_P	$a_{[O]}$
	$w(Fe_2O_3)$	$w(CaO)$	$w(CaF_2)$							
FDP-1	60	20	20	0.297	0.079	73.0	0.394	0.248	37.1	1.76×10^{-4}
FDP-2	50	35	15	0.318	0.094	70.4	0.373	0.273	26.8	5.53×10^{-4}
FDP-3	40	40	20	0.297	0.090	69.7	0.394	0.333	15.5	3.26×10^{-4}
FDP-4	30	45	25	0.308	0.105	65.9	0.123	0.113	8.1	2.22×10^{-4}
FDP-5	20	45	35	0.279	0.119	57.3	0.136	0.128	5.8	1.73×10^{-4}
FDP-6	16.8	45	38.2	0.279	0.144	48.4	0.136	0.131	3.7	1.64×10^{-4}
FDP-7	10	45	45	0.365	0.231	36.7	0.123	0.118	4.1	1.55×10^{-4}

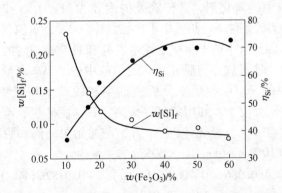

图 2-18　渣中 Fe_2O_3 含量对铁水预脱硅效果的影响 (1623K)

从实验结果可以看出,对初始硅含量相近的高炉铁水进行预处理,脱硅终点硅含量 $w[Si]_f$ 随渣中 Fe_2O_3 含量的增加而降低,渣中

Fe_2O_3 含量越高, 终点硅含量越低。从节约脱硅成本的角度考虑, 比较合适的初始渣中的 $w(Fe_2O_3) = 16.8\% \sim 40.0\%$, 铁水氧势范围为 $a_{[O]} = (1.64 \sim 3.26) \times 10^{-4}\%$, 对应的脱硅终点 $w[Si]_f = 0.144\% \sim 0.090\%$。后续的脱磷实验结果表明, 此脱硅终点硅含量就是最佳的脱磷初始硅含量。

由于铁水预处理脱硅所用的渣系和脱磷所用的渣系组成相同, 在预脱硅过程中, 铁水中的磷也有部分被去除, 如表 2-17 所示。渣中 Fe_2O_3 含量对脱硅率 η_{Si} 和伴随脱硅发生的脱磷反应脱磷率的影响如图 2-19 所示。当铁水中 $w[Si] > 0.15\%$ 时, 脱硅反应同时也伴随着脱磷反应, 但脱磷效果并不明显, 可以认为脱磷反应刚刚开始; 当铁水中 $w[Si] < 0.15\%$ 时, 随着渣中 Fe_2O_3 含量的增加, 铁水中硅、磷与氧发生反应的程度都有所提高, 但磷的氧化程度要比硅的氧化程度小得多, 虽然渣中 $w(Fe_2O_3) > 30\%$, 对应铁水中的氧势较高, 但仍不能满足脱磷的热力学条件, 熔渣的脱磷能力降低, 脱磷率最高不超过 40%。

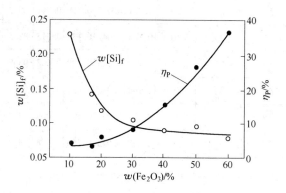

图 2-19 渣中 Fe_2O_3 含量对铁水脱硅时脱磷效果的影响 (1623K)

从另一方面考虑, 可以把预脱硅过程看作初步脱磷, 把后续脱磷处理看作终脱磷。对于初步脱磷, 当向铁水中加入脱磷渣 (即脱硅渣) 后, 由于铁水中的硅含量较高, 硅将比磷优先发生氧化反应生成 (SiO_2), 仅有微量的 (P_2O_5) 能够进入渣中与 (CaO) 结合成稳定的 ($3CaO \cdot P_2O_5$)。当铁水中的硅含量因氧化而降至 0.144% 以下时，由于渣中的 Fe_2O_3 含量较大，铁水氧势较高，脱磷率升高；当铁水中的硅含量进一步降至 $w[Si] < 0.090\%$ 时，硅的氧化趋势减小，由渣中 Fe_2O_3 传至铁水中的氧得以与磷发生反应，但此时渣中的 SiO_2 含量较高而 CaO 含量相对较低，渣的碱度下降，所以虽然铁水氧势较高，但熔渣的脱磷能力差，脱磷率不高；只有当铁水中的硅被氧化到 $w[Si] = 0.144\%$ ~ 0.090% 时，脱磷反应才开始加剧。

2.3.1.3　满足脱磷要求的初始硅含量

后续脱磷实验是对初始硅含量不同、初始磷含量比较接近的铁水，在 1573K 温度条件下进行脱磷。其目的是确定不同初始硅含量条件下获得比较理想的脱磷效果的铁水氧势范围，实验结果如表2-18所示。

表 2-18　1573K 温度下初始硅含量对铁水脱磷处理的影响　　（%）

炉　号	渣的组成			$w[Si]_i$	$w[Si]_f$	$w[P]_i$	$w[P]_f$	η_P	$a_{[O]}$
	$w(Fe_2O_3)$	$w(CaO)$	$w(CaF_2)$						
FDP-1	50	30	20	0.231	0.053	0.118	0.041	65.3	2.94×10^{-4}
FDP-2	55	35	10	0.144	0.042	0.131	0.015	88.5	4.09×10^{-4}
FDP-3	50	35	15	0.119	0.045	0.128	0.008	93.8	2.94×10^{-4}
FDP-4	50	30	20	0.100	0.046	0.137	0.011	92.7	2.94×10^{-4}
FDP-5	35	35	30	0.086	0.044	0.128	0.009	93.0	1.37×10^{-4}
FDP-6	25	35	40	0.072	0.045	0.150	0.008	94.2	0.98×10^{-4}

将表 2-18 中的实验结果绘制成图 2-20。从图 2-20 中可以看出，对预脱硅处理后的高炉铁水进行脱磷处理，当铁水中初始磷含量 $w[P]_i = 0.10\%$ ~ 0.15% 而初始硅含量 $w[Si]_i < 0.15\%$ 时，脱磷处理后的 $w[P] < 0.015\%$，甚至可达到"双零"水平，脱磷率 $\eta_P > 85\%$，且脱磷终点的硅含量均在 $w[Si]_f \approx 0.045\%$。所以对 $w[Si]_i = 0.10\%$ ~ 0.15% 的铁水进行脱磷处理时，控制处理后铁水氧势为 $(2.94$ ~ $4.09) \times 10^{-4}\%$，可获得 85% 以上的脱磷率；当铁水中的初始硅含量 $w[Si]_i < 0.10\%$ 时，脱磷处理所用的脱磷渣中 Fe_2O_3 含量

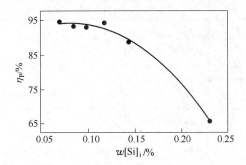

图 2-20 铁水初始硅含量对脱磷效果的影响（1573K）

可进一步降低，即使铁水氧势低于 $2.94 \times 10^{-4}\%$ 仍可获得比较好的脱磷效果；当铁水中的初始硅含量 $w[Si]_i > 0.15\%$ 时，即使铁水氧势较高也很难获得比较好的脱磷效果。

将此结果与伴随脱硅过程的脱磷反应比较，可以看出，伴随脱硅过程的脱磷反应开始发生时铁水中的硅含量（$w[Si] = 0.10\% \sim 0.15\%$）与预脱硅处理后铁水脱磷处理时的最佳初始硅含量是一致的。

2.3.1.4 渣中 Fe_2O_3 含量与脱磷率的关系

为了考查渣中 Fe_2O_3 含量对高炉铁水脱磷效果的直接影响，在 1573K 和 1623K 的温度条件下，对初始硅含量小于 0.15% 的高炉铁水进行脱磷处理，结果见表 2-19。

表 2-19 1573K 和 1623K 温度下渣中 Fe_2O_3 含量 对脱磷率的影响 （%）

温度/K	炉号	$w(Fe_2O_3)$	$w(CaO)$	$w(CaF_2)$	$w[Si]_i$	$w[Si]_f$	$w[P]_i$	$w[P]_f$	η_P	$a_{[O]}$
1573	FDP-11	60	30	10	0.100	0.055	0.150	0.012	92.0	5.88×10^{-4}
	FDP-12	50	30	20	0.100	0.046	0.150	0.011	92.7	2.94×10^{-4}
	FDP-13	40	30	30	0.057	0.045	0.103	0.015	85.4	1.71×10^{-4}
	FDP-14	35	30	35	0.128	0.048	0.119	0.020	83.2	1.37×10^{-4}
	FDP-15	20	30	50	0.100	0.044	0.150	0.046	69.3	0.88×10^{-4}

温度/K	炉号	$w(Fe_2O_3)$	$w(CaO)$	$w(CaF_2)$	$w[Si]_i$	$w[Si]_f$	$w[P]_i$	$w[P]_f$	η_P	$a_{[O]}$
	FDP-21	60	30	10	0.072		0.333	0.042	87.4	10.76×10^{-4}
	FDP-22	55	35	10	0.114		0.193	0.036	81.4	7.58×10^{-4}
	FDP-23	50	40	10	0.042		0.098	0.021	78.6	5.53×10^{-4}
1623	FDP-24	45	40	15	0.080		0.222	0.056	74.8	4.17×10^{-4}
	FDP-25	45	35	20	0.056		0.199	0.057	71.4	4.17×10^{-4}
	FDP-26	40	30	30	0.130		0.269	0.093	65.4	3.26×10^{-4}
	FDP-27	30	40	30	0.076		0.230	0.113	50.9	2.22×10^{-4}

将表 2-19 中的实验结果绘制成图 2-21。从表 2-19 和图 2-21 可以看出，随着渣中 Fe_2O_3 含量的增加，脱磷率明显提高；但在不同温度条件下，Fe_2O_3 的脱磷效果不同。在 1573K 温度下，脱磷渣中 Fe_2O_3 含量达到 40%，将铁水氧势控制在大于 1.7×10^{-4}% 时，可获得 85% 以上的脱磷率，且脱磷终点铁水中 $w[P]_f < 0.015\%$；而在 1623K 温度下，脱磷渣中 Fe_2O_3 含量达到 50%，只有当铁水氧势大于 5.5×10^{-4}% 时，才能获得约 80% 的脱磷率，且脱磷终点铁水磷含量较高。因此，在较高温度下要想获得较高的脱磷率，需

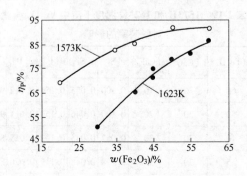

图 2-21　渣中 Fe_2O_3 含量对脱磷效果的影响

要加入更多的 Fe_2O_3，即在较高的铁水氧势条件下才能满足脱磷要求。

2.3.2 MgO 和 Al_2O_3 对 CaO 基渣系脱磷能力的影响

研究 $CaO-CaF_2-SiO_2$ 基本渣系中磷酸盐容量和渣组成之间的关系时，添加强碱性氧化物（如 Na_2O、BaO 等），对渣系的磷酸盐容量产生影响，旨在提高 CaO 基渣系的脱磷能力。然而在实际过程中，冶金渣中往往含有一些其他氧化物，尤其是 MgO 和 Al_2O_3。可是，以往的文献资料中关于它们对基本渣系脱磷性质的影响介绍不多，开展该领域的基础研究工作十分必要。

通过磷在渣-铁间平衡分配的实验，研究 MgO 和 Al_2O_3 对 $CaO-CaF_2-SiO_2$ 渣系中 P_2O_5 活度系数的影响，进而确定多元渣系中磷酸盐容量和渣组成之间的关系[38]。

实验结果列于表 2-20，它给出了磷在含 MgO 或 Al_2O_3 的渣系与碳饱和铁水之间的分配达平衡后，渣、铁样品的化学分析结果。其中，全部渣样的 CaF_2 分析结果均在 $w(CaF_2) = 30\% \pm 1.5\%$ 内，其波动可认为是由分析误差造成的。为了避免此误差对结果的干扰，令表中 $w(CaF_2) = 30\%$。

表 2-20(a) $CaO-CaF_2-SiO_2-MgO$ 渣相平衡后
金属相和渣相的成分 (%)

炉 号	$w[P]$	渣 相 成 分				
		$w(CaO)$	$w(SiO_2)$	$w(CaF_2)$	$w(MgO)$	$w(P_2O_5)$
M-1	0.46	47.3	21.4	30	1.2	0.26
M-2	0.43	46.1	21.1	30	2.1	0.24
M-3	0.50	41.9	21.6	30	7.8	0.11
M-4	0.49	43.5	21.7	30	5.8	0.15
M-5	0.42	45.8	21.7	30	3.1	0.23
M-6	0.49	44.7	21.3	30	3.9	0.23
M-7	0.46	39.3	21.7	30	9.9	0.06
M-8	0.49	37.6	21.2	30	12.2	0.06

炉 号	$w[P]$	渣 相 成 分				
		$w(CaO)$	$w(SiO_2)$	$w(CaF_2)$	$w(MgO)$	$w(P_2O_5)$
M-9	0.50	42.2	21.4	30	7.4	0.15
M-10	0.47	43.9	21.2	30	5.3	0.16
M-11	0.48	47.0	20.1	30	2.0	0.33
M-12	0.43	44.7	20.5	30	3.1	0.19
M-13	0.43	44.4	20.4	30	3.9	0.18
M-14	0.46	44.0	20.4	30	5.0	0.24
M-15	0.46	35.5	20.8	30	13.4	0.06

表 2-20（b）　$CaO\text{-}CaF_2\text{-}SiO_2\text{-}Al_2O_3$ 渣相平衡后
金属相和渣相的成分　　　　　　（%）

炉 号	$w[P]$	渣 相 成 分				
		$w(CaO)$	$w(SiO_2)$	$w(CaF_2)$	$w(Al_2O_3)$	$w(P_2O_5)$
A-1	0.43	48.7	18.8	30	1.9	0.23
A-2	0.43	48.1	17.6	30	3.2	0.27
A-3	0.43	47.6	16.9	30	4.0	0.23
A-4	0.48	50.1	17.0	30	4.1	0.32
A-5	0.44	47.8	15.5	30	5.0	0.29
A-6	0.46	48.0	14.7	30	6.1	0.32
A-7	0.40	47.6	14.7	30	6.1	0.23
A-8	0.44	48.0	13.9	30	6.8	0.27
A-9	0.42	48.9	12.6	30	8.0	0.23
A-10	0.46	50.9	11.9	30	8.1	0.34
A-11	0.45	47.4	12.6	30	8.1	0.23
A-12	0.47	51.5	10.7	30	9.7	0.32
A-13	0.42	48.0	11.1	30	9.6	0.20
A-14	0.44	48.3	9.8	30	11.1	0.21
A-15	0.44	48.3	5.6	30	14.9	0.19
A-16	0.46	47.7	2.5	30	19.6	0.20
A-17	0.44	49.0	0.6	30	19.9	0.17

经下列方法的处理和计算后，可得到表 2-21：

（1）应用过去的研究结果，求得 Fe-C$_{(饱)}$-P 系中磷的活度。

（2）将渣系组成表示为摩尔分数的形式。

（3）实验中采用与文献［45］相同的方法控制体系的氧位和温度（$t = 1300℃$，$p_{CO} = 1 atm$，$a_{[C]} = 1$），所以文献［45］中的 $\gamma_{P_2O_5}$、C_P 关系式：

$$-\lg\gamma_{P_2O_5} = 12.76 + \lg x_{P_2O_5} - \lg a_{[P]} \tag{2-128}$$

$$\lg C_P = 15.05 - \lg\gamma_{P_2O_5} \tag{2-129}$$

也应用于本系统，并由此算出不同渣系成分下的 $\gamma_{P_2O_5}$ 和 C_P 值。

表 2-21（a） 添加 MgO 渣系的实验系列数据计算结果

炉号	$a_{[P]}$	渣相成分					B'	$-\lg\gamma_{P_2O_5}$	$\lg C_P$
		$x(CaO)$	$x(SiO_2)$	$x(CaF_2)$	$x(MgO)$	$x(P_2O_5)$			
M-1	0.364	0.520	0.221	0.238	0.019	0.00226	2.45	9.752	24.802
M-2	0.333	0.510	0.218	0.239	0.033	0.00209	2.49	9.749	24.799
M-3	0.399	0.443	0.213	0.228	0.116	0.00092	2.62	9.325	24.375
M-4	0.391	0.466	0.217	0.231	0.087	0.00126	2.55	9.473	24.523
M-5	0.327	0.498	0.219	0.234	0.047	0.00197	2.49	9.727	24.777
M-6	0.391	0.488	0.217	0.235	0.060	0.00198	2.53	9.666	24.716
M-7	0.364	0.414	0.213	0.227	0.146	0.00050	2.63	9.096	24.146
M-8	0.391	0.392	0.206	0.224	0.178	0.00049	2.77	9.068	24.118
M-9	0.399	0.449	0.212	0.229	0.110	0.00126	2.64	9.461	24.511
M-10	0.373	0.474	0.214	0.232	0.080	0.00136	2.59	9.521	24.571
M-11	0.383	0.522	0.208	0.239	0.031	0.00288	2.66	9.837	24.887
M-12	0.333	0.498	0.213	0.240	0.048	0.00167	2.56	9.652	24.702
M-13	0.333	0.491	0.211	0.238	0.060	0.00157	2.61	9.623	24.673
M-14	0.364	0.480	0.207	0.235	0.076	0.00206	2.69	9.710	24.760
M-15	0.364	0.373	0.204	0.226	0.197	0.00050	2.79	9.095	24.145

表 2-21(b)　添加 Al₂O₃ 渣系的实验系列数据计算结果

炉号	$a_{[P]}$	渣 相 成 分					B''	$-\lg\gamma_{P_2O_5}$	$\lg C_P$
		$x(CaO)$	$x(SiO_2)$	$x(CaF_2)$	$x(Al_2O_3)$	$x(P_2O_5)$			
A-1	0.333	0.542	0.195	0.24	0.023	0.00201	2.47	9.732	24.782
A-2	0.333	0.537	0.183	0.24	0.039	0.00237	2.40	9.804	24.854
A-3	0.333	0.533	0.177	0.241	0.049	0.00203	2.33	9.734	24.784
A-4	0.383	0.548	0.171	0.232	0.049	0.00274	2.46	9.810	24.860
A-5	0.343	0.535	0.162	0.241	0.062	0.00255	2.36	9.825	24.875
A-6	0.364	0.534	0.152	0.239	0.074	0.00280	2.32	9.843	24.893
A-7	0.303	0.531	0.153	0.241	0.075	0.00202	2.29	9.780	24.810
A-8	0.343	0.533	0.144	0.239	0.083	0.00236	2.31	9.790	24.840
A-9	0.324	0.539	0.129	0.237	0.097	0.00199	2.33	9.739	24.787
A-10	0.364	0.551	0.12	0.233	0.096	0.00289	2.49	9.854	24.904
A-11	0.353	0.529	0.131	0.24	0.099	0.00202	2.25	9.714	24.764
A-12	0.373	0.55	0.107	0.23	0.114	0.00269	2.43	9.817	24.867
A-13	0.324	0.531	0.115	0.238	0.117	0.00174	2.23	9.739	24.727
A-14	0.343	0.530	0.100	0.236	0.134	0.00181	2.20	9.677	24.727
A-15	0.343	0.528	0.057	0.236	0.179	0.00164	2.16	9.632	24.682
A-16	0.364	0.525	0.026	0.237	0.213	0.00169	2.10	9.636	24.686
A-17	0.343	0.527	0.007	0.232	0.235	0.00144	2.08	9.575	24.625

注：$B' = (x_{CaO} + x_{MgO})/x_{SiO_2}$；$B'' = x_{CaO}/(x_{SiO_2} + \alpha \cdot x_{Al_2O_3})$，$\alpha$ 为系数，表示 Al₂O₃ 与 SiO₂ 的酸性当量系数比值，此处 $\alpha = 1.05$。

2.3.2.1　基本渣系

文献[45]已报道了在本实验条件下（$w(CaF_2) = 30\%$、$x_{CaO}/x_{SiO_2} = 1.4 \sim 2.5$、$t = 1300℃$），基本渣系的 $\lg\gamma_{P_2O_5}$ 随渣系组成的变化，回归分析产生了该组成范围内 $\lg\gamma_{P_2O_5}$ 和碱度 B_2 间的关系：

$$-\lg\gamma_{P_2O_5} = 8.15 + 0.70B_2$$

$$(B_2 = x_{CaO}/x_{SiO_2} = 1.4 \sim 2.5, R = 0.96) \qquad (2\text{-}130)$$

应该说明的是：式（2-130）仅适用于较窄的碱度范围，这正是

它为什么比文献［45］中报道的相应关系式简单得多的原因。以式
（2-130）为基础来研究其他氧化物对基本渣系脱磷性质的影响，既
可简化数据处理，又使其他氧化物影响项具有较明确的物理意义。

2.3.2.2 $CaO-SiO_2-CaF_2-MgO$ 系

当 MgO 代替 CaO 加入基本渣系后，$\lg\gamma_{P_2O_5}$ 随着 MgO 含量的增加
而增大。

在 $CaO-SiO_2-CaF_2-MgO$ 系，渣-铁间的脱磷反应可由下列两个反
应式来描述：

$$3(CaO) + 2[P] + \frac{5}{2}O_{2(g)} === 3CaO \cdot P_2O_5 \qquad (2-131)$$

$$3(MgO) + 2[P] + \frac{5}{2}O_{2(g)} === 3MgO \cdot P_2O_5 \qquad (2-132)$$

文献［45］的结果表明，CaF_2 在基本渣系中是一个中性组分。
因此，本渣系可认为是由类似于两类碱性氧化物所构成的硅酸盐熔
体，即 Ca_2SiO_4 和 Mg_2SiO_4。对于这类熔体，总反应的平衡常数
应为：

$$\lg K_{tot} = x'_{CaO}\lg K_{CaO} + x'_{MgO}\lg K_{MgO} \qquad (2-133)$$

式中　K_{CaO}，K_{MgO}——分别为式（2-131）和式（2-132）的平衡
　　　　　　　　　　　常数。

$$x'_{MeO} = x_{MeO}/\Sigma x_{MeO} \quad (Me = Ca, Mg)$$

因此，当 MgO 加入后，由于本渣系和基本渣系的脱磷反应平衡
常数有差异，式（2-130）必须修正才能应用于含 MgO 的体系，即：

$$-\lg\gamma_{P_2O_5} = 8.15 + 0.70B' + f(r) \qquad (2-134)$$

式中　$f(r)$——平衡常数的修正项。

$$f(r) = \lg K_{tot}(CaO-MgO-CaF_2-SiO_2 \text{ 系}) - \lg K_{tot}(\text{基本渣系})$$

所以　$$f(r) = (x'_{CaO}\lg K_{CaO} + x'_{MgO}\lg K_{MgO}) - \lg K_{CaO}$$

$$= x'_{MgO}(\lg K_{MgO} - \lg K_{CaO}) \qquad (2-135)$$

文献［47］已报道，$\lg K_{CaO} = 8.729$，$\lg K_{MgO} = 5.783$。
平衡常数的修正项反映了 CaO 和 MgO 对炉渣磷酸盐容量贡献的

差别。

根据式（2-134）计算了本系统不同渣系组成条件下的值，它们与实验结果取得了很好的一致。

2.3.2.3 CaO-CaF$_2$-SiO$_2$-Al$_2$O$_3$ 系

当用 Al$_2$O$_3$ 代替 SiO$_2$ 加入基本渣系后，lg$\gamma_{P_2O_5}$ 随 Al$_2$O$_3$ 含量的变化如图 2-22 所示。图中的两条线表示在稍有差别的 CaO 含量条件下得到的结果，这是由于两次实验的操作造成了误差。然而，它们显示了相同的变化规律，在较低的 Al$_2$O$_3$ 含量下，lg$\gamma_{P_2O_5}$ 随 Al$_2$O$_3$ 含量的增加而减小；当 Al$_2$O$_3$ 含量继续增加时（$x_{Al_2O_3} > 0.08$），lg$\gamma_{P_2O_5}$ 开始增大。

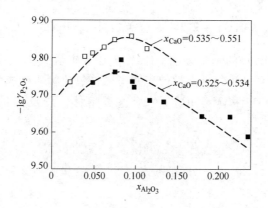

图 2-22　lg$\gamma_{P_2O_5}$ 随 $x_{Al_2O_3}$ 的变化（以 Al$_2$O$_3$ 代替 SiO$_2$）

考虑到 Al$_2$O$_3$ 对渣系性质的影响，式（2-130）需要再一次地进行修正。因为在此渣系中 Al$_2$O$_3$ 为酸性氧化物，它不会与 P$_2$O$_5$ 发生反应生成磷酸盐，它的影响仅表现在对碱度的贡献上，而不是在脱磷反应的平衡常数上。因此，对式（2-130）按下列方式修正：

$$- \lg\gamma_{P_2O_5} = 8.15 + 0.70B'' \qquad (2\text{-}136)$$

式中，$B'' = x_{CaO}/(x_{SiO_2} + \alpha \cdot x_{Al_2O_3})$。按式（2-136）计算的 lg$\gamma_{P_2O_5}$ 值也与实验结果相一致。

2.3.2.4 MgO、Al$_2$O$_3$ 对渣系脱磷性质的影响

综上所述，若 MgO 和 Al$_2$O$_3$ 之间的相互作用能被忽略，在含

MgO、Al_2O_3 的多元渣系中，$\gamma_{P_2O_5}$ 与渣组成之间的关系能归纳如下：

$$-\lg\gamma_{P_2O_5} = 8.15 + 0.7B + f(r) \qquad (2\text{-}137)$$

式中

$$B = (x_{CaO} + x_{MgO})/(x_{SiO_2} + \alpha \cdot x_{Al_2O_3})$$

$$f(r) = x'_{MgO}(\lg K_{MgO} - \lg K_{CaO}) = 2.946 x'_{MgO}$$

$$x'_{MgO} = x_{MgO}/(x_{CaO} + x_{MgO})$$

通过式（2-129）又得到了多元渣系中磷酸盐容量与组成之间的关系为：

$$\lg C_P = 23.20 + 0.70B + f(r) \qquad (2\text{-}138)$$

比较式（2-137）和式（2-138）中 $\lg\gamma_{P_2O_5}$ 和 $\lg C_P$ 的计算值和实验所测值，两者很好地一致。这意味着可应用本文所提出的关系式来预测多元渣系的磷酸盐容量。

2.3.3 中磷铁水预处理中熔剂成分对脱磷的影响

铁水预处理脱磷是生产优质钢的一项重要工艺，而且正在逐步成为钢铁生产中的一个重要环节。为提高预处理的效果，前人对磷在熔渣-铁水间的分配平衡已做了大量工作[47~50]。但是，有关中磷铁水预处理脱磷问题和初期加入的熔剂成分与磷分配比、脱磷率之间关系的工艺研究还较少。在实际生产中，加入的熔剂成分比平衡渣成分要容易控制得多，所以研究熔剂成分对脱磷的影响更有现实意义。

目前常用的脱磷熔剂有苏打和石灰基两类。在中磷铁水（$w[P] = 0.3\% \sim 0.7\%$）预脱磷中，苏打熔剂的温降大、耐火材料消耗大、污染和成本高等特点将更加显著。并且，只需将 p_{O_2} 控制在 $10^{-15} \sim 10^{-14}$ atm 范围内，CaO 基熔剂即具有与苏打相当的脱磷能力[29]。所以，本研究[51]选择石灰基熔剂对中磷铁水进行预脱磷处理，在实验室内，通过改变 $CaO\text{-}CaF_2\text{-}FeO_n$ 系熔剂中 FeO_n 的配比来测定不同熔剂成分下磷的分配比，着重讨论了供氧量与脱磷率之间的关系和预处理期间脱磷保碳的可能性。为将本方法推广到工业上应用，还在 150kg 级的中频感应炉上进行了半工业性试验。

实验用原料为脱硅后的中磷铁水，主要成分为：$w[C] \approx 4.0\%$，

$w[\text{Mn}] \approx 0.07\%$，$w[\text{P}] = 0.4\% \sim 0.6\%$，$w[\text{S}] \approx 0.040\%$。熔剂为：CaO，化学纯；$CaF_2$，化学纯；$Fe_2O_3$，化学纯。

实验时，将150g铁水置于氧化铝坩埚中并在炉内加热熔化。待铁水恒定在实验温度后，取初始铁样，然后将一个装有 $8 \sim 15\text{g}$ 熔剂的渣罐（石墨管）迅速降至炉内坩埚上方，待渣罐底部纸板碳化破裂后，熔剂进入坩埚并开始计时。在每炉实验中，按一定的时间间隔用石英管吸取几次金属样。取完终样后，用石墨棒蘸取渣样。铁样中的磷含量用磷钼蓝比色法分析，碳、硫含量用燃烧法分析。渣样中的 P_2O_5 用磷钼蓝比色法分析，CaO、Al_2O_3、CaF_2 用 EDTA 滴定法分析，TFe、FeO 用重铬酸钾滴定法（容量法）分析。

2.3.3.1 不同熔剂成分脱磷的实验结果

固定熔剂中 CaO 和 CaF_2 的量，采用改变（Fe_2O_3）含量的方法处理中磷铁水，研究熔剂中 Fe_2O_3 含量对脱磷的影响。实验结果如表2-22所示，计算得到的脱磷率 η_P 和磷的分配比 L_P 也列于表2-22中。将表2-22中的实验数据绘制成 $\lg L_P$ 和 $\lg \eta_P$ 与 $w(Fe_2O_3)$ 的关系图（见图2-23、图2-24）。从图2-23中可以看出，当 $w(Fe_2O_3) \leqslant 60\%$ 时，$\lg L_P$ 与 $w(Fe_2O_3)$ 呈线性关系；当 $w(Fe_2O_3) > 60\%$ 时，L_P 反而下降。对 $w(Fe_2O_3) \leqslant 60\%$ 的数据进行回归处理后得到如下方程（$t = 1350\text{℃}$）：

$$\lg L_P = 0.5493 + 2.2009 w(Fe_2O_3) \quad (R = 0.980) \quad (2-139)$$

$$\lg \eta_P = 0.8879 + 1.7623 w(Fe_2O_3) \quad (R = 0.977) \quad (2-140)$$

表2-22 L_P 和 η_P 随熔剂成分变化的实验结果

炉号	温度 /℃	熔剂成分/%			反应结束后的含量/%		$L_P = w(P)_\% / w[P]_\%$	$\lg L_P$	η_P/%	$\lg \eta_P$
		$w(Fe_2O_3)$	$w(CaO)$	$w(CaF_2)$	$w(P_2O_5)$	$w[P]$				
516-1		65.21	26.09	8.70	16.14	0.107	65.86	1.819	77.71	1.890
516-2		60.00	30.00	10.00	16.21	0.098	72.22	1.859	80.97	1.908
516-3	1350	55.56	33.33	11.11	13.40	0.108	54.17	1.734	71.05	1.852
516-4		42.85	42.86	14.29	19.57	0.22	38.84	1.589	64.63	1.810
516-5		33.33	50.00	16.67	13.13	0.334	17.16	1.235	28.94	1.461

炉号	温度/℃	熔剂成分/%			反应结束后的含量/%		$L_P = w(P)_\% / w[P]_\%$	$\lg L_P$	$\eta_P/\%$	$\lg \eta_P$
		$w(Fe_2O_3)$	$w(CaO)$	$w(CaF_2)$	$w(P_2O_5)$	$w[P]$				
514-1		60.00	30.00	10.00	17.46	0.133	57.32	1.758	77.87	1.891
514-2		55.56	33.33	11.11	14.00	0.147	41.59	1.619	70.34	1.847
514-3	1400	50.00	37.50	12.50	12.89	0.169	33.30	1.522	57.38	1.760
514-5		42.85	42.86	14.29	14.55	0.375	16.94	1.229	41.04	1.613
514-6		33.33	50.00	16.67	11.50	0.414	12.56	1.099	22.28	1.348

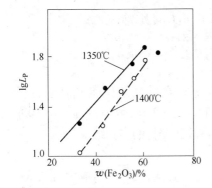

图 2-23　磷分配比与熔剂中　　　　图 2-24　脱磷率与熔剂中
$w(Fe_2O_3)$ 之间的关系　　　　　　$w(Fe_2O_3)$ 之间的关系

从图 2-23 和图 2-24 还可以看出，1400℃的实验结果也与 1350℃时呈相同规律，其回归方程为：

$$\lg L_P = 0.2076 + 2.5605 w(Fe_2O_3) \quad (R = 0.986) \quad (2\text{-}141)$$

$$\lg \eta_P = 0.7010 + 2.0493 w(Fe_2O_3) \quad (R = 0.985) \quad (2\text{-}142)$$

2.3.3.2　铁水中磷、碳含量的变化

A　铁水中磷、碳含量的变化规律

在其他成分的加入量不变时，通过改变 Fe_2O_3 的加入量来改变供氧量，采用与 2.3.3.1 节相同的实验得到了不同熔剂成分下铁水中磷、碳含量随处理时间变化的规律，如图 2-25 所示。

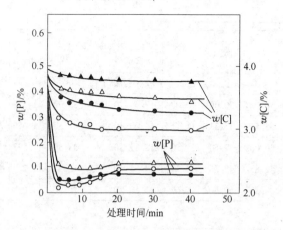

图 2-25 不同熔剂成分下 $w[P]$、$w[C]$ 随处理时间的变化

○ —$w(Fe_2O_3) = 66.67\%$；● —$w(Fe_2O_3) = 60.00\%$；

△ —$w(Fe_2O_3) = 50.00\%$；▲ —$w(Fe_2O_3) = 33.33\%$

为了了解脱磷与温度之间的关系，在其他条件相同时进行了 1350℃ 和 1400℃ 时的脱磷实验。图 2-26 示出当熔剂量为 10g/100g 时，不同温度下铁水中磷含量随处理时间变化的实验结果。

B 耐火材料的影响

上述实验均是在 Al_2O_3 坩埚中进行的，结果发现终渣中有 Al_2O_3 的影响，因此本试验又采用 MgO 坩埚做了对比实验。在其他条件相同的情况下，采用 MgO 坩埚的脱磷实验结果如图 2-27 所示。

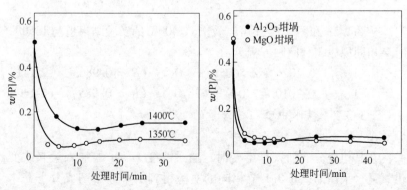

图 2-26 磷含量与温度的关系图   图 2-27 使用不同材质坩埚的实验结果

2.3.3.3 供氧量对脱磷的影响

由表 2-22 中的实验结果可知，分配系数和脱磷率的对数值随熔剂中 Fe_2O_3 的配比（$w(Fe_2O_3) \leqslant 60\%$）呈线性增加，说明增加熔剂中的 Fe_2O_3 含量，磷的分配系数和脱磷率显著增加；当 $w(Fe_2O_3) > 60\%$ 时，L_P 和 η_P 反而下降。文献［52］从平衡角度考虑，为获取高的磷分配比，渣中（FeO）也有一个最佳含量。从实验结果中发现，在本实验条件下，要想使脱磷率达到 $\eta_P > 80\%$，熔剂中 Fe_2O_3 的配比应为 $w(Fe_2O_3) = 60\%$。文献［24］推荐处理中磷铁水的最佳熔剂组成为 $w(Fe_2O_3) : w(CaO) : w(CaF_2) = 60 : 35 : 5$。CaO 基熔剂处理中磷铁水时，熔剂中 Fe_2O_3 的配比明显高于普通铁水，这主要是由于中磷铁水的绝对脱磷量远大于普通铁水的缘故。

有关脱磷反应平衡后熔渣成分与磷分配比之间的关系，前人已做了很多工作，这对于完善冶金理论是必要的。但工业生产中进行铁水预脱磷时，更关心的是加入熔剂的配比对 L_P 和 η_P 的影响，所以式（2-139）和式（2-140）具有较大的实际意义。

2.3.3.4 脱磷保碳的可能性

A 脱磷量与脱碳量的关系

从图 2-25 中可以看出，铁水中的磷含量在处理初期就迅速下降，在 3~6min 时 $w[P]$ 即达到最低值，然后有回磷现象发生；而铁水中的碳含量则随处理时间一直缓慢下降。处理时间为 20min 时，两者均达到平衡。这样，$w[P]$ 达最低值时的绝对脱磷量与绝对脱碳量之比（$\Delta w[P]/\Delta w[C]$）显然大于平衡时的 $(\Delta w[P]/\Delta w[C])_平$。图 2-28 示出 $w[P]$ 为最低值时和 $w[P]$、$w[C]$ 均为平衡值时，绝对脱磷量 $\Delta w[P]$ 和绝对脱碳量 $\Delta w[C]$ 之间的关系，这是根据图 2-25 的实验结果得出的。通过零点回归的方法得到如下回归方程：

$$t = 1350℃ \quad \Delta w[P]_* = 0.953\Delta w[C]_* \tag{2-143}$$

$$\Delta w[P]_平 = 0.659\Delta w[C]_平 \tag{2-144}$$

$$t = 1400℃ \quad \Delta w[P]_* = 0.802\Delta w[C]_* \tag{2-145}$$

$$\Delta w[P]_平 = 0.602\Delta w[C]_平 \tag{2-146}$$

式中，下标"*"表示 $w[P]$ 达最低值时的值；下标"平"表示

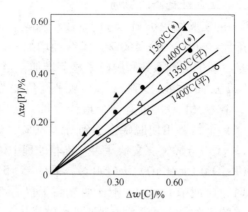

图 2-28　绝对脱磷量 $\Delta w[\mathrm{P}]$ 与绝对脱碳量 $\Delta w[\mathrm{C}]$ 的关系

$w[\mathrm{P}]$、$w[\mathrm{C}]$ 达平衡时的值。

　　B　脱磷保碳的可能性

　　为了使后续工序顺序进行，铁水处理脱磷必须注意保碳问题。本实验为静态实验，处理时间为 3~6min 时 $w[\mathrm{P}]$ 即达到最低值。由式（2-143）可知，当脱去的磷为 $\Delta w[\mathrm{P}]=0.3\%$ 时，脱碳量仅为 $\Delta w[\mathrm{C}]=0.315\%$。即使按 $w[\mathrm{P}]$、$w[\mathrm{C}]$ 达平衡时的值考虑，从式（2-144）可以得到，当 $\Delta w[\mathrm{P}]=0.3\%$ 时，脱碳量也只有 $\Delta w[\mathrm{C}]=0.455\%$。因此，采用本实验方法，脱磷保碳是可能的。

　　若采用喷吹石灰基熔剂的方法，当脱磷量 $\Delta w[\mathrm{P}]=0.2\%$ 时，脱碳量已达 $\Delta w[\mathrm{C}]=0.55\%$。这说明喷吹法处理中磷铁水时，脱碳要比静态处理严重，这是因为碳-氧反应存在 CO 气泡的形核问题。静态实验中，碳-氧反应产生的 CO 气泡的压力需要克服铁水表面张力产生的附加压力的作用，只有耐火材料的活性孔隙才是 CO 气泡的发生源。这样，脱碳反应受到了一定的抑制作用。而对于喷吹法来说，载气进入铁水后形成大量的气泡，这些气泡成为 CO 气泡产生的天然核心，改善了 CO 新相生成的条件，因而脱碳速度较快。所以，静态实验有利于脱磷保碳。

　　随着处理时间的延长，$w[\mathrm{C}]$ 一直在缓慢下降，而 $w[\mathrm{P}]$ 降到最低点后有回磷现象。根据图 2-25 以及式（2-143）和式

（2-144），在相同脱磷量的情况下，$w[P]$ 达到最低值时的脱碳量为 $w[P]$、$w[C]$ 均达到平衡值时的 1.45 倍，所以缩短预处理时间有利于脱磷保碳。如图 2-26 所示，$t = 1400℃$ 时也显示了与上述相同的规律性。

在工业上进行铁水预脱磷时，找出 $w[P]$ 和 $w[C]$ 随处理时间的变化规律，选择合适的预处理时间，将更有利于脱磷保碳；而且缩短预处理时间，还可以减小处理期间的温降。

2.3.3.5 其他因素对脱磷的影响

A 温度的影响

从图 2-26 可以看出，降低温度使脱磷程度明显增加。根据 L_P 和 $w(Fe_2O_3)$ 的关系，更能说明这一点。如图 2-23、式（2-139）和式（2-141）所示，1350℃ 和 1400℃ 时两直线的斜率几乎相等，但 1350℃ 的截距比 1400℃ 时大，即 $\lg L_{P[1350℃]} - \lg L_{P[1400℃]} \approx 1.1817$，$L_{P[1350℃]}/L_{P[1400℃]} \approx 1.52$。这就是说，1350℃ 时磷的分配系数要比 1400℃ 时大约 1.52 倍。比较式（2-140）和式（2-142），用与上述同样的方法可得到 $\eta_{P[1350℃]}/\eta_{P[1400℃]} \approx 1.53$，即 1350℃ 时的脱磷率也要比 1400℃ 时大约 1.53 倍。这说明，低温有利于脱磷反应的进行。

从脱碳角度讨论温度的影响。式（2-143）和式（2-145）分别表示 1350℃ 和 1400℃ 下绝对脱磷量和绝对脱碳量的关系。保持 $\Delta w[P]$ 不变，式（2-145）除以式（2-143）得 $\Delta w[C]_{*[1400℃]}/\Delta w[C]_{*[1350℃]} \approx 1.2$，表明在绝对脱磷量不变的情况下，1400℃ 时的脱碳量比 1350℃ 时大约 1.2 倍。这说明，低温不仅有利于脱磷，而且还有利于保碳。文献［42］对脱磷保碳问题进行了理论探讨，其结论与本实验结果一致。

B 耐火材料的影响

从图 2-27 中可以看出，实验在 Al_2O_3 坩埚中进行时，脱磷反应速度较快，但有回磷现象发生；而在 MgO 坩埚中进行脱磷实验时，虽然到达平衡的时间延长了，但几乎没有回磷。分析其原因是：Al_2O_3 为两性氧化物，碱性渣将与 Al_2O_3 坩埚作用，使熔渣碱度有所降低，从而发生回磷现象。从实验结果中还可以看出，这两种耐火材料对脱碳均没有影响。

2.3.3.6 半工业性试验

实验室的研究结果表明，本方法不仅脱磷效果好，而且用 Fe_2O_3 供氧的静态脱磷既具有良好的动力学条件，又能达到保碳的目的。所以，本方法在工业上推广是有望的。为此，在 150kg 级的中频感应炉上，分别采用冲包和吹 N_2 搅拌的方法进行了半工业性试验，试验结果列于表 2-23 中。在很短时间内，两种方法均获得了大约 50% 的脱磷率。它与文献 [42] 中采用喷吹的方法、用相似的熔剂处理中磷铁水得到的脱磷率十分接近。这说明，本方法在工业上使用，还具有简化工艺、减少设备投资、改善劳动条件和减轻环境污染的优点，同时还有利于脱磷保碳。

表 2-23 半工业性试验结果

工艺方法	处理时间 /min	处理前		处理后	
		$w[P]/\%$	$w[C]/\%$	$w[P]/\%$	$w[C]/\%$
冲包法	3	0.31	2.83	0.155	2.51
吹 N_2 搅拌法	4	0.25	2.58	0.13	2.34

注：熔剂成分为 $w(FeO)=60\%$，$w(CaF_2)=10\%$，$w(CaO)=30\%$。

2.4 铁水预处理脱磷渣系同时脱磷、脱硫

2.4.1 CaO-Fe₂O₃-CaF₂ 基粉剂脱磷工艺和影响因素

进行铁水预处理脱磷可以提高钢的质量，还可以优化转炉操作、提高转炉各项技术经济指标。美国、日本一些钢厂的铁水预处理脱磷率已高达 80%。相对而言，我国在这方面存在一定差距，但是近年来一些研究者做了许多有益的工作。现许多钢厂为全面提高钢的质量，已投资建设了铁水预处理站，这方面的工作越来越得到重视。文献 [53] 就 CaO-Fe₂O₃-CaF₂ 基粉剂脱磷效果进行了实验研究，并结合工厂操作实际情况进行分析，旨在深入阐明影响脱磷率的各种因素。

实验温度为 1350℃，用可控硅精密温度控制仪控制炉温，实验中用双铂铑标准热电偶插入坩埚内进行校温。实验用的生铁为预脱

硅高炉生铁，其成分为：$w[C] = 3.7\%$，$w[Si] = 0.08\%$，$w[Mn] = 0.10\%$，$w[P] = 0.073\%$，$w[S] = 0.027\%$。脱磷剂的用量为金属量的 2%。粉剂加入到铁液面上，再搅拌。金属试样用光谱法测试磷和硅的含量。

2.4.1.1 $w(CaO)/w(Fe_2O_3)$

本实验条件下，助熔剂含量为 7%，其他辅助粉剂含量小于 10%，且保持不变。使 CaO 与 Fe_2O_3 的总量不变，改变其相对含量，使 $w(CaO)/w(Fe_2O_3) = 0.7 \sim 1.2$。实验结果见图 2-29。

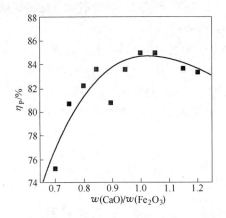

图 2-29 $w(CaO)/w(Fe_2O_3)$ 对 η_P 的影响

在本实验条件下，当 $w(CaO)/w(Fe_2O_3) = 0.95 \sim 1.10$ 时，脱磷率较高。在铁水含 P、Si、C 的条件下，CaO、Fe_2O_3 各自参加不同的反应，其主要反应有：

$$\frac{5}{3}Fe_2O_3 + 2[P] = (P_2O_5) + \frac{10}{3}[Fe] \tag{2-147}$$

$$3CaO + (P_2O_5) = (3CaO \cdot P_2O_5) \tag{2-148}$$

$$\frac{2}{3}Fe_2O_3 + [Si] = (SiO_2) + \frac{4}{3}[Fe] \tag{2-149}$$

$$\frac{1}{3}Fe_2O_3 + [C] = CO + \frac{2}{3}[Fe] \tag{2-150}$$

脱磷反应消耗的 CaO 和 Fe_2O_3 的量，可由式（2-147）、式（2-148）确定；而铁水中 C、Si 氧化反应消耗 Fe_2O_3 的量，由式（2-149）、式（2-150）确定，所以 CaO、Fe_2O_3 的消耗依据上述四个反应式来确定。如铁水中硅含量高，用于 Si 氧化反应的 Fe_2O_3 消耗量大，$w(CaO)/w(Fe_2O_3)$ 的值应适当小一些，在铁水条件比较稳定时，$w(CaO)/w(Fe_2O_3)$ 的值变化不大，此时主要由脱磷反应本身的性质决定 CaO、Fe_2O_3 的需要量。在粉剂脱磷的具体场合，最重要的性能指标为 $w(CaO)/w(Fe_2O_3)$，在这种情况下采用碱度（即 $w(CaO)/w(Al_2O_3)$）是不合适的，后者适用于熔渣脱磷的场合。

2.4.1.2 CaF_2 含量

在这组实验中，$w(CaO)/w(Fe_2O_3) = 1.05$ 保持不变，其他熔剂含量不变。CaF_2 含量在 1% ~ 12% 之间变化。当 CaF_2 含量变化时，相应地减少或者增加 CaO 与 Fe_2O_3 的总量（保持其比值不变）。在脱磷粉剂中，CaF_2 起助熔剂的作用，可以降低 CaO、Fe_2O_3 的熔化温度，提高粉剂的反应性能。在粉剂中，CaF_2 含量与 η_P 的关系见图2-30。

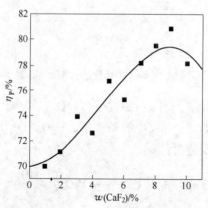

图 2-30 CaF_2 含量对 η_P 的影响

实验结果表明，当 $w(CaF_2) < 5\%$ 时，脱磷率较低；当 $w(CaF_2) = 7\% ~ 10\%$ 时，取得了较高的脱磷率。由此可见，助熔剂具有重要的作用，选择合适的助熔剂也是一项关键的技术措施。$CaCl_2$ 也具有良好的助熔作用，一般认为其助熔效果优于 CaF_2。一些学者的研究工

作表明，使用 $CaCl_2$ 与使用 CaF_2 相比，在相同含量的条件下可提高脱磷率 10% 以上。本文曾研究了用 $CaCl_2$ 代替 CaF_2 的脱磷效果，其结果与上述研究相同。但实验中发现 $CaCl_2$ 极易潮解，黏性强，实际使用中会污染设备且给操作带来不便。只有设法解决其表面钝化的问题，$CaCl_2$ 才可望有较好的使用前景。

2.4.1.3 工业生产实际影响因素的分析

上海宝山冶金辅料有限公司与安徽工业大学在实验室工作的基础上得到了高效脱磷剂，然后投入宝钢二炼钢 230～260t 高炉铁水的脱磷中使用。为了深入研究影响脱磷的各种因素，达到进一步优化脱磷工艺的目的，对现场实际影响脱磷效果的主要因素进行了分析。

A 工艺参数

高炉出铁后，在出铁场进行预脱硅，脱硅后铁水硅含量 $w[Si]$ = 0.04%～0.20%，铁水温度为 1350～1420℃，脱硅渣扒除后装入铁水罐。铁水量为每罐 230～260t，铁水罐进入预处理站后先进行脱磷，采用上述粉剂。喷吹参数为：氧气耗量 1.30～1.40m^3/t，氮气耗量 0.95～1.00m^3/t，处理时间 37～40min，粉剂单耗 36～38kg/t。脱磷结束后，进行脱硫处理。

B 粉剂组成

粉剂组成为：$w(CaO)/w(Fe_2O_3)$ = 0.95～1.05，$w(CaF_2)$ = 5%～8%，其他熔剂含量小于 10%。在实际使用中，一些参数（如 $w(CaO)/w(Fe_2O_3)$、$w(CaF_2)$ 等）都在较小范围内变化，其本身对脱磷率的影响非常小，这里不做讨论，下面主要研究铁水条件对脱磷率的影响。

C 初始硅含量

对脱磷铁水原始条件进行统计分析，用同一种粉剂，铁水温度在 1350～1420℃之间，$w[Si]_i$ = 0.025%～0.035%，得到初始硅含量 $w[Si]_i$ 与 η_P 的关系如图 2-31 所示。

$w[Si]_i$ 对铁水预处理脱磷存在较大的影响。从理论上分析：

（1）硅会与喷吹的脱磷粉剂中的氧或氧化铁反应，且其反应趋势比磷强；

（2）形成的 (SiO_2) 会与粉剂中的碱性物质（如 CaO）结合形

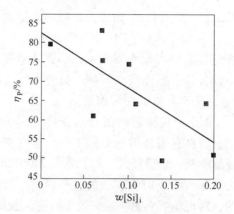

图 2-31　初始硅含量对脱磷率的影响

成（$2CaO \cdot SiO_2$），从而减少了粉剂中 CaO 的量；

（3）（SiO_2）同时会降低 $a_{(CaO)}$；

（4）在 $w[Si]_i$ 高时，粉剂单耗增加。

综上所述，$w[Si]_i$ 高不利于脱磷反应的进行，一般文献中要求 $w[Si]_i \le 0.08\% \sim 0.10\%$ 是合理的。

　　D　铁水温度

铁水预处理前的铁水温度一般在 $1320 \sim 1420$℃ 之间，现选取 $w[Si] = 0.08\%$ 和 $w[Si] = 0.09\%$ 的炉次，温度对脱磷率的影响见图 2-32。在温度从 1360℃ 上升到 1420℃ 时，脱磷率从 75% 左右下降到

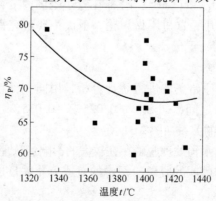

图 2-32　处理前铁水温度与脱磷率的关系

65%左右。在喷粉时，气体、粉剂进入铁液，使铁液产生温降；粉剂中的 Fe_2O_3 和吹入的氧气与铁液中 Si、P、Mn、C 等元素反应，会放热；过程本身也存在温降。

E 脱磷前铁水硫含量

为了消除原始硅含量与温度的影响，选取铁水温度在 1391 ~ 1410℃范围内，$w[Si]_i = 0.07\% ~ 0.10\%$。脱磷前硫含量增加，则脱磷率降低。$w[S] = 0.035\%$ 时，$\eta_P \approx 60\%$；$w[S] = 0.020\% ~ 0.025\%$ 时，$\eta_P = 65\% ~ 75\%$。对氧化性、碱性粉剂而言，硫参与反应，特别是在碳饱和铁水的条件下，存在如下反应：

$$CaO + [S] = (CaS) + [O] \tag{2-151}$$

$$[O] + [C] = CO \tag{2-152}$$

$$Fe_2O_3 + 3[C] = 3CO + 2[Fe] \tag{2-153}$$

综合式(2-151) ~ 式(2-153)可写成如下反应：

$$CaO + Fe_2O_3 + [S] + 4[C] = (CaS) + 4CO + 2[Fe]$$

$$\tag{2-154}$$

由式（2-154）可见，$CaO\text{-}Fe_2O_3\text{-}CaF_2$ 基粉剂具有一定的脱硫能力。实际生产中对脱磷前后硫含量的测定结果也证实了这一点，脱磷时脱硫率为 20% ~ 35%，初始硫含量高则脱硫率高，消耗脱磷粉剂量大，因而对脱磷的影响也大。

2.4.2 降低钙系脱磷剂中氟含量的可行性研究

发展和推广铁水预处理技术，对提高我国钢材的纯净度水平和优化钢铁冶炼工艺具有重要的理论和现实意义。进行铁水预处理脱磷，可以降低转炉炼钢终点的磷含量，提高转炉钢的质量，优化转炉操作，提高转炉各项技术经济指标。对铁水预处理脱磷工艺来说，要取得良好脱磷效果的一个重要课题就是寻求高效脱磷剂。近年来，冶金工作者在这方面开展了大量的工作，但在实际工业生产中脱磷剂的使用仍存在不少问题。文献［54］针对宝钢铁水预处理 $CaO\text{-}Fe_2O_3\text{-}CaF_2$ 系脱磷剂中 CaF_2 含量较高，对铁水罐有不同程度侵蚀的问题，对 $CaO\text{-}Fe_2O_3\text{-}CaF_2$ 渣系脱磷、脱硫效果进行实验研究，为寻求降低渣系氟含量并提高现有脱磷、脱硫效果的途径提供有益的参考。

2.4.2.1 $w(CaF_2)/w(Fe_2O_3)$（钙氧比）对脱磷、脱硫的影响

本实验条件为：$T = 1673K$，渣铁比为 8%；铁水初始成分为：$w[Si]_i = 0.05\%$，$w[P]_i = 0.068\%$，$w[S]_i = 0.021\%$；保持脱磷剂中 $w(CaF_2) + w(Fe_2O_3) = 62\%$ 不变，改变 CaF_2 与 Fe_2O_3 的相对含量，使 $w(CaF_2)/w(Fe_2O_3)$ 在 0.069 ~ 0.148 之间变化，考查与实际生产使用的脱磷渣组成接近的脱磷剂的脱磷能力以及 $w(CaF_2)/w(Fe_2O_3)$ 对脱磷的影响。试验结果见图 2-33。

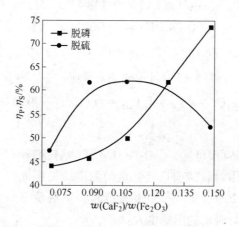

图 2-33　$w(CaF_2)/w(Fe_2O_3)$ 对脱磷、脱硫的影响

结果表明，使用该渣系脱磷时，铁水终点磷含量可达 $w[P]_f = 0.018\% \sim 0.038\%$，终点硫含量 $w[S]_f = 0.008\% \sim 0.011\%$。熔剂脱磷率 η_P 随钙氧比的增大而增大，当钙氧比为 0.148 时，脱磷率达到最大值 73.5%。该渣系之所以脱磷效果一般，是由于铁水温度较高；但该渣系具有较强的脱硫能力，脱硫率 η_S 达到 61.9%。实验熔剂脱磷的方程式可以表示为：

$$2[P] + 5(FeO) + 4(CaO) = (4CaO \cdot P_2O_5) + 5[Fe]$$

$$(2\text{-}155)$$

由脱磷反应式可知，脱磷需要较高的熔渣碱度和氧势，并使生成的（P_2O_5）结合成稳定的磷酸钙（$4CaO \cdot P_2O_5$）。合适的钙氧比既能维持体系有一定的氧势，又能使熔渣保持较高的碱度，所以可以得到较高的脱磷率。当钙氧比较低时，熔渣中 Fe_2O_3 的含量相对较高，熔渣中氧势提高，但是此时渣中 CaF_2 的含量较低，使熔渣的脱磷动力学条件恶化，不利于脱磷反应的进行。

因此，在合适的氧势范围内提高钙氧比，增加熔剂中 CaF_2 的配比，能够明显提高脱磷率。但是当钙氧比增大到一定值时，渣系脱硫能力有所下降。综合考虑熔剂的脱磷、脱硫效果，应选择合适的熔剂配比，本实验确定的钙氧比为 0.12 ~ 0.15。

2.4.2.2 $w(CaF_2)/w(CaO)$ 对脱磷、脱硫的影响

实验条件为：温度 $T = 1623K$，渣铁比为 6%；固定脱磷剂中的 $w(Fe_2O_3) = 54\%$，改变 CaF_2 含量，用 CaO 替代部分 CaF_2，CaO 的比例随 CaF_2 含量的降低而升高，铁水初始成分为：$w[P]_i = 0.074\%$，$w[S]_i = 0.023\%$，试验结果见图 2-34。该渣系脱磷、脱硫效果较好，脱磷率在 80% 左右，终点 $w[P]_f = 0.012\% \sim 0.033\%$，脱硫率近 60%；终点 $w[S]_f = 0.009\% \sim 0.013\%$。当 $w(CaF_2)/w(CaO) < 0.122$ 时，脱磷率较低。由图 2-34 可见，随 CaF_2 含量的增加，脱磷率逐渐升高；当 CaF_2 含量达到 7% ~ 8% 时，可取得较高的脱磷率。

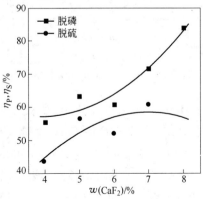

图 2-34 $w(CaF_2)$ 对脱磷、脱硫的影响

在脱磷熔剂中，CaF_2 起助熔剂的作用。向 CaO 渣系中添加 CaF_2，不仅会降低 CaO 和 Fe_2O_3 的熔化温度，还会降低渣系的黏度，从而改善熔渣的流动性；而且还能在较低的铁水预处理温度下增加 CaO 在渣中的溶解度，形成高碱度脱磷渣，有利于脱磷反应的进行。但过多地增加 CaF_2 的添加量，会降低渣系的容磷能力，不利于脱磷反应的进行。因此，CaF_2 添加量应控制在合适的范围内。

2.4.2.3 Al_2O_3 替代 CaF_2 对脱磷、脱硫的影响

实验条件为：$T = 1623K$，渣铁比为 8%；固定脱磷剂中 $w(Al_2O_3) + w(CaF_2) = 8\%$，用 Al_2O_3 代替部分 CaF_2，其余脱磷剂成分为：$w(CaO) = 40\%$，$w(Fe_2O_3) = 52\%$；试验铁水初始成分为 $w[P]_i = 0.073\%$，$w[S]_i = 0.022\%$。试验结果见图 2-35。

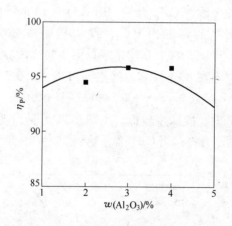

图 2-35 Al_2O_3 含量对脱磷的影响

结果表明，用 Al_2O_3 代替 CaF_2 的脱磷效果比较好，Al_2O_3 的最大比例达到渣量的 5%，占原渣系中 CaF_2 含量（8%）的 60% 以上（5%/8% = 62.5%），终点 $w[P]_f$ 控制在 0.003% ~ 0.006% 的水平，脱磷率高达 90% 以上（见图 2-35）。该渣系同时也具有一定的脱硫能力，终点 $w[S]_f$ 达到 0.013% ~ 0.015%，脱硫率为 30% ~ 40%。Al_2O_3 为两性偏酸的物质，从脱磷要求渣系具有高碱

性的角度来说，添加 Al_2O_3 不利于脱磷。但是本实验在脱磷剂中加入 Al_2O_3 提高脱磷率的结果表明，Al_2O_3 肯定具有复杂的作用。首先，它能降低脱磷产物的活度，使得熔渣具有更大的磷容量；其次，Al_2O_3 会降低石灰的熔点，改善渣的流动性，使渣具有更强的反应性能。关于在熔剂中添加 Al_2O_3 对脱磷影响的行为研究，值得进一步深入探讨。

2.4.2.4　Na_2CO_3 含量对脱磷的影响

该实验保持 $w(CaO):w(Fe_2O_3):w(CaF_2)=38:54:8$ 不变，在脱磷熔剂中添加 Na_2CO_3，考查 Na_2CO_3 加入量对脱磷的影响，结果见图 2-36。由图 2-36 可知，在一定的范围内增加 Na_2CO_3 可以提高脱磷率，当 Na_2CO_3 的加入量达到 11% ~ 12% 时，脱磷效果最好。

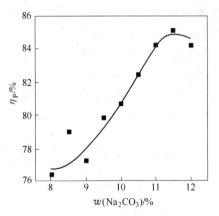

图 2-36　Na_2CO_3 含量对脱磷的影响

根据 CaO 和 Na_2CO_3 渣系的脱磷反应式，由理论计算可知，苏打的脱磷能力远高于石灰。同时，Na_2CO_3 会分解产生 CO_2，而 CO_2 具有弱氧化性，可以提高脱磷渣系的氧势；且 CO_2 对铁水起到搅拌作用，可改善脱磷反应的动力学条件，促进脱磷反应的进行。因此，在石灰基脱磷熔剂中适当配入 Na_2CO_3 有利于提高渣的脱磷能力，这与本实验结果较为吻合。实验结果同时表明，当 Na_2CO_3 的配入量增加到 12% 以上时，熔剂脱磷率有所降低。

这是因为 Na_2CO_3 在高温下易于分解，当其用量较大时产生大量烟气，从而引起喷溅，降低了熔剂的利用率，进而影响熔剂实际脱磷效果。

[本章回顾]

本章主要介绍了铁水预处理脱磷的相关问题，重点介绍了 Fe-C-Si 和 Fe-C-P 铁基熔体的热力学性质、铁水预处理脱磷的热力学和动力学问题、体系性质和渣系组成对铁水脱磷效果的影响，并介绍了与铁水同时脱磷、脱硫相关的知识。

[问题讨论]

2-1　铁水预处理脱磷有什么特点？

2-2　为什么铁水预处理脱磷前必须脱硅？

2-3　中磷铁水脱磷处理与普通铁水脱磷处理有什么不同？

2-4　铁水预处理脱磷、脱硫在热力学和动力学方面各有什么特点？

2-5　体系性质和渣系组成对铁水脱磷有哪些影响？

2-6　哪些因素影响铁水预处理同时脱磷、脱硫？

参 考 文 献

[1] Durrer G. Metal des Eisens, Band 5a[M]. Berlin：Verlag Chemie，1978.

[2] Smith G，Taylor J. Activity of silicon in liquid iron solutions[J]. Journal of the Iron and Steel Institute，1964，202 (7)：577~580.

[3] Bodsworth C，Bell H. Physical chemistry of iron and steel manufacture[M]. London：Lonaman，1972.

[4] Schroeder D，Chipman J. The influence of carbon on the activity coefficient of silicon in liquid iron-carbon-silicon[J]. Trans. Met. Soc. AIME，1964，(230)：1492~1494.

[5] Sigworth G K，Elliott J F. The thermodynamics of liquid dilute iron alloys[J]. Metal Science，1974，(8)：298~310.

[6] 郭上型，董元篪，朱本立，等. Fe-C-Si 三元系熔体中 C 与 Si 的相互作用[J]. 安徽工业大学学报（自然科学版），1990，7(2)：35~42.

[7] 郭上型，董元篪，朱本立，等. Fe-C(sat)-P 三元系熔体中 P 的活度[J]. 华东冶金学院学报，1989，9(2)：22~27.

[8] 郭上型，董元篪，朱本立，等. Fe-C(sat)-V,Fe-C(sat)-Nb 三元熔体的热力学[J]. 钢铁研究学报，1989，1(4)：19~24.

[9] Lupis C H P. On the use of polynomials for the thermodynamics of dilute metallic solutions [J]. Acta Metall. , 1968, 16(11)：1365~1375.

[10] 董元篪，彭育强，魏寿昆，等. Fe-As-X-C 系中砷活度和活度系数的研究[C]//中国金属学会冶金过程物理化学学术委员会. 全国第五届冶金物理化学年会论文集（上册）. 西安，1984：217~226.

[11] 车茵昌，冀春霖，等. Fe-C-V 三元系熔体中碳与钒的活度相互作用系数[J]. 钢铁研究总院学报，1988，8(3)：7~15.

[12] Hadrys G, Frohberg G, Elliott F, et al. Activities in the liquid Fe-Cr-C (sat), C-Fe-P (sat) and Fe-Cr-P systems at 1600℃[J]. Metal Trans. , 1970, (1)：1867~1874.

[13] Lupis C H P, Elliott J F. Generalized internation coefficients, Part I：Definitions[J]. Acta Metall. , 1966, (14)：529~538.

[14] Wagner C. Thermodynamics of alloys[M]. U S A：Addison-Wesley Press Ins. , 1952.

[15] Darken L S. Thermodynamics of ternary metallic solutions[J]. Trans. of TMS of AIME, 1967, 239(1)：90~96.

[16] Lupis C H P. On the use of polynomials for the thermodynamics of dilute metallic solutions [J]. Acta Metall. , 1968, 16(11)：1365~1375.

[17] Lupis C H P, Elliott J F. Generalized interaction coefficients, Part Ⅱ：Free energy terms and the quasi-chemical theory[J]. Acta Metall. , 1966, 14(12)：1019~1032.

[18] Darken L S. Thermodynamics of binary metallic solutions[J]. Trans-AIME, 1967, 239 (1)：80~89.

[19] 董元篪. Fe-As-C 熔体组元的热力学行为[J]. 华东冶金学院学报，1987，4(3)：11~17.

[20] 齐国均，冀春霖. Fe-C-Si 熔体中组元活度及活度交互作用系数——兼论 Darken 二次式在三元系的适用性[C]//中国金属学会冶金过程物理化学学术委员会. 全国第五届冶金物理化学年会论文集. 西安，1984：227~237.

[21] Harkki J, et al. Report TKK-V-B 22[R]. Finland：Helsinki Univ. of Technology, 1983.

[22] Sabirzyanov T G. Activity of phosporus in liquid iron[J]. Izvestiya Akademii Nauk SSSR, Metally, 1986, (1)：63~65.

[23] 朱本立，王建军，吴淇澳，等. 中磷半钢喷粉脱磷试验研究[J]. 华东冶金学院学报，1986，3(2)：10~22.

[24] 董元篪，朱本立，何玉平，等. CaO 基熔剂对中磷铁水脱磷的研究[J]. 华东冶金学院学报，1990，7(03)：9~17.

[25] 郭上型，董元篪，朱本立，等. CaO-CaF$_2$-P$_2$O$_5$-Al$_2$O$_3$-Fe$_2$O$_3$ 系熔渣和含碳铁液间磷

的分配[J]. 华东冶金学院学报, 1987, 4(2): 20~29.

[26] Turkdogan E, Plason J. Activities of constituents of iron and steelmaking slags, Part Ⅰ: Iron Oxide[J]. JISI, 1953, 173: 217~223.

[27] 水渡英昭, 井上亮. MgO 飽 CaO-MgO-FeOₓ-SiO₂ 系スラグ-溶鉄間のりん分配におよぼすCaF₂の影響 (Effect of calcium fluoride on phosphorus distribution between MgO-saturated slags of the system CaO-MgO-FeOₓ-SiO₂ and liquid iron)[J]. 鉄と鋼, 1982, 68(10): 1541~1550.

[28] Shanahan E A. The physical chemistry of steel making, proceedings of the conference the physical chemistry of iron and steelmaking (1956)[M]. New York: The Technology Press of M. I. T. and John Wiley Sons, Inc. , 1958.

[29] 董元篪, 朱本立, 何玉平. 中磷铁水脱磷方法的热力学研究[J]. 华东冶金学院学报, 1986, 3(2): 23~28.

[30] G. 卡尔森, A. 伯森. 中国冶金协调委员会, 辽宁省金属学会. 沈阳国际喷射冶金和钢的精炼学术会议论文集. 沈阳, 1984: 34.

[31] Ohguchi S, Robertson D G C, Grieveson Deo B, et al. Simultaneous dephosphorization and desulphurization of molten pig iron[J]. Ironmaking and Steelmaking, 1984, (11): 202~213.

[32] Roberston D G C, Deo B, Ohguchi S, A multicomponent mixed transport control theory for the kinetics of coupled slag-metal and slag-metal-gas reactions: application to desulphurization of molten iron[J]. Ironmaking and Steelmaking, 1984, (11): 41~55.

[33] 许允元, 钟良才. 铁水预处理的反应动力学[C]//中国金属学会冶金过程物理化学学会. 第四届冶金过程动力学和反应工程学学术会议论文集. 马鞍山, 1988: 1~12.

[34] Deo B, Ranjan P, Kumar A. Mathematical model for computer simulation and control of steelmaking[J]. Steel Research, 1987, (58): 427~431.

[35] 董元篪, R·塞林. CaO 基熔剂对铁水同时脱硫脱磷的应用性研究[J]. 钢铁, 1990, 25(9): 11~16.

[36] 董元篪, 蒋海涛. 铁水同时脱硫脱磷反应的动力学[J]. 华东冶金学院学报, 1993, 10(2): 7~12.

[37] Turkdongon E T. Physical chemistry of high temperature [M]. New York: Technolog. Academic press, 1980.

[38] 董元篪, R·塞林. MgO 和 AlO₁.₅ 对 CaO-CaF₂-SiO₂ 渣系脱磷能力的影响[J]. 华东冶金学院学报, 1990, 7(2): 27~34.

[39] 魏寿昆. 活度在冶金物理化学中的应用[M]. 北京: 冶金工业出版社, 1964.

[40] Muraki M, Fukushima H, Sano N. Phosphorus distribution between CaO-CaF₂-SiO₂ melts and carbon-saturated iron[J]. trans. ISIJ, 1985, 25(10): 1025~1030.

[41] 张信昭. 铁水预处理文集[OL]. 炼钢情报网, 1983: 9.

[42] 朱本立, 董元篪, 何玉平, 等. 石灰系复合熔剂处理中磷铁水同时脱磷脱硫的冶金

反应特征[J]. 华东冶金学院学报, 1986, 3(2): 10~22.

[43] 竹内秀次, 小沢三千晴, 野崎努, 等. 石灰系フラックス吹き込みによる溶銑の同時脱りん脱硫処理に及ぼす酸素ポテンシャルの影響 (Effect of oxygen potential on simultaneous dephosphorization and desulfurization of hot metal by injecting CaO base flux) [J]. 鉄と鋼, 1983, 69(15): 1771~1778.

[44] 孙兴洪. 铁水预处理脱硅[J]. 世界钢铁, 1995, (3): 13~18.

[45] Dong Yuanchi, Guo Shangxing, Chen Erbao. Control of oxygen potential and its effect on De-P of Mn-Fe[J]. Journal of Iron and Steel Research International, 1999, 6(1): 8~11.

[46] 王海川, 张友平, 郭上型, 等. 铁水氧势对高炉铁水脱硅脱磷影响的实验研究[J]. 钢铁研究学报, 2000, 12(6): 11~15.

[47] Suito H, Inoue R, Takada M. Phosphorus distribution between liquid iron and MgO saturated slags of the system CaO-MgO-FeO$_x$-SiO$_2$[J]. Trans. ISIJ, 1981, 21(4): 250~259.

[48] Hearly G W. A new look at phosphorus distribution [J]. J. Iron and steel Inst., 1970, (07): 564.

[49] Inoue R, Suito H. Phosphorus distribution between soda-and lime-based fluxes and carbon-saturated iron melts[J]. Trans. ISIJ, 1985, 25(2): 118.

[50] Ito K, Sano N. Phosphorus distribution between basic slags and carbon-saturated iron at hot-metal temperatures[J]. Trans. ISIJ, 1985, 25(5): 355.

[51] 何玉平, 董元篪, 朱本立, 等. 中磷铁水预处理中熔剂成分对脱磷的影响[J]. 华东冶金学院学报 (自然科学版), 1988, (01): 9~16.

[52] IKEDA T, MATSUO T. The dephosphorization of hot metal outside the steelmaking furnace [J]. Trans. ISIJ, 1982, 22(7): 495.

[53] 乐可襄, 王世俊, 王海川, 等. 在铁水预处理中 CaO-Fe$_2$O$_3$-CaF$_2$ 基粉剂脱磷工艺和影响因素的探讨[J]. 钢铁, 2002, 37(7): 20~22.

[54] 吴宝国, 王海川, 周云, 等. 降低钙系脱磷剂中氟含量的可行性研究[J]. 钢铁钒钛, 2003, 24(2): 7~10.

3　锰铁合金脱磷

　　传统的脱磷研究主要致力于生产合格磷含量（$w[P] \approx 0.03\%$）的钢产品，集中在炼钢炉内的脱磷上，忽视了铁合金脱磷等问题的研究。对铁合金而言，脱磷处理的对象发生了变化，致使脱磷的难度大大增加，同时又产生新的理论研究内容。

　　锰铁合金是炼钢生产中应用最广泛的铁合金之一，用量达到 $10kg/t$。由于它是在炼钢后期脱氧和合金化过程中加入钢液中的，锰铁合金的质量将直接影响到钢材的质量。尤其是我国锰矿资源丰富，但磷含量较高，经高炉冶炼后锰铁合金中的磷含量高达 $0.5\% \sim 0.6\%$ 以上；由于 Mn-O 间的结合力大于 Fe-O 间的结合力，其控制着体系氧势；锰铁中的 $w[Si]$ 较高；锰铁合金脱磷还存在着脱磷保锰的重要问题，所以它的脱磷难度远大于铁基熔体的脱磷。因此，开展锰铁合金脱磷研究对我国锰矿资源的充分利用和钢种质量的提高具有重要意义。

　　通过锰铁合金的脱磷研究说明了，只要选择具有高磷酸盐容量的渣系、控制合适的氧位和温度，对锰铁合金的氧化脱磷是完全可行的。同时，通过研究解决了以下几个关键问题：

　　（1）锰铁合金中 P、Mn 的活度问题；

　　（2）渣系的脱磷能力问题；

　　（3）脱磷过程的保锰问题。

3.1　磷在锰合金冶炼过程中的行为

　　锰合金中的磷含量主要取决于所用原料（主要是锰矿）中的磷含量。在锰合金冶炼过程（高炉或电热炉）中，磷比锰更容易还原。全部炉料中的磷约有95%被还原。其中，约30%还原后气化跑掉，约65%溶入金属，只有约5%以（P_2O_5）形式保留在炉渣中。

　　达舍夫斯基曾模拟锰合金冶炼的实际条件，研究其炉渣成分对

磷分配比 L_P 的影响，探讨在冶炼过程中用炉渣直接进行锰合金脱磷的可能性。试验所用炉渣成分为：$w(MnO) = 50\% \sim 65\%$，$w(CaO) = 5\% \sim 15\%$，$w(SiO_2) = 15\% \sim 25\%$，$w(FeO) \approx 0.5\%$；金属成分为：$w[Mn] = 77.26\%$，$w[Fe] = 15.71\%$，$w[C] = 6.11\%$。1350℃下在惰性气氛中经 1h 熔炼后出炉，所得分配比 $L_P = w(P)_\% / w[P]_\% = 0.01 \sim 0.025$。即使炉渣中 $w(MnO) + w(CaO)$ 达到75%，磷分配比 L_P 也只能达到 0.025。因此，认为在锰合金的冶炼过程中，反应

$$2[P] + 8(O^{2-}) + 5(Mn^{2+}) = 2(PO_4^{3-}) + 5Mn_{(1)}$$

不可能得到明显的发展。依靠碱性炉渣进行合金的脱磷时，MnO 与 FeO 的作用是大不相同的。利用那些含有与氧亲和力小的元素氧化物（如氧化铁）的炉渣来进行锰熔体的脱磷，也未得到理想的结果。因为这时不是磷而是锰首先从熔体中被氧化掉，同时铁也在渣中被还原，大大改变了冶炼金属的成分。

因此，锰铁合金的脱磷不可能在它的冶炼过程中直接利用炉渣来进行，而应对已炼成的锰铁合金进行脱磷处理。

3.2 锰铁合金熔体的热力学性质

3.2.1 Mn-Fe-C 系熔体的热力学性质

3.2.1.1 Mn-Fe-C 系熔体中 C 的溶解度[1]

Mn-Fe-C 系熔体热力学性质的研究，对高炉 Mn-Fe 合金熔体脱硅、脱磷[2~4]的理论研究和工业生产具有重要的意义。与 Fe 基体系不同，Mn 基体系的热力学数据比较缺乏，文献[5,6]分别测定了1400℃温度下 Mn-Fe-C 系熔体富 Mn 端和富 Fe 端 C 的溶解度，陈二保等[7]研究了 1400℃温度下 Mn-Fe-C 系熔体的热力学性质。在此基础上，文献[1]实验测定了不同温度下 Mn-Fe-C 系熔体（$w[Mn] = 18.93\% \sim 88.45\%$，$w[Fe] = 4.43\% \sim 75.78\%$）内 C 的溶解度，结合文献[7]的实验数据，通过热力学推导和计算，获得了 Mn-Fe-C 系熔体热力学性质与温度的关系式。

根据不同温度下，不同 Mn、Fe 质量比的 Mn-Fe 合金熔体中 C

溶解平衡实验结果，得到 C 溶解度 x_C 对 x_{Mn} 的线性回归方程分别是：

$$1350℃ \quad x_C = 0.1832 + 0.1107x_{Mn} \quad (R = 0.98) \tag{3-1}$$

$$1375℃ \quad x_C = 0.1876 + 0.1120x_{Mn} \quad (R = 0.98) \tag{3-2}$$

$$1400℃ \quad x_C = 0.1886 + 0.1119x_{Mn} \quad (R = 0.914)^{[7]} \tag{3-3}$$

$$1425℃ \quad x_C = 0.1927 + 0.1112x_{Mn} \quad (R = 0.99) \tag{3-4}$$

$$1450℃ \quad x_C = 0.2005 + 0.1101x_{Mn} \quad (R = 0.99) \tag{3-5}$$

令式(3-1)~式(3-5)中 $x_{Mn} = 0$，得到 Fe-C 二元系中 C 的溶解度 $x_{Fe,C}^b$（见表 3-1）。将 $x_{Mn} = 1 - x_{Fe} - x_C$ 带入式(3-1)~式(3-5)，得到相应温度下 C 溶解度 x_C 与 x_{Fe} 的关系式为：

$$1350℃ \quad x_C = 0.2646 - 0.0997x_{Fe} \tag{3-6}$$

$$1375℃ \quad x_C = 0.2694 - 0.1007x_{Fe} \tag{3-7}$$

$$1400℃ \quad x_C = 0.2703 - 0.1006x_{Fe} \tag{3-8}$$

$$1425℃ \quad x_C = 0.2735 - 0.1001x_{Fe} \tag{3-9}$$

$$1450℃ \quad x_C = 0.2798 - 0.0992x_{Fe} \tag{3-10}$$

令式(3-6)~式(3-10)中 $x_{Fe} = 0$，得到 Mn-C 系中 C 的溶解度 $x_{Mn,C}^b$（见表 3-2）。

表 3-1 不同温度下 Fe-C 系和 Fe-Mn-C 系的热力学性质

$t/℃$	$x_{Fe,C}^b$	$\ln\gamma_C^0$	γ_C^0	ε_C^C	e_C^C	ε_C^{Mn}	ε_C^{Mn}	$e_C^{Mn} \times 10^3$
1350	0.1832	-0.1070	0.8985	9.848	0.1685	-0.6043	-1.695	-6.623
1375	0.1867	-0.1658	0.8472	9.804	0.1671	-0.5969	-1.695	-6.601
1400	0.1886	-0.1762	0.8384	9.779	0.1665	-0.5933	-1.688	-6.564
1425	0.1927	-0.2264	0.7974	9.720	0.1650	-0.5771	-1.658	-6.468
1450	0.2005	-0.3241	0.7232	9.631	0.1625	-0.5491	-1.609	-6.313

表 3-2 不同温度下 Mn-C 系和 Mn-Fe-C 系的热力学性质

$t/℃$	$x_{Mn,C}^{b}$	$\ln\gamma_C^0$	γ_C^0	ε_C^C	e_C^C	$\dot{\varepsilon}_C^{Fe}$	ε_C^{Fe}	$e_C^{Fe}\times 10^3$	$\Delta_{fus}G_{Mn,C}^{\ominus}$ $/J\cdot mol^{-1}$
1350	0.2646	-1.802	0.1650	11.83	0.1855	0.3768	1.557	6.901	-66400
1375	0.2694	-1.861	0.1556	11.77	0.1838	0.3738	1.560	6.906	-68230
1400	0.2703	-1.864	0.1551	11.74	0.1829	0.3722	1.553	6.874	-69310
1425	0.2735	-1.884	0.1519	11.63	0.1807	0.3660	1.530	6.779	-70640
1450	0.2798	-1.934	0.1446	11.46	0.1771	0.3545	1.491	6.592	-72380

3.2.1.2 Mn-Fe-C 系熔体热力学性质的计算

A Fe-C 系和 Fe-Mn-C 系热力学性质的计算

式(3-1)~式(3-10)可写成如下通式：

$$x_C = a + bx_j \tag{3-11}$$

$$\dot{\varepsilon}_C^j = -b/a \tag{3-12}$$

Fe-Mn-C 系的 $\dot{\varepsilon}_C^{Mn}$ 和 Mn-Fe-C 的 $\dot{\varepsilon}_C^{Fe}$ 的值分别见表 3-1、表 3-2。Wagner 公式用于 C 饱和的 Fe-C 二元系，则：

$$\ln\gamma_C = -\ln x_C^b = \ln\gamma_C^0 + \varepsilon_C^C x_{Fe,C}^b \tag{3-13}$$

$$\gamma_C^0 = \gamma_C/f_C \tag{3-14}$$

由 Fe-Mn-C 系 $\lg f_C$ 的计算式（只考虑一阶活度相互作用系数）和式(3-14)整理后得到：

$$-\lg x_C\gamma_C^0/w[C]_\% = e_C^C + e_C^{Mn}w[Mn]_\%/w[C]_\% \tag{3-15}$$

令 $X = w[Mn]_\%/w[C]_\%$，$Y = -\lg(x_C\gamma_C^0)/w[C]_\%$。取 $x_{Mn} = 0.1, 0.2, 0.3, 0.4, 0.5, 0.6, 0.7$，分别代入式(3-1)~式(3-5)中计算 x_C，将 x_C 和 x_{Mn} 换算成 $w[C]_\%$ 和 $w[Mn]_\%$。设定 1 个 ε_C^C 值，由式(3-13)计算出 γ_C^0，于是计算出 Y。Y 对 X 线性回归得：

$$Y = e_C^C + e_C^{Mn}X \tag{3-16}$$

$$\varepsilon_i^j = 230\times\frac{M_j}{M_1}\cdot e_i^j + \frac{M_1 - M_j}{M_1} \tag{3-17}$$

$$e_C^C = 358/T^{[8]} \qquad (3-18)$$

用迭代法求出 Fe-C 系和 Fe-Mn-C 系的 $\ln\gamma_C^0$、γ_C^0、e_C^C、ε_C^C 和 e_C^{Mn} 值，见表 3-1。

式 (3-14) 和式 (3-17) 成立的条件是稀溶液，对 C 而言，就是 $x_C = x_C^0 \cdot w[C]_\%$ 成立的溶液，x_C^0 为 Fe-C 系 $w[C] = 1\%$ 对应的 x_C。Mn 与 Fe 的相对原子质量几乎相同，故对 Fe-Mn-C 系，Mn 的浓度改变不会影响线性关系的成立。由于 C 是饱和状态，x_C 与 $w[C]_\%$ 的关系偏离线性，测得的 x_C 的最大值为 $0.275(w[C]_\% = 7.64)$。取 $x_C^0 = 0.04$，偏离线性关系的最大相对误差的绝对值为 10.0%，选择该值作为迭代成功的标志，即迭代最终得到的 e_C^C 值对由式(3-18)计算得到的 e_C^C 值的相对误差绝对值必须不大于 10.0%。具体迭代运算略。

不考虑二阶活度相互作用系数，则：

$$\dot{\varepsilon}_C^j = \varepsilon_C^j/(1 + \varepsilon_C^C x_C^b)^{[9]} \qquad (3-19)$$

不同温度下 Fe-Mn-C 系的 e_C^{Mn} 值见表 3-1。

由表 3-1 中数据得到的 1450℃下 Fe-Mn-C 系 $\ln\gamma_C$ 的 Wagner 公式为：

$$\ln\gamma_C = -0.3241 + 9.631x_C - 1.609x_{Mn} \qquad (3-20)$$

式 (3-20) 能用于计算从纯 Mn 到纯 Fe 浓度范围内，Mn-Fe-C 系熔体中 C 饱和时的 $\ln\gamma_C$。

B Mn-C 系和 Mn-Fe-C 系热力学性质的计算

Wagner 公式严格成立的条件是极稀溶液，因此，当 $x_{Fe} \to 0$、$x_C \to 0$、$x_{Mn} \to 1$ 时，式 (3-20) 也成立。根据 γ_C^0 的物理意义之一，这时 $\ln\gamma_C \to \ln\gamma_C^0$（Mn-C 二元系）。Mn-C 系的 $\ln\gamma_C^0$ 和 γ_C^0 值见表 3-2。类似地计算可得到 Mn-C 系和 Mn-Fe-C 系的 ε_C^C、ε_C^{Fe}、e_C^C 和 e_C^{Fe} 的值，见表 3-2。

利用 Mn-C 系的 γ_C^0 和 x_C^0，计算出 Mn-C 系 C 的标准溶解吉布斯自由能 $\Delta_{fus}G_{Mn,C}^\ominus$ 的值，见表 3-2。

3.2.1.3 Mn-Fe-C 系熔体热力学性质与温度的关系

A Fe-C 系和 Fe-Mn-C 系热力学性质与温度的关系

表 3-1 中的 $\lg x_{Fe,C}^{b}$、$\ln \gamma_{C}^{0}$、ε_{C}^{C}、e_{C}^{C}、$\dot{\varepsilon}_{C}^{Mn}$、$\varepsilon_{C}^{Mn}$ 和 e_{C}^{Mn} 对 $1/T$ 的线性回归方程分别为:

$$\lg x_{Fe,C}^{b} = -1283/T + 5.043 \times 10^{-2} \quad (R = -0.97) \quad (3-21)$$

$$\ln \gamma_{C}^{0} = 5515/T - 3.498 \quad (R = 0.96) \quad (3-22)$$

$$\varepsilon_{C}^{C} = 5796/T + 6.290 \quad (R = 0.97) \quad (3-23)$$

$$e_{C}^{C} = 157.6/T + 7.172 \times 10^{-2} \quad (R = 0.97) \quad (3-24)$$

$$\dot{\varepsilon}_{C}^{Mn} = -1447/T + 0.2813 \quad (R = -0.93) \quad (3-25)$$

$$\varepsilon_{C}^{Mn} = -2301/T - 0.2930 \quad (R = -0.89) \quad (3-26)$$

$$e_{C}^{Mn} = -7.779/T - 1.848 \times 10^{-3} \quad (R = -0.93) \quad (3-27)$$

由式 (3-22) 和 Fe-C 系的 x_{C}^{0} 得到:

$$\Delta_{fus} G_{Fe,C}^{\ominus} = 45850 - 55.84T \quad (J/mol) \quad (3-28)$$

式(3-1)~式(3-5)的斜率平均值为 0.1112, 由式(3-21)得:

$$x_{Fe,C}^{b} = 1.123 e^{-2955/T}$$

于是 Mn-Fe-C 熔体中 C 溶解度 x_{C} 与 T 和 x_{Mn} 的关系式为:

$$x_{C} = 1.123 e^{-2955/T} + 0.1112 x_{Mn} \quad (3-29)$$

B Mn-C 系和 Mn-Fe-C 系热力学性质与温度的关系

表 3-2 中的 $\lg x_{Mn,C}^{b}$、$\ln \gamma_{C}^{0}$、ε_{C}^{C}、e_{C}^{C}、$\dot{\varepsilon}_{C}^{Fe}$、$\varepsilon_{C}^{Fe}$ 和 e_{C}^{Fe} 对 $1/T$ 的线性回归方程分别为:

$$\lg x_{Mn,C}^{b} = -613.8/T - 0.1992 \quad (R = -0.97) \quad (3-30)$$

$$\ln \gamma_{C}^{0} = 3214/T - 3.791 \quad (R = 0.96) \quad (3-31)$$

$$\varepsilon_{C}^{C} = 9883/T + 5.777 \quad (R = 0.97) \quad (3-32)$$

$$e_{C}^{C} = 221.8/T + 4.929 \times 10^{-2} \quad (R = 0.97) \quad (3-33)$$

$$\dot{\varepsilon}_{C}^{Fe} = 582.5/T + 2.037 \times 10^{-2} \quad (R = 0.93) \quad (3-34)$$

$$\varepsilon_{C}^{Fe} = 1776/T + 0.4760 \quad (R = 0.88) \quad (3-35)$$

$$e_C^{Fe} = 8.313/T + 1.839 \times 10^{-3} \quad (R = 0.88) \quad (3-36)$$

由式（3-33）和 Mn-C 系的 x_C^0 得到：

$$\Delta_{fus} G_{Mn,C}^{\ominus} = 26720 - 57.45T \quad (J/mol) \quad (3-37)$$

同理，可得到 Mn-Fe-C 熔体中 C 溶解度的另一计算式为：

$$x_C = 0.6321 e^{-1414/T} - 0.1001 x_{Fe} \quad (3-38)$$

3.2.2 Fe-Mn-C-P 系熔体的热力学性质

研究锰铁合金和高锰钢的脱磷，必须了解高锰熔体的热力学性质，Mn 在 Fe-Mn-C 系中的热力学性质已经有不少报道[5,10~12]。刘晓亚等人测定了 Mn-Fe-C-P 系熔体中 Mn 的活度系数[13]，其研究的体系中 $w[Mn] > 70\%$；文献[6]研究了普通锰铁和高锰钢 Mn 含量范围内（$w[Mn] = 15\% \sim 60\%$）的 Fe-Mn-C-P 系的热力学性质。

1400℃温度下，在不同的铁锰比的锰铁熔体中，通过改变加入熔体内的磷含量，进行了 Fe-Mn-C-P 系熔体的溶解平衡实验[6]。实验测得的溶解平衡时体系的组成，见表 3-3。

表 3-3　Fe-Mn-C-P 系的实验结果

序号	Fe		C		Mn		P	
	$w[Fe]/\%$	x_{Fe}	$w[C]/\%$	x_C	$w[Mn]/\%$	x_{Mn}	$w[P]/\%$	x_P
1	77.40	0.6422	5.55	0.2139	17.03	0.1435	0.02	0.0003
2	78.13	0.6527	5.07	0.1969	15.62	0.1326	1.18	0.0178
3	78.68	0.6647	4.35	0.1709	16.16	0.1216	2.81	0.0428
4	68.46	0.5633	5.78	0.2211	25.73	0.2152	0.026	0.0004
5	69.16	0.5727	5.36	0.2064	24.49	0.2062	0.99	0.0148
6	71.29	0.5952	4.73	0.1836	21.30	0.1808	2.68	0.0403
7	55.68	0.4497	6.35	0.2834	37.94	0.3115	0.026	0.0004
8	57.72	0.4720	5.68	0.2160	35.38	0.2941	1.22	0.0180
9	59.72	0.4909	5.20	0.1987	32.40	0.2707	2.68	0.0397
10	45.40	0.3649	6.47	0.2418	48.10	0.3930	0.028	0.0004
11	47.72	0.3865	5.98	0.2252	45.20	0.3722	1.10	0.0161

序号	Fe		C		Mn		P	
	$w[\text{Fe}]/\%$	x_{Fe}	$w[\text{C}]/\%$	x_{C}	$w[\text{Mn}]/\%$	x_{Mn}	$w[\text{P}]/\%$	x_{P}
12	49.75	0.4051	5.58	0.2113	42.50	0.3518	2.17	0.0319
13	33.81	0.2685	6.38	0.2522	59.35	0.4791	0.009	0.0001
14	36.30	0.2905	6.32	0.2352	56.20	0.4572	1.18	0.0170
15	40.42	0.3272	5.66	0.2130	51.36	0.4225	2.56	0.0374

3.2.2.1 Mn、P 对 C 在铁液中溶解度的影响

根据表3-3 中的实验数据，将 x_{C} 对 x_{Mn}、x_{P} 进行回归处理，得到 Fe-Mn-C-P 四元系熔体中 Mn 和 P 对 C 溶解度的影响关系式为：

$$x_{\text{C}} = 0.1916 + 0.1183x_{\text{Mn}} - 0.8525x_{\text{P}} \quad (R = 0.99) \quad (3-39)$$

式（3-39）表明，随着体系中 Mn 含量的增加，C 的溶解度增加；随着 P 含量的增加，C 的溶解度减少。

根据式（3-39）中 P 对 C 溶解度的影响关系（ $-0.8525x_{\text{P}}$ ），将表3-3 中的 Fe-Mn-C-P 四元系的实验值延伸到 $x_{\text{P}} = 0$ 时，即为 Fe-Mn-C 三元系的实验值。对此三元系的修正值进行 x_{Mn} 对 x_{C} 的回归处理，得到 Fe-Mn-C 三元系中 Mn 对 C 溶解度的影响关系式为：

$$x_{\text{C}} = 0.1968 + 0.1178x_{\text{Mn}} \quad (R = 0.98) \quad (3-40)$$

采用同样的处理方法，可得到 Fe-P-C 三元系中 P 对 C 溶解度的关系式为：

$$x_{\text{C}} = 0.1957 - 0.7560x_{\text{P}} \quad (R = 0.98) \quad (3-41)$$

式（3-39）所示的溶解度关系式的适用条件为：铁液中 $x_{\text{Mn}} = 0.1216 \sim 0.4791$，$x_{\text{P}} = 0.003 \sim 0.0428$，温度为 1400℃。

3.2.2.2 活度相互作用系数的计算

Fe-C-j 三元系熔体中，组元 j 对 C 溶解度的影响关系式可写为：

$$x_{\text{C}} = a + bx_j \quad (3-42)$$

$$\dot{\varepsilon}_{\text{C}}^j = -b/a \quad (3-43)$$

$$\dot{\rho}_{\text{C}}^j = \frac{1}{2}(b/a)^2 \quad (3-44)$$

式中　$\dot{\varepsilon}_C^j$，$\dot{\rho}_C^j$——分别表示 C 饱和溶液（$a_{[C]}=1$）中，组元 j 对 C 的一阶、二阶活度相互作用系数。

将式（3-40）、式（3-41）的 a 值和 b 值代入式（3-43）、式（3-44），得到：

$$\dot{\varepsilon}_C^{Mn}=-0.60,\qquad \dot{\rho}_C^{Mn}=0.18$$

$$\dot{\varepsilon}_C^P=3.86,\qquad \dot{\rho}_C^P=7.46$$

根据等活度和等浓度相互作用系数间的转换关系式[14]：

$$\dot{\varepsilon}_C^j=\varepsilon_C^j/(1+\varepsilon_C^C a)$$

$$\dot{\rho}_C^j=\left[\rho_C^j+\dot{\varepsilon}_C^j\varepsilon_C^j-\frac{1}{2}(\dot{\varepsilon}_C^j)^2(2+\varepsilon_C^C a)\right]/D \qquad (3\text{-}45)$$

式中，$D=1+\varepsilon_C^C a+2\rho_C^C a^2$；$\varepsilon_C^j$，$\rho_C^j$ 分别表示非 C 饱和溶液（等浓度条件）中，组元 j 对 C 的一阶、二阶活度相互作用系数。

将 $\dot{\varepsilon}_C^{Mn}$、$\dot{\rho}_C^{Mn}$、$\dot{\varepsilon}_C^P$ 和 $\dot{\rho}_C^P$ 的值代入式（3-45）中，又根据 Fe-C 二元系中 $\varepsilon_C^C=11.74$、$\rho_C^C=-5.78$[8]，计算得到：

$$\varepsilon_C^{Mn}=-1.99,\quad \rho_C^{Mn}=0.097$$

$$\varepsilon_C^P=12.73,\quad \rho_C^P=5.825$$

3.2.2.3　Fe-Mn-C-P 系熔体中 Fe、Mn 和 P 的活度系数

在较高溶质浓度的熔体中，为保持热力学上的一致性，在计算溶质活度系数时将 Wagner 的 ε 公式修正为[15]：

$$\ln\gamma_i/\gamma_i^0=\ln\gamma_1+\sum\varepsilon_i^j x_j \qquad (3\text{-}46)$$

Srikanth 等[16]进而提出 $\ln\gamma_1$ 的计算式：

$$\ln\gamma_1=\sum_{i=2}^m\sum_{j=2}^m\varepsilon_i^j x_i x_j\left[\frac{\ln\left(1-\sum_{i=2}^m x_i\right)+\sum_{i=2}^m x_i}{\left(\sum_{i=2}^m x_i\right)^2}\right] \qquad (3\text{-}47)$$

对于四元系，$m=4$。根据式（3-47），代入有关活度相互作用系数的数据，得到 Fe-Mn-C-P 四元系熔体中溶剂铁的活度系数为：

$$\ln\gamma_{Fe}=(11.74x_C^2+0.018x_{Mn}^2+9.35x_P^2-3.98x_C x_{Mn}+$$

$$25.46x_C x_P - 16.12x_{Mn} x_P) \cdot D \tag{3-48}$$

$$D = \frac{(x_C + x_{Mn} + x_P) + \ln[1 - (x_C + x_{Mn} + x_P)]}{(x_C + x_{Mn} + x_P)^2}$$

代入式（3-48）的 ε_i^j 数值中，除本文得到的 ε_C^{Mn}、ε_{Mn}^C、ε_C^P、ε_P^C 数据外，$\varepsilon_{Mn}^{Mn} = 0.018$、$\varepsilon_P^{Mn} = \varepsilon_{Mn}^P = -8.06$ 来自文献[17]，$\varepsilon_P^P = 9.35$ 来自文献[18]。

将以上求得的 $\ln\gamma_{Fe}$ 及有关 ε_i^j 的值代入式（3-46），得到 1400℃ 下 Fe-Mn-C-P 系中 Mn 和 P 的活度系数计算式为：

$$\ln(\gamma_{Mn}/\gamma_{Mn}^0) = \ln\gamma_{Fe} + 0.018x_{Mn} - 1.99x_C - 8.06x_P \tag{3-49}$$

$$\ln(\gamma_P/\gamma_P^0) = \ln\gamma_{Fe} + 9.35x_P + 12.73x_C - 8.06x_{Mn} \tag{3-50}$$

在该文研究的熔体组元浓度范围内，按照式（3-48）~式（3-50）分别进行计算，计算结果如图 3-1 所示。

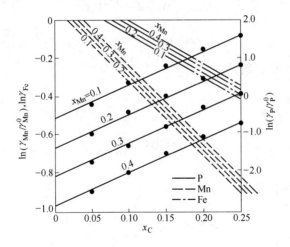

图 3-1　Fe-Mn-C-P 系熔体中 P、Mn、Fe 的活度系数

由图 3-1 可看出，γ_{Fe}、γ_{Mn}、γ_P 随熔体组元的变化规律为：随着高锰熔体中 Mn 含量的增加，γ_P 降低，而 γ_{Fe} 和 γ_{Mn} 增大，且 γ_P 比 γ_{Fe} 和 γ_{Mn} 的变化幅度大得多；随高锰熔体中 C 含量的增加，γ_P 增大，γ_{Fe} 和 γ_{Mn} 降低。

3.3 锰铁合金氧化脱磷的热力学分析

铁合金的脱磷方法引起国内外冶金界的极大关注，成为生产优质钢的重要研究课题之一，还原脱磷存在着如下问题：还原条件难以控制；脱磷剂消耗量大、利用率低；合金增碳、增硅严重，难以解决高碳合金的脱磷问题；脱磷产物 Ca_3P_2 遇水气化生成有毒性的 PH_3，造成对环境的污染等。研究的重点为锰铁合金的氧化脱磷法。文献[19]通过热力学分析和实验研究，提出锰铁熔体氧化法脱磷的保锰热力学和工艺条件。

3.3.1 氧化脱磷的热力学

氧化脱磷的基本反应是：

$$[P] + \frac{5}{4}O_2 \xlongequal{\quad} \frac{1}{2}(P_2O_5)$$

$$\Delta G^{\ominus} = -666210 + 271.7T \quad (J/mol) \quad\quad (3\text{-}51)$$

它的平衡常数是：

$$K_P = \frac{\gamma_{P_2O_5}^{1/2} \cdot x_{P_2O_5}^{1/2}}{f_P \cdot w[P]_\% \cdot p_{O_2}^{5/4}},$$

$$\lg K_P = \frac{34800}{T} - 14.19$$

平衡磷含量为：

$$w[P]_{\%平} = \frac{\gamma_{P_2O_5}^{1/2} \cdot x_{P_2O_5}^{1/2}}{f_P \cdot K_{[P]} \cdot p_{O_2}^{5/4}}$$

锰铁熔体氧化脱磷反应的特点是：

（1）对氧化脱磷而言，只要体系的氧位高于临界氧位就能进行氧化脱磷反应，提高氧位有利于脱磷、降低平衡磷含量。然而，在锰铁脱磷时必须防止锰的氧化，所以提高氧位（p_{O_2}）被防止锰的氧化所限制。

（2）由于锰铁不同于铁基合金，锰含量高，磷活度低，即锰铁熔体中磷的活度系数（f_P）小，使脱磷更加困难。

（3）选用具有更高磷酸盐容量的渣系有利于降低平衡磷含量，所以降低脱磷产物 P_2O_5 的活度系数（$\gamma_{P_2O_5}$），使脱磷能在保锰的条件下进行。

（4）温度升高，K_P 值减小，低温有利于脱磷。

脱磷保锰是锰铁脱磷方法中的一个重要问题，现以实验所用的高炉锰铁成分（见表3-4）来分析脱磷保锰的条件。

表3-4 高炉锰铁成分

成 分	$w[C]$	$w[Si]$	$w[Mn]$	$w[P]$	$w[S]$
含量/%	6.0~6.5	0.8~1.2	64~65	0.45~0.55	0.03~0.05

田中章彦[20]对 $w[Mn]=65\%$、$w[Si]=21\%$、$w[Fe]=28\%$、$w[C]=6\%$ 的熔体中锰的活度进行了实验测定，实验所用的锰铁合金熔体的 $a_{[Mn]}=0.18$（1673K，以液态锰为标准态）。

3.3.1.1 锰-氧平衡

$$Mn_{(1)} + \frac{1}{2}O_2 === MnO_{(1)}$$

$$\Delta G^{\ominus} = -344993 + 57.15T^{[21]} \quad (J/mol) \quad (3-52)$$

保锰的条件是反应式不能向右进行，即 $\Delta G > 0$，由化学反应等温方程式可得：

$$\lg p_{O_2} \leq -\frac{36000}{T} + 5.97 - 2\lg a_{[Mn]} + 2\lg a_{(MnO)}$$

当 $T=1673K$、$a_{[Mn]}=0.18$ 时，则保锰的氧位为：

$$\lg p_{O_2} \leq -14.06 + 2\lg a_{(MnO)}$$

计算结果列于表3-5。

表3-5 保锰氧位 p_{O_2} 与 $a_{(MnO)}$ 的关系

$a_{(MnO)}$	1	0.5	0.1	0.05
p_{O_2}/Pa	8.825×10^{-10}	2.206×10^{-10}	8.825×10^{-12}	2.206×10^{-12}

由此可见：

（1）氧化脱磷法要使锰铁液中的锰不氧化，当 $a_{(MnO)} = 0.5$ 时，脱磷体系的氧位 p_{O_2} 必须低于 2.206×10^{-10} Pa。

（2）渣中氧化锰的活度越大，保锰的氧位就越高，则越有利于脱磷。为此，在脱磷熔体中预先配入适量的氧化锰，以提高渣中氧化锰的活度，可以显著抑制锰的氧化损失。

3.3.1.2 磷-氧平衡

脱磷反应式如式（3-51）所示。欲使磷氧化，脱磷的条件是 $\Delta G < 0$，由等温方程式可得：

$$\lg a_{(P_2O_5)} \leqslant \frac{69545}{T} - 28.36 + 2\lg a_{[P]} + \frac{5}{2}\lg p_{O_2}$$

在 1673K 下，表 3-4 所列锰铁合金中磷的活度系数 $f_P = 1.66$，欲将磷脱至 0.3%（$a_{[P]} = 0.498$），则渣中（P_2O_5）的活度与脱磷氧位的关系为：

$$\lg a_{(P_2O_5)} < 12.6 + \frac{5}{2}\lg p_{O_2}$$

由此可以求得在保锰氧位下，能将锰铁合金中的磷从 0.5% ~ 0.6% 脱到 0.3% 的渣中（P_2O_5）的活度，如表 3-6 所示。

表 3-6 $a_{(P_2O_5)}$ 与 $a_{(MnO)}$ 及 p_{O_2} 的关系

$a_{(MnO)}$	1	0.5	0.1	0.05
p_{O_2}/Pa	8.825×10^{-10}	2.206×10^{-10}	8.825×10^{-12}	2.206×10^{-12}
$a_{(P_2O_5)}$	2.818×10^{-23}	8.805×10^{-25}	2.818×10^{-28}	8.805×10^{-30}

由此可见：

（1）要使锰铁熔体中的锰不氧化并能将磷脱至 $w[P] = 0.3\%$，当脱磷体系氧位 $p_{O_2} = 8.825 \times 10^{-10}$ Pa（$a_{(MnO)} = 1$）时，渣中 $a_{(P_2O_5)}$ 必须小于 2.818×10^{-23}；当 $p_{O_2} = 2.206 \times 10^{-10}$ Pa（$a_{(MnO)} = 0.5$）时，$a_{(P_2O_5)} < 8.805 \times 10^{-25}$。

（2）渣中氧化锰的活度越小，为了保锰，允许的脱磷氧位就越低；要使脱磷达到目标值，则要求渣中（P_2O_5）的活度也越低。

3.3.2　锰铁熔体氧化脱磷的理论限度

当锰铁液脱磷体系氧位 p_{O_2} 为一定值时，例如 $p_{O_2} = 2.206 \times 10^{-10}$ Pa（$a_{(MnO)} = 0.5$，$f_P = 1.66$），脱磷所能达到的理论限度为：

$$\lg a_{(P_2O_5)} < -23.006 + 2\lg w[P]_{\%平}$$

所以在一定氧位下，锰铁脱磷所能达到的理论限度 $w[P]_{\%平}$ 与渣中 $a_{(P_2O_5)}$ 的对应值如表3-7所示。

表3-7　$w[P]_{\%平}$ 与 $a_{(P_2O_5)}$ 的对应关系

$w[P]_{\%平}$	0.4	0.3	0.2	0.1
$a_{(P_2O_5)}$	1.578×10^{-24}	8.805×10^{-25}	3.945×10^{-25}	9.862×10^{-26}

显然，渣中 $a_{(P_2O_5)}$ 越低，脱磷后锰铁中的平衡磷含量 $w[P]_{\%平}$ 也越低。

同样，当锰铁脱磷的渣系确定以后，通过计算可以得到氧位 p_{O_2} 与锰铁脱磷所能达到的理论限度 $w[P]_{\%平}$ 的关系。对 BaO 基渣系，$a_{(P_2O_5)}$ 可能达到的最低值为 2.742×10^{-26}，它的平衡磷含量 $w[P]_{\%平}$ 可按下式计算：

$$\lg w[P]_{\%平} = -19.605 - \frac{5}{4}\lg p_{O_2}$$

其结果如表3-8所示。

表3-8　$w[P]_{\%平}$ 与 p_{O_2} 的对应关系

$w[P]_{\%平}$	0.4	0.3	0.2	0.1	0.053
p_{O_2}/Pa	4.366×10^{-11}	5.496×10^{-11}	7.601×10^{-11}	1.323×10^{-10}	2.206×10^{-10}

可以看出，随着氧位的升高，平衡磷含量是降低的。在保锰氧位 $p_{O_2} = 2.206 \times 10^{-10}$ Pa（$a_{(MnO)} = 0.5$）下，脱磷的理论限度 $w[P]_{\%平} = 0.053$，脱磷效果是令人满意的。

3.3.3　脱磷熔剂的选择

脱磷熔剂的性质直接影响脱磷效果，文献[14]介绍了不同渣系的选择。

3.3.3.1 CaO 系渣氧化脱磷保锰的可能性

根据铁基熔体氧化脱磷方程：

$$2[P] + 5(FeO) + 4(CaO) = (4CaO \cdot P_2O_5) + 5[Fe]$$

$$\Delta G^\ominus = -767166 + 283.3T \quad (J/mol)$$

利用 CaO 系渣对锰铁合金氧化脱磷保锰的反应可写成：

$$2[P] + 5(MnO) + 4(CaO) = (4CaO \cdot P_2O_5) + 5Mn_{(1)} \quad (3-53)$$

$$\Delta G = \Delta G^\ominus + RT\ln \frac{a_{[Mn]}^5 \cdot a_{(4CaO \cdot P_2O_5)}}{a_{(CaO)}^4 \cdot a_{[P]}^2 \cdot a_{(MnO)}^5}$$

对于表 3-4 中的高碳锰铁，令 $a_{(MnO)} = 1$、$a_{(CaO)} = 1$、$a_{(4CaO \cdot P_2O_5)} = 1$，可得：

$$\Delta G = -173316 + 151.7T \quad (J/mol) \quad (3-54)$$

当 $\Delta G = 0$ 时，$T = 1142K$，即 $T < 1142K$ 才能实现氧化脱磷且保锰。因此，用 CaO 系渣不能实现锰铁氧化脱磷保锰。

3.3.3.2 BaO 系渣氧化脱磷保锰的可能性

BaO 系渣氧化脱磷保锰的化学反应式如下：

$$2[P] + 5(MnO) + 3(BaO) = (3BaO \cdot P_2O_5) + 5Mn_{(1)}$$

$$\Delta G^\ominus = -414650 + 277.7T \quad (J/mol) \quad (3-55)$$

$$\Delta G = \Delta G^\ominus + RT\ln \frac{a_{[Mn]}^5}{a_{[P]}^2 \cdot a_{(MnO)}^5}$$

当 $a_{[Mn]} = 1$ 时，可得：

$$\Delta G = -414650 + 211.1T \quad (J/mol)$$

$\Delta G = 0$ 时，$T = 1964K$，即 $T < 1964K$ 才能实现脱磷保锰。因此，

用 BaO 系渣能实现氧化脱磷且保锰。

3.3.4 脱磷保锰的影响因素分析

3.3.4.1 渣中 MnO 活度的影响

根据式（3-55）可计算出不同 $a_{(MnO)}$ 下的反应自由能，见表 3-9。

表 3-9　根据式（3-55）计算的反应自由能　　　（kJ/mol）

T/K	$a_{(MnO)} = 1$	$a_{(MnO)} = 0.5$	$a_{(MnO)} = 0.1$
1573	-82.6	-37.3	68.0
1673	-61.5	-13.3	98.7
1773	-40.4	10.7	129.3

由表可见，一定温度下，随着 $a_{(MnO)}$ 的降低，脱磷保锰的反应自由能升高，当 $a_{(MnO)} < 0.5$ 时，实现脱磷保锰的可能性大为降低；在一定 $a_{(MnO)}$ 下，反应温度降低，脱磷保锰的反应自由能降低。因此，低温、高氧化性渣有利于氧化脱磷保锰。

3.3.4.2 渣中 BaO 的影响

考虑渣中 BaO 对脱磷保锰的影响时，根据式（3-55）可得：

$$a_{[P]} = \sqrt{\exp(\Delta G^{\ominus}/RT) \cdot a_{[Mn]}^{5/2} \cdot a_{(MnO)}^{-5/2} \cdot a_{(BaO)}^{-3/2}} \qquad (3\text{-}56)$$

对于表 3-4 所示的高碳锰铁，

$$a_{[P]} = 0.09 \times a_{(MnO)}^{-5/2} \cdot a_{(BaO)}^{-3/2} \qquad (3\text{-}57)$$

当 $T = 1673K$ 时，$a_{(BaO)}$ 对 $w[P]_平$ 的影响见表 3-10。渣中 $a_{(BaO)}$ 越大，$w[P]_平$ 越低。因此氧化脱磷且保锰时，渣中 $a_{(BaO)}$ 和 $a_{(MnO)}$ 都必须很高。

表 3-10　不同 $a_{(BaO)}$ 所对应的 $w[P]_平$　　　（%）

$a_{(BaO)}$	$a_{(MnO)} = 1$	$a_{(MnO)} = 0.78$
1	0.055	0.10
0.5	0.153	0.285

3.3.4.3 硅对脱磷的影响

若锰铁中含有一定量的硅，氧化脱磷时可能发生如下反应：

$$[Si] + O_2 \Longrightarrow (SiO_2)$$

$$\Delta G^{\ominus} = -810740 + 212.4T \quad (J/mol) \tag{3-58}$$

将式（3-52）与式（3-58）关联可得：

$$[Si] + 2(MnO) \Longrightarrow 2Mn_{(l)} + (SiO_2)$$

$$\Delta G^{\ominus} = -120754 + 98.1T \quad (J/mol) \tag{3-59}$$

$$\Delta G = \Delta G^{\ominus} + RT\ln \frac{a_{[Mn]}^2 \cdot a_{(SiO_2)}}{a_{[Si]} \cdot a_{(MnO)}^2}$$

令 $a_{(SiO_2)} = 1$、$a_{[Si]} = 1$、$a_{[Mn]} = 0.187$，可得：

$$\Delta G = -120754 + 70.2T - 2\ln a_{(MnO)}$$

当 $T = 1673K$、$a_{(MnO)} = 1$ 时，$\Delta G = -3309J/mol$。在实际渣系中，SiO_2 与 BaO 结合生成 $2BaO \cdot SiO_2$，因此 $a_{(SiO_2)} < 1$，故锰铁中的硅将被氧化生成 SiO_2 而进入渣中。氧化脱磷时，BaO 系渣约占锰铁重量的 10%，即 100kg/t，当锰铁中 $w[Si] = 1\%$ 时，令硅被氧化至痕迹，生成 SiO_2 21.4kg/t。可见，如此多的 SiO_2 不仅稀释了渣中 BaO 和 MnO 的浓度，而且 SiO_2 还与 BaO、MnO 生成稳定相 $2BaO \cdot SiO_2$ 和 $2MnO \cdot SiO_2$，降低了 BaO 和 MnO 的活度，因此对脱磷产生不利影响。由此可知，氧化脱磷之前必须先脱硅，保证脱磷时锰铁合金中 $w[Si] < 0.1\%$。

3.3.4.4 碳对脱磷的影响

高碳锰铁合金中碳含量高，碳接近饱和。碳与（MnO）发生如下反应：

$$C_{(gra)} + (MnO) \Longrightarrow CO + Mn_{(l)}$$

$$\Delta G^{\ominus} = 240160 - 146.98T \quad (J/mol) \tag{3-60}$$

$$\Delta G = \Delta G^{\ominus} + RT\ln \frac{a_{(Mn)}}{a_{(MnO)} \cdot a_{[C]}} \tag{3-61}$$

对于表3-4中的高碳锰铁,

$$\Delta G = 240160 - 160.92T - RT\ln a_{[C]} - RT\ln a_{(MnO)}$$

当 $T = 1673K$ 时, 假定 $a_{[C]} = 1$、$a_{(MnO)} = 1$、$\Delta G = -29058J/mol$;
当 $T = 1673K$ 时, 假定 $a_{[C]} = 1$、$a_{(MnO)} = 0.5$, $\Delta G = -19417J/mol$。
可见, 锰铁中碳比锰更容易氧化。

根据反应式:

$$3(BaO) + 2[P] + 5CO == (3BaO \cdot P_2O_5) + 5C_{(gra)}$$

$$\Delta G^{\ominus} = -1615450 + 1012.6T \quad (J/mol) \tag{3-62}$$

$$\Delta G = \Delta G^{\ominus} + RT\ln \frac{a_{[C]}^5}{a_{(BaO)}^3 \cdot a_{[P]}^2} \tag{3-63}$$

当锰铁中碳饱和时, 令 $a_{(MnO)} = 1$, 可得 $\Delta G = \Delta G^{\ominus} - 2RT\ln a_{[P]}$。
在 $T = 1673K$ 条件下, 当 $w[P] = 0.5\%$ 时, $\Delta G = 83813J/mol$;
当 $w[P] = 0.3\%$ 时, $\Delta G = 98023J/mol$。在 $T = 1573K$ 条件下, 当
$w[P] = 0.5\%$ 时, $\Delta G = -17756J/mol$;当 $w[P] = 0.3\%$ 时, $\Delta G = -4396J/mol$。可见, 在锰铁中碳饱和的条件下, 当 $T = 1673K$ 时,
碳能还原渣中 (P_2O_5);但当 $T = 1573K$ 时, 碳不能还原渣中
(P_2O_5)。

实际上高碳锰铁中的碳含量未达到饱和, 其活度系数可以根据
下式:

$$\ln\gamma_C = -1.635 + 10.889x_C + 1.467x_{Fe}$$

估算[22]。如表3-4所示的高炉锰铁, $\gamma_C = 3.251$, 即 $a_{[C]} = 0.732$。
代入式(3-63)可得:

$$\Delta G = -1615450 + 999.6T - 2RT\ln a_{[P]} \tag{3-64}$$

根据式(3-64)可计算出 ΔG, 见表3-11。当 $\Delta G = 0$ 时, $T = 1598K$($w[P] = 0.3\%$)。

表 3-11 根据式（3-64）计算的 ΔG（$a_{[C]} = 0.732$）　　（J/mol）

T/K	1573	1623	1673
$w[P] = 0.5\%$	-38206	11770	62064
$w[P] = 0.3\%$	-24845	25715	76274

因此，对于高碳锰铁，在 1673K 条件下，用 BaO 系渣氧化脱磷时，[C] 比 [P] 易氧化。虽然 [C] 氧化反应生成 CO 可改善脱磷的动力学条件，但高碳锰铁中碳含量高，这将消耗大量氧化剂。另外，脱磷时间不能过长，否则容易产生回磷现象。减少回磷的途径之一是降低反应温度，如在 $T < 1598K$ 条件下，可保证 $w[P] = 0.3\%$ 时不因为碳还原渣中（P_2O_5）而回磷。

在 $T = 1673K$ 条件下，当 $\Delta G = 0$ 时，有 $\ln a_{[C]} = 0.41\ln a_{[P]} - 1.132$。

当 $w[P] = 0.3\%$ 时，可得 $a_{[C]} = 0.244$，即可算出 $w[C] = 3.8\%$，由此可知，锰铁中 $w[C] = 3.8\%$ 时，（P_2O_5）不被 [C] 还原，此时 [P]、[C] 都会被氧化，[C] 被氧化生成 CO，可改善氧化脱磷的动力学条件；当 $w[C] < 3.8\%$ 时，随着 $w[C]$ 的降低，锰铁中锰的活度提高，锰氧化损失增加。因此，当 $w[C] \approx 3.8\%$ 时，氧化脱磷效率最高。

3.4 锰铁合金氧化脱磷的理论与工艺研究

3.4.1 预处理脱硅的研究

一般高炉锰铁中的硅含量高于 0.8%，因为在高炉锰铁氧化脱磷时，Si 优先于 P 氧化，所以高含量的硅严重影响脱磷反应的进行。为此，要采用先脱硅、后脱磷的双联式脱磷法。然而，预脱硅后合金中硅含量的高低仍然对脱磷有着显著影响。所以首先要确定各种硅含量的高炉锰铁预脱硅处理方法，以确定能满足后步氧化脱磷对 $w[Si]_i$ 控制范围要求的预脱硅方法。

采用 $BaCO_3$ 基脱硅剂，对 $w[Si]_i = 0.8\% \sim 1.7\%$ 的高炉锰铁进行预脱硅处理[23]，结果示于表 3-12 和表 3-13。表中同时列出相应的脱硅剂组成、脱硅剂用量和温度。

表 3-12 $w[Si]_i \leqslant 1.0\%$ 的高炉锰铁预脱硅实验结果

（%）

炉号	脱硅剂组成				锰铁初始成分		锰铁终点成分		脱硅率 η_{Si}	锰损失 $\Delta w[Mn]$	脱硅剂用量
	$w(BaCO_3)$	$w(BaF_2)$	$w(MnCO_3)$	$w(Fe_2O_3)$	$w[Si]_i$	$w[Mn]_i$	$w[Si]_f$	$w[Mn]_f$			
1	80	10	10		0.88	66.97	0.081	67.95	90.74	-0.98	10
2	80	10	10		0.88	66.97	0.098	66.96	88.80	0.01	10
3	85	10		5	0.88	66.36	0.19	65.52	78.41	0.84	10
4	85	10		5	0.88	66.36	0.18	64.88	79.55	1.48	10
5	90		10		0.88	66.97	0.20	67.82	67.80	-0.85	10
6	90		10		1.08	63.23	0.18	64.30	83.33	-1.07	10
7	80	15		5	0.88	66.36	0.23	66.24	73.86	0.12	10
8	80	10		10	0.88	66.36	0.22	64.22	75.00	2.14	10
9	80	5		15	0.88	66.36	0.16	62.43	81.82	3.93	10
10	70	10	10	10	0.88	66.97	0.068	65.44	92.23	1.53	10
11	100				0.88	66.97	0.23	66.60	73.70	0.37	10

注：1. $\eta_{Si} = (w[Si]_i - w[Si]_f)/w[Si]_i$；$\Delta w[Mn] = w[Mn]_i - w[Mn]_f$；实验耐材质为 Al_2O_3；

2. 2、4、6 号实验温度为 1400℃，其余实验温度为 1300℃。

表3-13　$w[Si]_i = 1.35 \sim 1.69\%$的高炉锰铁脱硅试验结果

（%）

炉号	脱硅剂组成				锰铁初始成分		锰铁终点成分		脱硅率	锰损失	脱硅剂用量
	$w(BaCO_3)$	$w(BaF_2)$	$w(MnCO_3)$	$w(Fe_2O_3)$	$w[Si]_i$	$w[Mn]_i$	$w[Si]_f$	$w[Mn]_f$	η_{Si}	$\Delta w[Mn]$	
1	80	10	5	5	1.35	62.66	0.66	63.63	51.11	-0.57	10
2	80	10		10	1.35	62.66	0.68	61.07	49.63	1.59	10
3	80	15	5		1.35	62.66	0.74	61.79	45.19	0.87	10
4	80	15		5	1.35	62.66	0.76	60.72	43.70	1.94	10
5	85	10	5		1.35	62.66	0.84	62.53	37.78	0.31	10
6	85	10		5	1.35	62.66	0.73	62.26	45.93	0.40	10
7	90	10			1.35	62.66	0.76	62.53	43.70	0.13	10
8	100				1.35	62.66	0.74	61.60	45.19	1.06	10
9	80	10	10		1.69	61.49	1.27	63.03	24.85	-1.54	8
10	80	10	10		1.39	61.49	0.72	60.97	48.20	0.52	10
11	80	10	10		1.43	61.49	0.64	62.10	55.24	-0.61	13
12	80	10	10		1.61	61.49	0.84	61.12	47.82	0.37	15

注：1. 实验坩埚材质为 MgO；

2. $1 \sim 8$ 号实验温度为1300℃，$9 \sim 12$ 号实验温度为1400℃。

3.4.1.1 $w[Si]_i \leqslant 1.0\%$ 的高炉锰铁的预脱硅处理

A 脱硅剂中 Fe_2O_3 和 $MnCO_3$ 对脱硅的影响

根据表 3-12，作出脱硅剂中 Fe_2O_3 含量变化对脱硅率 η_{Si} 和锰氧化损失 $\Delta w[Mn]$ 的影响关系图，见图 3-2。图 3-2 表明，采用 $BaCO_3$-BaF_2-Fe_2O_3 系熔剂对高炉锰铁脱硅，当固定熔渣组成为 $w(BaCO_3) = 80\%$、$w(BaF_2) + w(Fe_2O_3) = 20\%$ 时，随着 $w(Fe_2O_3)$ 按 5%、10%、15% 的顺序增大，相应的脱硅率缓慢增加，而锰的氧化损失却急剧升高（由 0.12% 升高到 3.93%）。上述变化特点说明，控制脱硅剂中 Fe_2O_3 含量是十分重要的。综合考虑 Fe_2O_3 对 η_{Si} 和 $\Delta w[Mn]$ 的影响关系，应控制 $w(Fe_2O_3) \approx 5\%$，此时 $\Delta w[Mn] \approx 0.12\%$，但得到的脱硅率 η_{Si} 偏低，仅为 75%。为此，用 $MnCO_3$ 来代替 Fe_2O_3，结果如表 3-12 所示，既可保持锰的损失不太高，又可获得比全用 Fe_2O_3 更好的脱硅效果。

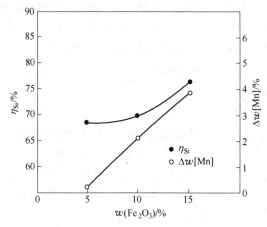

图 3-2　脱硅剂中 Fe_2O_3 含量变化对脱硅率 η_{Si} 和锰氧化损失 $\Delta w[Mn]$ 的影响
（$w(BaCO_3) = 80\%$，$w(BaF_2) + w(Fe_2O_3) = 20\%$，$w[Si]_i < 1\%$，1300℃）

$MnCO_3$ 在 1100℃ 下分解为 MnO 和 CO_2，显然，CO_2 的氧化性以及其对熔池的搅拌作用都有利于锰铁脱硅反应。MnO 的作用在于提高脱硅反应的氧位，同时又能抑制锰的氧化损失。文献[24, 25] 报道，MnO 添加到 BaO-BaF_2 系熔剂中，由于 BaF_2 提高 MnO 的活度系数 γ_{MnO}，对于降低锰的氧化损失极为有利；但由于 MnO

在 BaO-BaF$_2$-MnO 渣系中的溶解度仅为 23%（1300℃）[26]，并且 MnO 是弱碱性氧化物，MnO 过量添加会降低 BaO 含量，从而降低渣系碱度。因此，有必要确定合适的 MnO 添加量，文献[27]通过 BaO-BaF$_2$-MnO 渣系对锰铁合金的脱磷实验，确定 MnO 的合适添加量为 9% ~ 13%。考虑到脱硅反应和氧化脱磷反应的热力学条件的相近性，可参照选择本研究脱硅剂中 MnO 的添加比例。据此，该研究的脱硅剂中用 MnCO$_3$ 代替 Fe$_2$O$_3$，如表 3-12 所示，当 w(MnCO$_3$) = 10% 时，与 w(Fe$_2$O$_3$) = 10% 相比，η_{Si} 从 75% 提高到 90% 左右，Δw[Mn] 从 2.14% 降低到 - 0.98%。这表明，脱硅剂中用 MnCO$_3$ 代替 Fe$_2$O$_3$ 提高了高炉锰铁预脱硅的综合效果。

表 3-12 中的实验结果还说明，当用 BaCO$_3$ 系渣对锰铁合金脱硅时，在 1300 ~ 1400℃温度范围内，将 1、2 号，3、4 号和 5、6 号的实验数据进行对比，表明在此范围内，温度对脱硅和保锰的影响不大，这其中有热力学因素，但较多是由动力学因素造成的；在 1300℃下，随三种脱硅剂中 BaCO$_3$ 含量的逐步增大，其对应的脱硅率反而随之降低，这表示单纯增加 BaCO$_3$ 含量并不能提高脱硅率，熔剂组成的优化选择是非常必要的。

B 脱硅剂的选择

脱硅剂的选择原则如下：

（1）如上述实验结果提及的，应有尽可能高的脱硅率；

（2）锰的损失应尽可能小，一般应使 Δw[Mn] < 0.5%；

（3）脱硅终点的硅含量应能在后续脱磷中不起到明显的抑制作用，终点脱磷的脱磷率应在 50% 左右，结果如图 3-3 所示。

根据表 3-12 可确定脱硅剂的优化组成为：w(BaCO$_3$) = 80%，w(BaF$_2$) = 10%，w(MnCO$_3$) = 10%。该组成熔剂可得到脱硅率 $\eta_{Si} \approx 90\%$，脱硅后的终点硅含量 w[Si]$_f \approx 0.1\%$，锰损失可控制在很小的范围内。

3.4.1.2　w[Si]$_i$ > 1.0% 的高炉锰铁的预脱硅处理

A 高炉锰铁初始硅含量对脱硅的影响

根据表 3-13，对 w[Si]$_i$ > 1.0% 的高炉锰铁进行脱硅处理，得到的脱硅率示于图 3-4 中。

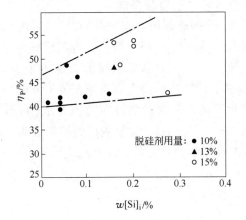

图 3-3　锰铁合金中初始硅含量对脱磷率的影响（1300℃）

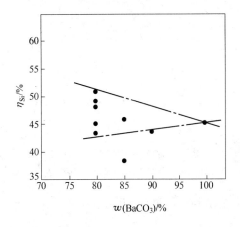

图 3-4　$w[Si]_i > 1.0\%$ 高炉锰铁预脱硅结果

（1300~1400℃，$w[Si]_i > 1\%$，脱硅剂用量 10%）

　　图 3-4 表明，脱硅率均为 $\eta_{Si} < 55\%$，脱硅后的高炉锰铁终点硅含量高达 0.6%~0.8%，远高于后步脱磷工序对初始硅含量的控制范围要求（$w[Si]_i \leqslant 0.28\%$），这说明一次脱硅达不到要求。

　　如前所述，采用增加脱硅剂中 Fe_2O_3 含量来提高脱硅率 η_{Si} 的方法是不可取的。为此，研究了脱硅剂用量对脱硅的影响。

B　脱硅剂用量对脱硅的影响

图 3-5 表明，在脱硅剂用量为 8%～13% 范围内，随着脱硅剂用量的增加，得到的脱硅率 η_{Si} 相应增大，直到脱硅剂用量达 13% 时，得到最大脱硅率；但最大脱硅率也仅为 55% 左右，对于 $w[Si]_i > 1.0\%$ 的高炉锰铁，脱硅后的终点硅含量仍在 0.6%～0.8% 范围内，达不到后步氧化脱磷对硅含量的控制范围要求（$w[Si]_i \leqslant 0.28\%$）。但上述对 $w[Si]_i \leqslant 1.0\%$ 的高炉锰铁脱硅的结果表明，通过二次脱硅处理，脱硅后的终点硅含量能满足后步脱磷要求。

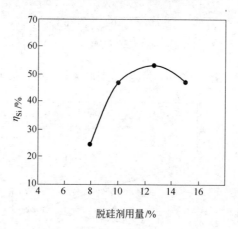

图 3-5　脱硅剂用量对脱硅的影响
（$w(BaCO_3) = 80\%$，$w(BaF_2) = 10\%$，$w(MnCO_3) = 10\%$，$w[Si]_i > 1\%$，1400℃）

3.4.2　锰铁合金的氧化脱磷研究

锰铁合金氧化脱磷的特点与铁液中脱磷不同，一是脱磷难度大，钢铁冶炼中常用的 CaO 基渣系难以满足要求，采用脱磷能力更强的 BaO 基渣系；二是必须在防止锰氧化损失的前提下进行脱磷。

采用 BaO-卤化物系熔剂进行锰铁氧化脱磷的研究[28]，目的在于优化脱磷剂组成和相关工艺条件，以提高锰铁脱磷效果。

实验在硅化钼炉中进行，采用锰铁合金 Mn（约 60%）-Fe-C（6%～6.5%）-P（0.5%～0.6%）和 BaO-卤化物系脱磷剂。主要实验条件如表 3-14 所示。

表 3-14　主要实验条件

研究内容	坩埚材质	实验温度/K	实验时间/h	熔剂量：锰铁量/g·g⁻¹
渣-金平衡实验	多孔石墨坩埚	1673	8	6：6
工艺性实验	MgO 坩埚	1573～1673	0.5	10：100

3.4.2.1　脱磷剂和锰铁合金间磷的分配平衡

定义磷分配比 $L_P = w(P)_\% / w[P]_\%$，按上述实验方法得到的实验结果如图 3-6、图 3-7 所示。根据熔剂组成对磷分配比 L_P 的影响关系，通过热力学计算，可得到熔剂组成对磷酸盐容量的影响关系。

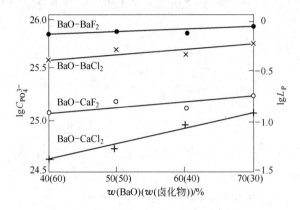

图 3-6　BaO-卤化物系熔剂中 BaO 与卤化物的配比变化对 L_P 和 $C_{PO_4^{3-}}$ 的影响（1673K）

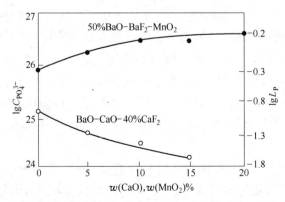

图 3-7　BaO-卤化物系熔剂中添加 MnO_2、CaO 对 L_P 和 $C_{PO_4^{3-}}$ 的影响（1673K）

定义磷酸盐容量为:

$$C_{PO_4^{3-}} = w(PO_4^{3-})_\% \cdot \frac{1}{(p_{P_2})^{1/2} \cdot (p_{O_2})^{5/4}} \qquad (3-65)$$

由式 (3-65) 可导出:

$$\lg C_{PO_4^{3-}} = \lg L_P + \lg K_P - \lg f_P - \frac{5}{4}\lg p_{O_2} + 0.49 \qquad (3-66)$$

式中,K_P 为反应式 $\frac{1}{2}P_{2(g)} = [P]$ 的平衡常数,1673K 时,$K_P = 6636.25$。

根据反应式:

$$C_{(s)} + \frac{1}{2}O_2 = CO$$

$$\Delta G^{\ominus} = -114400 - 85.77T \quad (J/mol) \qquad (3-67)$$

本实验条件下 $p_{CO} = 101325Pa$,由式 (3-67) 计算,1673K 时 $p_{O_2} = 7.84 \times 10^{-12}Pa$。

f_P 为合金熔体中磷的活度系数[6]:

$$\ln f_P = \ln \gamma_{Fe} + 11.00x_C - 8.06x_{Mn} + 9.35x_P \qquad (3-68)$$

由式 (3-68) 计算,本实验条件下 $f_P = 0.22 \sim 0.28$。可根据实测的 L_P 计算得到 $C_{PO_4^{3-}}$ 值,其结果一起示于图 3-6、图 3-7 中。

图 3-6 表明,BaO 基熔剂中添加卤化物有利于脱磷。实验渣系中,不同卤化物对磷酸盐容量的影响作用从大到小依次为:BaF_2、$BaCl_2$、CaF_2、$CaCl_2$。随着脱磷剂中 $w(BaO)/w(卤化物)$ 按次序 40/60、50/50、60/40、70/30 变化,其对应的 $C_{PO_4^{3-}}$ 值不断增大。

图 3-7 表明,在脱磷剂中用 CaO 替换 BaO、用 MnO_2 替换 BaF_2 时对磷酸盐容量的影响关系。在 CaO 的替代量不大于 15% 的范围内,随着 CaO 替代量的增加,磷酸盐容量不断降低。与 CaO 的作用

相反,当 MnO_2 的替代量小于 10% 时,随着 MnO_2 替代量的增加,磷酸盐容量增大。

3.4.2.2 BaO-BaF₂ 渣系对锰铁合金脱磷的工艺性研究

根据上述实验结果,选择 BaO-BaF₂ 系熔剂对锰铁合金进行脱磷的工艺性实验,主要是脱磷剂中 BaO、BaF₂、氧化剂(MnO_2 、 Fe_2O_3)以及温度变化对脱磷率 η_P 和锰合金元素的氧化损失 $\Delta w[Mn]$ 产生影响。实验结果示于图 3-8 ~ 图 3-10。

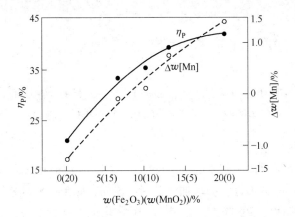

图 3-8 氧化剂中 $w(Fe_2O_3)/w(MnO_2)$ 的变化对脱磷率 η_P 和
锰损 $\Delta w[Mn]$ 的影响

(1623K,BaO(48%)-BaF₂(32%)-Fe₂O₃-MnO₂)

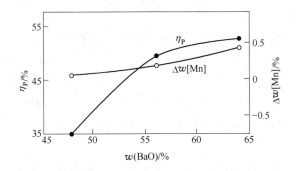

图 3-9 熔剂中 $w(BaO)$ 变化对 η_P 和 $\Delta w[Mn]$ 的影响

(1623K,BaO-BaF₂-Fe₂O₃(10%)-MnO₂(10%))

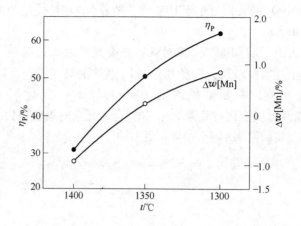

图 3-10 温度变化对 η_P 和 $w(Fe_2O_3)/w(MnO_2)$ 的影响
（$BaO(56\%)-BaF_2(24\%)-Fe_2O_3(10\%)-MnO_2(10\%)$）

A 氧化剂的影响

图 3-8 表明，当固定 $w(BaO)/w(BaF_2)=48/32$ 时，随着 $w(Fe_2O_3)/w(MnO_2)$ 值的增加，其对应的 η_P 和 $\Delta w[Mn]$ 分别不断增大。当添加单一的 Fe_2O_3 或 MnO_2 作氧化剂时，前者 η_P 最高，但 $\Delta w[Mn]$ 也最大；后者 $\Delta w[Mn]$ 最低并为负值，但 η_P 也最低。因此，综合考察脱磷和保锰两方面效果，应以 $w(Fe_2O_3)/w(MnO_2)=10/10$ 为合适比值。

B BaO、BaF_2 的影响

当固定熔剂中 $w(Fe_2O_3)/w(MnO_2)=10/10$、改变 $w(BaO)/w(BaF_2)$ 值（在 48/32 ~ 64/16 范围内）时，对 η_P 和 $\Delta w[Mn]$ 的影响见图 3-9。图 3-9 表明，随着 $w(BaO)/w(BaF_2)$ 值的增大，其相应的 η_P 和 $\Delta w[Mn]$ 都增加。当 $w(BaO)/w(BaF_2)=64/16$ 时，$\eta_P=52\%$，$\Delta w[Mn]\approx0.5\%$，取得较好的脱磷保锰效果。

C 温度的影响

图 3-10 表明，温度对锰铁合金脱磷保锰有显著影响。随着温度从 1400℃ 降低到 1300℃，η_P 急剧升高，但锰的氧化损失 $\Delta w[Mn]$ 也增大。当温度为 1300℃ 时，其相应的 η_P、$\Delta w[Mn]$ 分

别为 62%、0.83%；当温度升高到 1400℃ 时，η_P 从 62% 下降到 30%。

3.4.3 高炉锰铁脱硅脱磷联动处理的工艺研究

一般高炉锰铁的 $w[Si] > 0.8\%$，根据硅含量对高炉锰铁氧化脱磷影响的研究，应控制的初始硅含量远低于此值。因此，高炉锰铁氧化脱磷前必须先进行脱硅。本研究[29]的目的是通过实验室和半工业性实验，优化选择对高炉锰铁进行脱硅脱磷联动处理的工艺参数，为工业化推广应用提供科学依据。

实验室实验在硅化钼炉中进行，半工业性实验在 100kg 级中频感应炉中进行。实验用高炉锰铁的组成为：$w[Mn] = 60\% \sim 65\%$，$w[Si] = 0.55\% \sim 1.40\%$，$w[C] > 6.0\%$，$w[P] = 0.40\% \sim 0.65\%$，其余为 Fe。预先人工配制作为脱硅剂和脱磷剂的 $BaCO_3$ 基熔剂，其中实验室用熔剂为化学纯；感应炉用熔剂除锰矿粉取自工厂冶炼高炉锰铁用的锰矿外，其余均由工业纯原料配制。

主要实验条件如表 3-15 所示。

表 3-15 高炉锰铁脱硅脱磷联动法的主要实验条件

实验类别	实验内容	装料量 /g	坩埚材质	处理时间 /min	实验温度 /℃	熔池搅拌方式
实验室实验	预脱硅	200	Al_2O_3	30	1300 ~ 1400	铁棒
	氧化脱磷		MgO	30		
半工业性试验	预脱硅	80	MgO	20	1300 ~ 1400	吹氩气
	氧化脱磷		MgO	20		

3.4.3.1 高炉锰铁的预脱硅处理

采用 $BaCO_3$-BaF_2-$MnCO_3$-Fe_2O_3 系脱硅剂，其添加量为 10%。在温度为 1300 ~ 1400℃ 的硅化钼炉中，对 $w[Si] = 0.8\% \sim 1.0\%$ 和 $w[Si] = 1.35\% \sim 1.40\%$ 两类高炉锰铁进行脱硅实验，结果示于图 3-11 中。

图 3-11 中的实验数据点较分散，这是由于各炉次的熔剂组成、实验温度和硅含量不同所致。

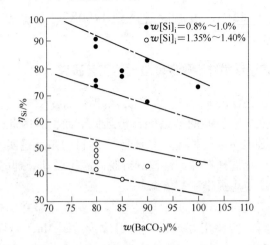

图 3-11 脱硅剂组成、初始硅含量和实验温度对脱硅率的综合影响
(1300~1400℃, 脱硅剂用量10%)

分析图 3-11 可知:

(1) 在脱硅剂添加量相同的前提条件下,两类不同硅含量范围的高炉锰铁所对应的脱硅率 η_{Si} 差别很大,但根据实验结果计算的绝对脱硅量 $\Delta w[Si]$ 却差别不大,分别为 0.65%~0.80% 和 0.60%~0.70% 。按照脱硅率的定义式:

$$\eta_{Si} = (w[Si]_i - w[Si]_f)/w[Si]_i$$

$$w[Si]_i - w[Si]_f = \Delta w[Si]$$

式中　$w[Si]_i$——初始硅含量,% ;

　　　$w[Si]_f$——处理后的硅含量,% 。

由于上述两类高炉锰铁的初始硅含量差别大,从而导致其脱硅率相差悬殊。对于 $w[Si]_i = 0.8\%~1.0\%$ 的高炉锰铁, $\eta_{Si} = 70\%~90\%$,且 $w[Si]_f \leq 0.23\%$;对于 $w[Si]_i = 1.35\%~1.40\%$ 的高炉锰铁,其相应的 η_{Si} 仅为 40%~50% ,而 $w[Si]_f \geq 0.65\%$ 。结合本文前面所述的锰铁合金氧化脱磷应控制初始硅含量不大于 0.28% 的要求,得出前一类高炉锰铁只需进行一次预脱硅处理,而后一类高炉锰铁则需要进行二次预脱硅处理。

(2) 即使硅含量范围相同的高炉锰铁,其对应的脱硅率仍然在一定范围内波动，这主要是由于各炉次的脱硅剂组成和实验温度不同所致。对于 $w[Si]_i = 0.8\% \sim 1.0\%$ 的高炉锰铁，在 $BaCO_3$ 含量为 80% 时，存在约 90% 的最高脱硅率，其对应的实验温度为 1300℃，脱硅剂组成为：$w(BaCO_3) = 80\%$，$w(BaF_2) = 10\%$，$w(MnCO_3) = 10\%$，脱硅处理的锰氧化损失为 $\Delta w[Mn] = -0.98\%$。锰损失为负值说明，$MnCO_3$ 在作为氧化剂的同时还被还原为单质锰，并进入锰铁熔体中。因为该组成熔剂对应着高的脱硅率和不产生锰损失，所以确定上述脱硅剂组成为高炉锰铁预脱硅处理的最佳组成。

3.4.3.2　高炉锰铁的氧化脱磷处理

采用 $BaCO_3$-BaF_2-Fe_2O_3-$MnCO_3$ 系脱磷剂，在 1300℃ 的硅化钼炉中，对预脱硅后不同硅含量的高碳锰铁合金（$w[C] > 6\%$）进行脱磷实验，结果示于图 3-12 ~ 图 3-14 中。

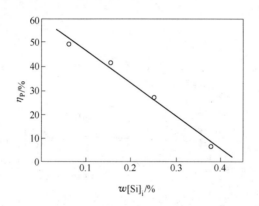

图 3-12　初始硅含量对脱磷率的影响

（1300℃，$BaCO_3(80\%)$-$BaF_2(10\%)$-$MnCO_3(10\%)$，熔剂添加量 10%）

图 3-12 表明，当熔剂组成、熔剂添加量和实验温度固定不变时，随着脱磷前初始硅含量的增大，脱磷率急剧降低。初始硅含量 $w[Si]_i$ 对 η_P 的影响关系式为：

$$\eta_P = (0.606 - 137.96 w[Si]_i) \times 100\% \quad (R = 0.98)$$

根据此关系式计算得到 $\eta_P = 40\%$ 时所对应的 $w[Si]_i = 0.15\%$。结果表明，在图 3-12 所示的实验条件下，为获得 $\eta_P \geqslant 40\%$，对高炉

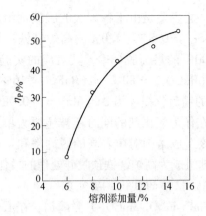

图 3-13　熔剂添加量对脱磷率的影响

（1300℃，$BaCO_3(80\%)$-$BaF_2(10\%)$-$MnCO_3(10\%)$，$w[Si]_i = 0.15\% \sim 0.19\%$）

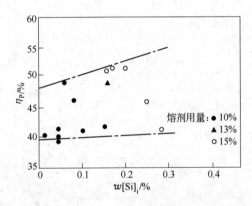

图 3-14　熔剂的组成和添加量及初始硅含量对脱磷率的综合影响

（1300℃，$BaCO_3(80\% \sim 85\%)$-$BaF_2(8\% \sim 15\%)$-$MnO_2(5\% \sim 10\%)$-$Fe_2O_3(0 \sim 10\%)$）

锰铁硅含量的控制要求为 $w[Si]_i \leqslant 0.15\%$。

从图 3-13 看出，当熔剂组成、实验温度固定不变，初始硅含量变化很小（从 0.15% 增至 0.19%）时，随着熔剂添加量的增加，脱磷率提高。

综合分析图 3-12 和图 3-13 可知，为使脱磷率保持在不小于 40%，同时对硅含量的控制范围放宽至 $w[Si]_i > 0.15\%$，只需将熔剂添加量增加到大于10%。

图3-14示出熔剂的组成和添加量及初始硅含量对脱磷率的综合影响。图中数据点较分散，其原因与图3-11相似。

分析图3-14可知：

（1）图中实验点对应的脱磷率均不小于40%，而对高炉锰铁硅含量的控制要求已放宽至$w[Si]_i = 0.28\%$，这是由于熔剂添加量增加到13%～15%的缘故。由此可得出，在本实验条件下，不同的熔剂添加量对应着不同的硅含量控制范围。熔剂添加量分别为10%、15%时，对应的硅含量控制范围分别为$w[Si]_i \leqslant 0.15\%$和$w[Si]_i \leqslant 0.28\%$。

（2）在硅含量控制范围$w[Si]_i \leqslant 0.15\%$、$w[Si]_i \leqslant 0.28\%$时，对应的最高脱磷率分别为48.92%和53.92%，其相应熔剂组成均为$BaCO_3(80\%)$-$BaF_2(10\%)$-$MnCO_3(10\%)$，脱磷过程的锰氧化损失$\Delta w[Mn]$分别为-0.12%和-0.77%。因此，确定上述组成为高炉锰铁脱磷的最佳组成。它与前述脱硅剂的最佳组成完全相同，这对脱硅脱磷联动处理工艺的操作十分有利。

3.4.3.3 高炉锰铁脱硅脱磷联动处理的半工业性研究

采用$BaCO_3$-$BaCl_2$-锰矿粉系熔剂作为脱硅剂和脱磷剂，在温度为1310～1380℃的100kg级感应炉中，对高炉锰铁进行脱硅脱磷联动实验，结果示于图3-15中。

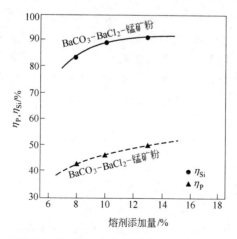

图3-15 熔剂添加量对脱硅率和脱磷率的影响（1310～1380℃）

分析图 3-15 可知：

（1）当脱硅剂添加量达到 8% ~ 10% 时，得到的脱硅率为 85% ~ 90%。初始硅含量不大于 1.0% 的高炉锰铁经预脱硅后，其处理后的硅含量不大于 0.15%，能满足后步脱磷工序的硅含量控制范围要求。

（2）对上述经预脱硅后的高炉锰铁进行脱磷处理，当脱磷剂添加量为 8% ~ 13% 时，获得的脱磷率为 45% ~ 50%。

（3）对于上述组成的熔剂，分别用 $MnCO_3$ 或 MnO_2 取代锰矿粉、用 BaF_2 取代 $BaCl_2$ 时，脱磷率提高到 58% ~ 62%。这主要是由于锰矿粉中 SiO_2 含量高达 15% ~ 25% 的缘故。并且最高脱磷率 62% 所对应的熔剂组成与实验室推荐的最佳熔剂组成相同，从而证实了实验室的实验结果。

（4）脱硅脱磷联动处理全过程中锰的氧化损失，感应炉实验高达 2.5% ~ 4.0%，比实验室实验的锰氧化损失（$\Delta w[Mn] < 1.0\%$）大得多。这是由于感应炉实验在大气环境中进行，而硅化钼炉实验时通入氮气作为保护气氛。这表明了控制实验体系氧位对于减少锰氧化损失的重要性。

༺༺༺༺༺༺༺༺༺༺༺༺༺༺༺༺༺༺༺༺༺༺༺༺༺༺༺༺

[本章回顾]

本章主要介绍了锰铁合金脱磷的相关问题，重点介绍了锰铁熔体 Mn-Fe-C 和 Mn-Fe-C-P 系熔体的热力学性质，针对锰铁合金氧化脱磷进行系统的热力学分析，从理论和工艺角度开展锰铁合金脱磷及脱磷保锰的研究，介绍了高炉锰铁合金预处理脱硅及脱硅脱磷联动处理的研究结果。

[问题讨论]：

3-1 锰铁合金脱磷与普通铁水脱磷有哪些不同之处？

3-2 影响锰铁合金氧化脱磷的因素有哪些？

3-3 分析如何在锰铁合金脱磷过程中实现脱磷保锰。

3-4 硅含量对锰铁合金脱磷有什么影响？

3-5 哪些因素影响高炉锰铁脱硅脱磷联动处理效果？

参 考 文 献

[1] 陈二保，董元篪，郭上型. Mn-Fe-C 熔体活度相互作用系数[J]. 过程工程学报，2003，3(4)：335~339.

[2] 真屋敬一，松尾亨. MnO_2 酸化による BaO-$BaCl_2$-MnO 系フラックスを用いた高 Mn 溶鉄の脱りん（Dephosphrization of high molten iron treated with BaO-$BaCl_2$-MnO flux and oxidation by MnO_2）[J]. 鉄と鋼，1996，82(2)：123~128.

[3] 藤田正村，片山裕之，山本明，等. 炭酸バリウムによる高炭素廾一高マンガン一鉄合金の脱りん（Dephosphorization of Fe-Mn-C alloy with $BaCO_3$）[J]. 鉄と鋼，1988，74(5)：815~822.

[4] 相天英二，阁东睦，佑野信雄. 溶融 Mn-Si 合金と CaO-SiO_2-MnO-CaF_2 系スラグ間のりんの分配平衡（Phosphous distribution between Mn-Si melts and Cao-SiO_2-CaF_2 slags）[J]. 鉄と鋼，1988，74(10)：1931~1938.

[5] 倪瑞明，马中庭，魏寿昆. Mn-Fe-C，Mn-Si-C 体系热力学性质研究[J]. 钢铁研究学报，1990，2(4)：17~22.

[6] 郭上型，董元篪. Fe-Mn-C-P 系高锰熔体的热力学研究[J]. 金属学报，1995，31(6)：B241~246.

[7] 陈二保，董元篪，郭上型. Mn-Fe 合金熔体热力学性质研究[J]. 金属学报，1997，33(8)：831~837.

[8] 陈家样. 炼钢常用图表数据手册[M]. 北京：冶金工业出版社，1984.

[9] 陈二保，董元篪. Fe-j-C 系热力学性质的研究[J]. 华东冶金学院学报，1998，15(3)：227~231.

[10] Darken L S. Thermodynamics of ternary metallic solutions [J]. Trans. of TMS of AIME，1967，239(1)：90~96.

[11] Dresler W. Oxygen refining of high-carbon ferromanganese[J]. Canadian Metallurgical Quarterly，1989，28(2)：109~115.

[12] 冀春霖，张淼，俞荣祥. Fe-C-Mn 三元系熔体中 Mn 及 C 的活度交互作用系数（1450℃）[J]. 东北工学院学报，1987，(3)：265~271.

[13] Edstom J O，刘晓亚. 锰铁熔体脱磷：Ⅰ理论分析[C]//中华人民共和国冶金工业部，瑞典工业技术发展局. 中国-瑞典冶金科技合作第三阶段共同研究论文集. 北京：冶金工业出版社，1992：244~259.

[14] Lupis C H P. On the use of polynomials for the thermodynamics of dilute metallic solutions [J]. Acta Metall.，1968，16(11)：1365~1375.

[15] Pelton A D, Bale C W. A modified interaction parameter formalism for non-dilute solutions [J]. Metall Trans. , 1986, 17A: 1211~1215.

[16] Srikanth S, Jacob K T. Thermodynamic consistency of the interaction parameter formalism [J]. Metall Trans. 1988: 19B: 269~275.

[17] Ueno S, Wasede Y, Jacob K T, et al. Theoretical treatment of interaction parameters in multicomponent metallic solutions[J]. Steel Res. , 1988, 59: 474~483.

[18] Durrer G. Metallurqie des Eisens, Theorie der Stahlerzeugung I [M]. Berlin: Springer-Verlag, 1978.

[19] 朱本立, 邓美珍, 董元篪, 等. 锰铁合金氧化脱磷的热力学分析[J]. 华东冶金学院学报, 1993, 10(2): 13~18.

[20] 田中章彦. Mn-C, Mn-Si, Mn-Si-Csat. および Mn-Fe-Si-Csat. 合金溶液における Mn の活量[J]. 日本金属学会志, 1977, 41(6): 601~607.

[21] Turkdogan E T. Physical chemistry of high temperature technology[M]. New York: Academic Press, 1980.

[22] 董元篪. 锰铁合金氧化脱磷的研究[C]//冶金物理化学论文集编委会. 冶金物理化学论文集. 北京: 冶金工业出版社, 1997: 212~217.

[23] 郭上型, 董元篪, 张友平, 等. BaCO₃ 基熔剂对高炉锰铁预脱硅处理的实验研究 [J]. 华东冶金学院学报, 1998, 15(3): 222~226.

[24] Ahundov F O N, Tsukihashi F, Sano N. Equilibrium partitions of manganese and phosphorus between BaO-BaF₂ melts and carbon satured Fe-Mn melts[J]. ISIJ Int. , 1991, 31 (7): 685~688.

[25] Liu X, Wijk O, Selin R, et al. Manganese equilibrium between Bao-BaF₂-MnO fluxes and ferro-manganese melts[J]. ISIJ Int. , 1995, 35(3): 250~257.

[26] Watanaba Y, Kitamura, Rachev I P et al. Thermodynamics of phosphorus and sulfur in the barium oxide-manganous oxide flux system between 1573 and 1673 K[J]. Metall. Trans. , 1993, 24B: 339~347.

[27] Liu X, Wijk O, Selin R, et al. Oxidizing dephosphorization of ferro-manganese [J]. Scand. J. of Met. , 1996, 204~215.

[28] 郭上型, 董元篪. 锰铁合金用 BaO-卤化物渣系脱磷的实验[J]. 钢铁, 1998, 33 (1): 26~29.

[29] 郭上型, 董元篪, 张友平, 等. BaCO₃ 基熔剂对高炉锰铁脱硅脱磷联动处理的工艺实验[J]. 钢铁研究学报, 1999, 11(1): 8~11.

4 铬铁合金(不锈钢)脱磷

磷对不锈钢的局部腐蚀和加工性能有不利影响,冶金专家在 20 世纪就提出脱磷到 $14 \times 10^{-4}\%$ 的要求。在现有的不锈钢冶炼工艺中,磷含量是通过严格控制原材料中的磷来控制的。由于低磷原材料的缺乏和日益增长的价格因素,世界各国的冶金工作者都在致力于研究开发高铬铁液的脱磷技术。日本《特殊钢》杂志将不锈钢脱磷的研究列为 21 世纪特殊钢精炼的重大课题之一[1]。

4.1 综述

4.1.1 铬铁合金脱磷的意义

磷在固态钢中形成置换固溶体,在纯 γ-Fe 中的最大溶解度为 0.5% 左右,在纯 α-Fe 中的最大溶解度为 2.8% 左右。钢中碳含量增加,不会降低磷的溶解度。磷可以改善液态铁水、钢水的流动性,并明显加大固、液两相区,使钢水在凝固过程中产生严重的一次偏析,使固态下易偏析的 γ 固溶体区变窄。磷与晶粒细化元素 Al、Nb、V、Ti、Mo、W、Cr 作用相反,而与 C、Mn 等元素作用相同,促进晶粒长大。磷在 α 固溶体和 γ 固溶体内的扩散速度缓慢,易产生非均质结构。这种非均质结构很难再用热处理的方式消除,尤其是没有经过塑性变形的铸态钢。

磷在钢凝固过程中偏析于晶粒之间,形成高磷脆性层,降低钢的塑性,使钢易产生脆性裂纹,低温下尤为显著。磷溶于 α 固溶体中不大于 0.02% 时,是非常有效的硬化剂,其硬化作用仅次于碳。磷与碳、硅和硼一样,可提高钢的脆性转变温度。

4.1.2 铬铁合金脱磷的方式

磷在元素周期表中属于第 V 族主族元素,磷原子的最外层电子轨道上有五个价电子，它们可以完全失去而使磷呈 +5 价，也可以吸收三个电子而使磷呈 −3 价。氧化脱磷法使金属中的磷变为各种磷酸盐而固定在炉渣中，属于第一种情况，即磷在炉渣中以 +5 价的形态存在。扎依柯指出，在大多数铁合金的生产中都是在还原条件下使磷转入渣相，而未见合金元素镍、锰、硅、铝的烧损。估计这时金属中的磷是通过生成磷化物转入炉渣而被脱去的，属于上述第二种情况，即磷在炉渣中以 −3 价的形态存在。

铬铁合金（不锈钢）脱磷技术可分为氧化脱磷和还原脱磷。氧化脱磷过程需要 BaO 基或碱金属氧化物基的碱性渣，钢中的磷是以磷酸盐的形式脱除。而还原脱磷需要 Ca 基熔剂，钢中的磷是以磷化物的形式脱除。在炉渣中生成哪一种脱磷产物以及脱磷反应按哪一种形式进行，取决于体系氧势，如图 4-1 所示[2]。

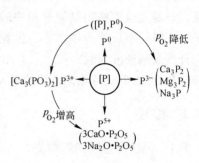

图 4-1　铁合金脱磷的基本原理

4.2　铬铁合金熔体的热力学性质

4.2.1　Fe-Cr-C 系熔体的热力学性质

4.2.1.1　Fe-Cr-C 系熔体 C 的溶解度

董元簇等[3,4]研究了 1723K 下 Fe-Cr-C 系中碳的溶解度，如图4-2所示。结果说明碳的饱和溶解度 x_C 和 x_{Cr} 之间存在着较好的线性关系，经回归处理后得到了两者间的定量关系式为：

$$x_C = 0.19 + 0.37x_{Cr} \qquad (R = 0.96) \qquad (4\text{-}1a)$$

$$w_{[C]\%} = 4.93 + 0.099w_{[Cr]\%} \qquad (R = 0.97) \qquad (4\text{-}1b)$$

目前，铬系铁合金熔体热力学性质的研究还仅仅局限于铁基含铬合金，而且碳的饱和溶解度与铬含量之间的关系存在较大分歧，因而活度相互作用系数的差异也较大。Fe-C-Cr 系熔体中 Cr 对 C 的饱和溶解度的影响如表4-1所示[5]。

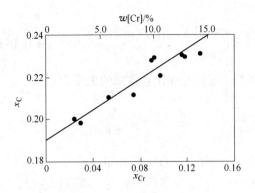

图 4-2　Fe-Cr-C 系中碳溶解度与
铬含量之间的关系（1723K）

表 4-1　Fe-C-Cr 系熔体中 Cr 对 C 的饱和溶解度的影响

序　号	Cr 含量与 C 溶解度的关系	浓度范围	温度/K
1	$x_C = 0.189 + 0.250x_{Cr}$	$x_{Fe} < 0.15$	1623
2	$x_C = 0.193 + 0.269x_{Cr}$	$x_{Fe} < 0.20$	1673
3	$x_C = 0.19 + 0.37x_{Cr}$	$x_{Fe} < 0.13$	1723
4	$x_C = 0.202 + 0.271x_{Cr}$	$x_{Fe} < 0.20$	1773
5	$x_C = 0.2176 + 0.2480x_{Cr}$	$x_{Fe} < 0.30$	1823
6	$x_C = 0.2120 + 0.2188x_{Cr}$	$x_{Fe} < 0.25$	1873

4.2.1.2　Fe-Cr-C 系熔体的活度相互作用系数

董元篪等[3,4]研究了 Fe-Cr-C$_{(饱)}$ 系在 1723K 下的活度相互作用系数。在 Fe-Cr-C$_{(饱)}$ 系中，$a_{[C]} = \gamma_C \cdot x_C = 1$，即：

$$- \ln\gamma_C = \ln x_C \qquad (4\text{-}2)$$

将式（4-1）代入式（4-2）得（包括由误差传递得的误差项）：

$$- \ln\gamma_C = \ln 0.19 + \ln\left(1 + \frac{0.37}{0.19}x_{Cr}\right) \quad (\pm 0.055) \qquad (4\text{-}3)$$

按幂级数形式展开式（4-3）的右边第二项得：

$$\ln\gamma_C = 1.66 - 1.95x_{Cr} + 1.90x_{Cr}^2 \qquad (4\text{-}4)$$

由式（4-4），根据定义可求出等活度条件下的相互作用系数为：

$$\dot{\varepsilon}_C^{Cr} = \left(\frac{\partial \ln\gamma_C}{\partial x_{Cr}} \right)_{a_{[C]}=1,\, x_{Cr}\to 0} = -1.95 \quad (\pm 0.143)$$

等活度和等浓度相互作用系数间的关系为：

$$\dot{\varepsilon}_C^{Cr} = \frac{\varepsilon_C^{Cr}}{1 + \varepsilon_C^C x_C} \tag{4-5}$$

其中，$\varepsilon_C^C = 12.43$。由 $\dot{\varepsilon}_C^{Cr}$ 的定义可知，x_C 是 $a_{[C]}=1$、$x_{Cr}\to 0$ 条件下的 x_C，即 Fe-C 二元系中碳的溶解度，所以可求出：

$$\varepsilon_C^{Cr} = -6.55 \quad (\pm 0.480)(w[Cr] \leqslant 20\%)$$

相应地可得到：

$$\varepsilon_{Cr}^C = -6.55$$

和以质量百分数表示的相互作用系数：

$$e_C^{Cr} = -0.030,\ e_{Cr}^C = -0.15$$

不同温度下 Fe-C-Cr 系熔体组元的活度相互作用系数如表 4-2 所示[3]。从表中可见，各文献报道的一阶活度相互作用系数 ε_C^{Cr} 比较接近，但二阶活度相互作用系数 ρ_C^{Cr} 差别较大。

表 4-2　Fe-C-Cr 系熔体组元的活度相互作用系数

序　号	体　系	$\ln\gamma_{Cr}^0$	ε_C^{Cr}	ρ_C^{Cr}	温度/K
1	Fe-C-Cr	-0.39	-8.07	-2.09	1473
2	Fe-C-Cr	-0.218	-5.41	4.59	1673
3	Fe-C-Cr	1.66	-1.95	1.90	1723
4	Fe-C-Cr	-0.321	-4.93	4.26	1773
5	Fe-C-Cr		-3.81		1823
6	Fe-C-Cr		-3.15		1873
7	Fe-C-Cr	-0.35	-7.6	-1.0	1873
8	Fe-C-Cr		-3.60	19.35	1873
9	Fe-C-Cr	-0.30	-5.10	-0.07	1873

4.2.2 Fe-Cr-C-P 系熔体的热力学性质

4.2.2.1 Cr、P 对 C 在铁液中溶解度的影响关系

根据 Fe-Cr-C-P 系组元的 x 数据[6]，将 x_C 对 x_{Cr}、x_P 进行回归处理，得到 Fe-Cr-C-P 四元系高铬铁基熔体中 Cr 和 P 对 C 溶解度的影响关系式为：

$$x_C = 0.2178 + 0.2479x_{Cr} - 0.9891x_P \qquad (4-6)$$

式中 x_C，x_{Cr}，x_P ——分别为 Fe-Cr-C-P 四元系中 C、Cr、P 的摩尔分数。

式（4-6）表明，随着高铬熔体中铬含量的增加，C 的溶解度增加；随着磷含量的增加，C 的溶解度减小。

根据式（4-6）中 P 对 C 溶解度的影响关系值（$-0.9891x_P$），将 Fe-Cr-C-P 系的实验值在 $x_P = 0$ 的条件下进行修正，从而求得 Fe-Cr-C 三元系的实验值。对此三元系的修正值进行 x_{Cr} 对 x_C 的回归处理，得到 Fe-Cr-C 三元系中 Cr 对 C 溶解度的影响关系式为：

$$x_C = 0.2176 + 0.2480x_{Cr} \quad (R = 0.97) \qquad (4-7)$$

用同样的处理方法可得到 Fe-P-C 三元系中 P 对 C 溶解度的影响关系式为：

$$x_C = 0.2177 - 0.9880x_P \quad (R = 0.95) \qquad (4-8)$$

与分别进行 Fe-Cr-C、Fe-P-C 三元系实验求得的 Cr、P 对 C 溶解度的影响关系式相比，式（4-7）、式（4-8）更符合 Fe-Cr-C-P 四元系的实际情况。

4.2.2.2 活度相互作用系数

Fe-C-j 三元系熔体（j 表示组元 Cr 或 P）中，组元 j 对 C 溶解度的影响关系式可写为：

$$x_C = x_C^b + Kx_j \qquad (4-9)$$

式中 x_C^b ——Fe-C 二元系中碳的溶解度；

K——Fe-C-j 三元系中组元 j 对 C 溶解度的影响关系值。

将式（4-9）整理并取对数后得：

$$\ln x_C = \ln x_C^b + \ln\left(1 + K\frac{x_j}{x_C^b}\right) \tag{4-10}$$

在碳饱和条件下，

$$a_{[C]} = \gamma_C x_C = 1 \tag{4-11}$$

式中　　$a_{[C]}$——Fe-C-j 三元系熔体中碳的活度；

　　　　γ_C——Fe-C-j 三元系熔体中碳的活度系数。

整理式（4-11）为：

$$\ln\gamma_C = -\ln x_C \tag{4-12}$$

将式（4-10）代入式（4-12）得：

$$\ln\gamma_C = -\ln x_C^b - \ln\left(1 + K\frac{x_j}{x_C^b}\right) \tag{4-13}$$

对 $\ln\left(1 + K\dfrac{x_j}{x_C^b}\right)$ 按泰勒级数展开并取前两项，则有：

$$\ln\gamma_C = -\ln x_C^b - \frac{K}{x_C^b}x_j + \frac{1}{2}\left(\frac{K}{x_C^b}\right)^2 \cdot x_j^2 \tag{4-14}$$

根据定义得到：

$$\dot\varepsilon_C^j = -\frac{K}{x_C^b} \tag{4-15}$$

$$\dot\rho_C^j = \frac{1}{2}\left(\frac{K}{x_C^b}\right)^2 \tag{4-16}$$

式中　　$\dot\varepsilon_C^j$——碳饱和条件下，组元 j 对 C 的一阶相互作用系数；

　　　　$\dot\rho_C^j$——碳饱和条件下，组元 j 对 C 的二阶相互作用系数。

将式（4-7）和式（4-8）中的 K 值和 x_C^b 值分别代入式（4-15）和式（4-16）中，得到 $\dot\varepsilon_C^{Cr} = -1.14$、$\dot\rho_C^{Cr} = 0.65$、$\dot\varepsilon_C^P = 4.54$、$\dot\rho_C^P = 10.30$。

根据等活度和等浓度相互作用系数间的转换关系式：

$$\dot\varepsilon_C^j = \frac{\varepsilon_C^j}{1 + \varepsilon_C^C x_C^b} \tag{4-17}$$

$$\dot{\rho}_C^j = \frac{\rho_C^j + \varepsilon_C^j \dot{\varepsilon}_C^j - \frac{1}{2}(\dot{\varepsilon}_C^j)^2(2 + \varepsilon_C^C x_C^C)}{D} \qquad (4\text{-}18)$$

$$D = 1 + \varepsilon_C^C x_C^b + 2\rho_C^C(x_C^b)^2$$

式中 ε_C^j ——碳非饱和条件下，组元 j 对 C 的一阶相互作用系数；

ρ_C^j ——碳非饱和条件下，组元 j 对 C 的二阶相互作用系数；

$\varepsilon_C^C, \rho_C^C$ ——分别为碳非饱和条件下，组元 C 对组元 C 的一阶相互作用系数和二阶相互作用系数。

将 $\dot{\varepsilon}_C^{Cr}$、$\dot{\rho}_C^{Cr}$、$\dot{\varepsilon}_C^P$、$\dot{\rho}_C^P$ 的数值代入式（4-17）、式（4-18）中，并利用文献报道的数据 $\varepsilon_C^C = 10.77$、$\rho_C^C = -5.39(1550℃)$，计算得到 $\varepsilon_C^{Cr} = -3.81$，$\rho_C^{Cr} = 0.32$，$\varepsilon_C^P = 15.18$，$\rho_C^P = 5.04$。

4.2.2.3 Fe-Cr-C-P 系高铬熔体中铁、铬和磷的活度系数

根据 A. D. Pelton 和 C. W. Bale 的研究提出[7]，在溶质浓度较高的熔体中，为保持热力学上的一致性，在计算溶质活度系数时将 Wagner-ε 公式修正为：

$$\ln(\gamma_i/\gamma_i^0) = \ln\gamma_1 + \Sigma \varepsilon_i^j x_i \qquad (4\text{-}19)$$

式中 γ_i ——多元系熔体中，组元 i 的活度系数；

γ_i^0 ——多元系熔体中，所有溶质组元浓度在极稀范围内时溶质组元 i 的活度系数；

γ_1 ——多元系熔体中，溶剂的活度系数；

ε_i^j ——多元系熔体中，组元 j 对组元 i 的一阶相互作用系数。

Srikanth 和 Jacob[8] 进而研究得出 $\ln\gamma_1$ 的计算式为：

$$\ln\gamma_1 = \sum_{i=2}^{m} \sum_{j=2}^{m} \varepsilon_i^j x_i x_j \frac{\ln\left(1 + \sum\limits_{i=2}^{m} x_i\right) + \sum\limits_{i=2}^{m} x_i}{\sum\limits_{i=2}^{m} x_i} \qquad (4\text{-}20)$$

式中 x_i, x_j ——分别为多元系熔体中，除溶剂外组元 i 和组元 j 的摩尔分数；

m ——多元系熔体中，包括溶剂在内的组元数目（如对于四元系熔体，$m = 4$）。

将本研究得到的 ε_C^{Cr}、ε_C^P 的数值和文献［4，9］报道的数据 $\varepsilon_P^P =$ 8.58、$\varepsilon_{Cr}^{Cr} = 2.91$、$\varepsilon_{Cr}^P = -9.45$ 一并代入式（4-20）中，得到 Fe-Cr-C-P四元系熔体中溶剂铁的活度系数为：

$$\ln\gamma_{Fe} = (10.77x_C^2 + 2.91x_{Cr}^2 + 8.58x_P^2 - 7.62x_Cx_{Cr} +$$
$$30.36x_Cx_P - 18.90x_{Cr}x_P)D_{Fe} \tag{4-21}$$

$$D_{Fe} = \frac{(x_C + x_{Cr} + x_P) + \ln[1 + (x_C + x_{Cr} + x_P)]}{x_C + x_{Cr} + x_P}$$

将以上求得的 $\ln\gamma_{Fe}$ 及有关 ε_i^j 的数值代入式（4-19）中，得到 1550℃下 Fe-Cr-C-P 四元系高铬熔体中 Cr 和 P 的活度系数计算式为：

$$\ln\gamma_{Cr}/\gamma_{Cr}^0 = \ln\gamma_{Fe} + 2.91x_{Cr} - 3.81x_C - 9.45x_P \tag{4-22}$$

$$\ln\gamma_P/\gamma_P^0 = \ln\gamma_{Fe} + 8.58x_P + 15.18x_C - 9.45x_{Cr} \tag{4-23}$$

式中　　γ_{Cr}, γ_P ——分别为 Fe-Cr-C-P 四元系高铬熔体中，组元 Cr 和组元 P 的活度系数；

$\gamma_{Cr}^0, \gamma_P^0$ ——分别为上述四元系熔体中，组元浓度极稀时组元 Cr 和组元 P 的活度系数。

在本研究熔体的组元浓度范围内，按照式（4-22）、式（4-23）分别进行计算，其结果示于图 4-3 中。由图 4-3 可见，γ_{Cr}、γ_P 随熔体组成的变化规律为：随着高铬熔体中碳含量的增加，γ_P 增大，而 γ_{Cr}

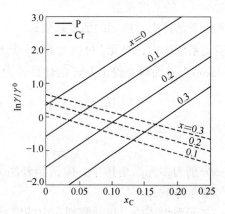

图 4-3　Fe-Cr-C-P 系熔体中 P 和 Cr 的活度系数

降低；随着高铬熔体中铬含量的增加，γ_P 降低，而 γ_{Cr} 增大。

4.3 铬铁合金(不锈钢)的氧化脱磷

4.3.1 氧化脱磷的热力学

4.3.1.1 氧化脱磷的基本反应[10]

$$[P] + \frac{5}{4}O_{2(g)} \Longrightarrow \frac{1}{2}(P_2O_5)$$

$$\Delta G^\ominus = -666210 + 271.7T \quad (J/mol) \tag{4-24}$$

$$(P_2O_5) + 3(MeO) \Longrightarrow (3MeO \cdot P_2O_5) \tag{4-25}$$

氧化脱磷生成的 P_2O_5 不稳定，需要与渣系中的碱土金属（碱金属）氧化物 MeO 生成稳定的化合物（$3MeO \cdot P_2O_5$），固定在渣中（Me 代表 Ba、Ca、Na 等碱土和碱金属）。

在不锈钢及铬铁脱磷时，存在如下反应：

$$[Cr] + \frac{3}{4}O_{2(g)} \Longrightarrow \frac{1}{2}(Cr_2O_3)$$

$$\Delta G^\ominus = -553700 + 170.34T \quad (J/mol) \tag{4-26}$$

不锈钢母液氧化脱磷的关键是解决脱磷保铬的矛盾。磷酸盐容量和磷的分配比是衡量渣系脱磷能力的重要标志。根据氧化脱磷的离子反应式：

$$[P] + \frac{5}{2}[O] + \frac{3}{2}(O^{2-}) \Longrightarrow (PO_4^{3-}) \tag{4-27}$$

$$K = \frac{a_{(PO_4^{3-})}}{a_{[P]} \cdot a_{[O]}^{5/2} \cdot a_{(O^{2-})}^{3/2}} \tag{4-28}$$

磷酸盐容量和磷分配比的表达式为：

$$C_{PO_4^{3-}} = \frac{a_{(O^{2-})}^{3/2} \cdot K}{f_{PO_4^{3-}}} = \frac{w(PO_4^{3-})_\%}{a_{[P]} \cdot a_{[O]}^{5/2}} \tag{4-29}$$

$$L_P = \frac{w(P)_\%}{w[P]_\%} = a_{[O]}^{5/2} \cdot f_P \cdot C_{PO_4^{3-}} \cdot \frac{M_P}{M_{PO_4^{3-}}} \tag{4-30}$$

$$\lg L_P = \lg C_{PO_4^{3-}} + \lg f_P + \frac{5}{2}\lg a_{[O]} - 0.486$$

4.3.1.2 选择性氧化的三个转化点[11]

不锈钢氧化脱磷需要足够高的氧位；但从保铬的角度来说，氧位又不能过高。因此，应选择合适的氧位，以达到脱磷保铬的目的。

图4-4 是利用[C]-[O]反应、[Cr]-[O]反应和[P]-[O]反应分别计算得到的平衡氧活度图。可见，钢液中的碳含量不同时，碳、铬和磷的平衡氧活度也就不同。图4-4 中 A、B、C 点分别为铬-磷、碳-铬和碳-磷选择性氧化的三个转化点。可以看出，在 A 点和 C 点对应的碳含量范围内，可以满足脱磷的热力学条件。由于磷含量很低，在 A 点和 B 点之间脱磷时，极易出现铬的氧化。不锈钢氧化脱磷时钢液中的碳含量应控制在碳-铬和碳-磷选择性氧化的两个临界点之间（即 B 点和 C 点之间），这也就是脱磷最佳碳含量的范围。为了便于操作，此最佳碳含量范围对应的氧活度范围应有一定的宽度，若太窄则给脱磷操作带来困难。由于最佳碳含量范围和氧活度范围有明显的对应关系（即最佳碳含量范围变大时，氧活度范围也变大），可以用最佳碳含量范围来表示氧活度范围。C 点和 B 点之间是理想的脱磷区域。在这一区域，钢液中的碳和磷优先于铬氧化，即使在工艺过程中氧势发生波动，铬仍能得到有效的保护。

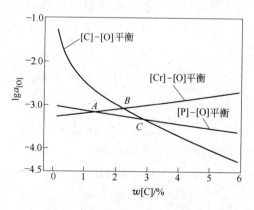

图4-4 平衡氧活度图

（1号渣，1673K，$w(P_2O_5) = 0.2\%$）

可以用 A 点与 C 点之间的碳含量变化（$w[C]_C - w[C]_A$）来表示脱磷工艺的可行性，此值越大，说明可脱磷的工艺跨度（包括从生铁冶炼到精炼的所有工序）越大。当然，可以和 B 点的碳含量 $w[C]_B$ 一起来描述不锈钢返回法冶炼脱磷工艺的可行性。在 $w[C]_C - w[C]_A < 0$ 的情况下，可以参考 $w[C]_C$ 和 $w[C]_B$ 的值对工艺的可行性进行判定。

此外，冶炼过程中脱碳速度应慢一些，供氧强度、温度、合金成分和脱磷剂等条件都会不同程度地影响最佳碳含量范围和钢液成分保持在最佳范围内的时间。低温、高碳和采用脱磷能力较强的脱磷剂（如 BaO 基渣系）都有利于增大此最佳碳含量控制范围，从而有利于不锈钢的脱磷。

4.3.2 钢液成分及温度对氧化脱磷的影响

4.3.2.1 碳含量的影响[12]

研究 $w[C]$ 对脱磷率影响的结果如图 4-5 所示。此研究是在钢水温度高于其熔点 30~50℃ 的条件下进行的。也就是说，在高碳场合中，即 $w[C] = 3\% \sim 6\%$ 时，试验是在 1350℃ 左右的低温下进行；而在低碳场合中，即 $w[C] = 0.5\%$ 时，脱磷处理是在 1500℃ 左右比

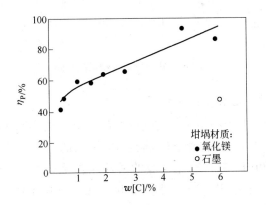

图 4-5 碳含量对脱磷率的影响

（1335~1540℃，$w[Cr] = 15.0\% \sim 17.8\%$，$BaO(40\%)$-
$BaCl_2$ 100kg/t + Cr_2O_3 10kg/t）

较高的温度下进行。试验结果表明，$w[C]$ 越低，脱磷率就越低。对于 $1\% \leqslant w[C] \leqslant 2\%$ 的不锈钢粗钢水，当处理温度为 1400~1500℃ 时，得到了 60% 左右的脱磷率。

4.3.2.2 初始硅含量的影响[10]

硅与氧的亲和力远大于磷与氧的亲和力，因此，不锈钢及其母液中的硅优先于磷氧化生成 SiO_2 进入炉渣，SiO_2 再与碱金属氧化物结合，消耗碱金属氧化物，降低炉渣碱度，使炉渣脱磷能力下降。不锈钢及其母液中的硅含量越高，脱磷效果越差。脱磷时 $w[Si]$ 最好小于 0.01%，因此不锈钢氧化脱磷之前，必须先进行预脱硅，将 $w[Si]$ 降至 0.1% 以下。不锈钢母液中的硅含量对脱磷率的影响如图 4-6 所示。

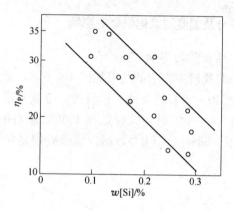

图 4-6 硅含量对脱磷率的影响

4.3.2.3 铬含量的影响[10]

不锈钢母液中的铬含量对脱磷率的影响如图 4-7 所示。随着钢液中 $w[Cr]$ 的增加，脱磷率（或磷在渣-钢间的分配比 L_P）降低。高温时，[Cr] 和 [P] 参与氧化反应的活性比较接近，$w[Cr]$ 高时，会导致 [Cr] 优先于 [P] 氧化。同时，由于 [Cr] 氧化生成（Cr_2O_3）会使炉渣黏稠甚至凝固，从而恶化了反应的动力学条件和操作条件。

4.3.2.4 温度的影响[10]

热力学研究结果表明，低温有利于脱磷。温度对不锈钢母液氧

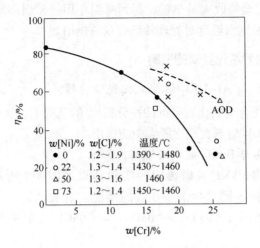

图 4-7 铬含量对脱磷率的影响

化脱磷的影响如图 4-8 所示。但应注意，温度过低有可能导致炉渣黏度明显升高，造成铬损增加。对 $w(BaO)=40\%$、$w(BaCl_2)=60\%$ 渣系和 $w(Cr_2O_3)=10\%$ 的脱磷渣，脱磷温度应不高于 1500℃，否则会导致铬损的增加。值得注意的是，虽然氧化脱磷是放热反应，温度越低，脱磷反应的热力学条件越好；但脱磷剂 $BaCO_3$ 在炉内分解

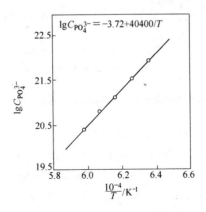

图 4-8 温度对不锈钢母液氧化脱磷的影响

$(w(CaO)/w(SiO_2)=0.68\sim0.70, w(MnO)=43.0\%\sim48.2\%,$

$w(P_2O_5)=2.07\%\sim2.58\%)$

及 $BaCl_2$ 挥发会吸收大量热量，起到降温作用，易引起脱磷渣黏稠，故脱磷处理时钢水温度对处理效果有双重作用。

4.3.3　熔剂对氧化脱磷的影响

4.3.3.1　$BaO\text{-}BaCl_2$ 熔剂氧化脱磷的研究

在对铬铁合金氧化脱磷可能性分析[13]的基础上，文献［14］研究了 $BaO\text{-}BaCl_2$ 熔剂在氧化脱磷中的作用。

A　BaO 与 $BaCl_2$ 配比对脱磷的影响

BaO 与 $BaCl_2$ 对脱磷影响的实验结果如图 4-9 所示。图中两条线表示两种不同氧化剂添加量的情况。它表明，在本实验的配比范围内，随 $w(BaO)/(w(BaO)+w(BaCl_2))$ 值的增大，脱磷率 η_P 增加。

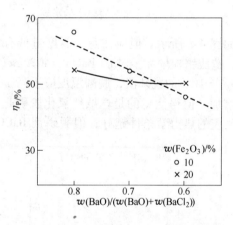

图 4-9　η_P 与 $w(BaO)/(w(BaO)+w(BaCl_2))$ 之间的关系

B　氧化剂 Fe_2O_3 添加量的影响

氧化剂 Fe_2O_3 添加量对氧化脱磷影响的实验结果示于图 4-10 中。当 $w(Fe_2O_3)<10\%$ 时，η_P 随 Fe_2O_3 量的增加而增大；当 $w(Fe_2O_3)\geqslant 10\%$ 后，η_P 随 $w(Fe_2O_3)$ 量的增加而降低。这主要是由于在 Fe_2O_3 量较低时，氧位对脱磷效果起着主要作用，表现为随着 Fe_2O_3 量的增加 η_P 增大；当氧位达一定值（$w(Fe_2O_3)=10\%$）时，它对脱磷的作用已不再变化，更多的氧将氧化合金中的铬，生成 Cr_2O_3 进入渣中，

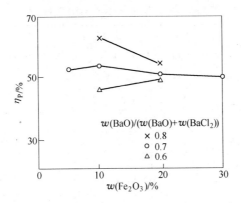

图 4-10 η_P 随 Fe_2O_3 含量的变化

致使渣系的脱磷能力减弱，所以随着 Fe_2O_3 量继续增加，η_P 反而下降。

C 熔剂中 Cr_2O_3 的作用

铬铁熔体氧化脱磷过程中防止铬元素损失是与脱磷同等重要的问题。从热力学角度考虑，防止铬损失的方法之一就是在不影响渣系脱磷能力的条件下，尽可能地增大渣中 Cr_2O_3 的活度。本实验是通过在熔剂中添加一定数量的 Cr_2O_3 来增大 Cr_2O_3 的活度，以减少处理过程中铬的氧化损失。比较表 4-3 中 SL-10、SL-11 炉和其他炉次的实验结果可以看到，在熔剂中添加 10% 的 Cr_2O_3 与未添加 Cr_2O_3 的渣系几乎具有相同的脱磷效果，它们终渣中的 Cr_2O_3 含量均在 7% 左右。这说明在 BaO-$BaCl_2$ 熔剂中添加少量的 Cr_2O_3，既不影响原渣系的脱磷能力，又能有效地抑制铬的氧化。这个结果与编者前期理论分析的结果是一致的。

表 4-3 实验用的熔剂组成　　　　　　　　（g）

炉　号	熔　剂　组　成					
	BaO	$BaCl_2$	Fe_2O_3	Cr_2O_3	CaO	$CaCl_2$
SL-1	10.5	4.5	0.75	—	—	—
SL-2	10.5	4.5	1.5	—	—	—
SL-3	10.5	4.5	3.0	—	—	—

炉号	熔剂组成					
	BaO	BaCl$_2$	Fe$_2$O$_3$	Cr$_2$O$_3$	CaO	CaCl$_2$
SL-4	10.5	4.5	4.5	—	—	—
SL-5	12	4.5	3	—	—	—
SL-6	9	6	3	—	—	—
SL-7	10.5	4.5	1.5	—	—	—
SL-8	12	3	1.5	—	—	—
SL-9	9	6	1.5	—	—	—
SL-10	10.5	4.5	1.5	1.5	—	—
SL-11	10.5	4.5	0.75	1.5	—	—
SL-12	4.5	4.5	1.5	—	6	—
SL-13	—	—	1.5	—	13.5	1.5
SL-14	—	—	1.5	—	12	3

D BaO 基和 CaO 基熔剂脱磷的比较

表4-3 中 SL-12 ~ SL-14 炉是用 CaO-CaCl$_2$ 代替（或部分代替）BaO-BaCl$_2$ 的脱磷实验，获得了低于 30% 的脱磷率，明显低于 BaO 基熔剂的脱磷率（约 50%）；就磷在渣-铁间的分配比而言，前者比后者低一个数量级以上（见表4-4）。此结果证明了泷口新市等与编者前期基础研究中所得到的，BaO 基渣系的磷酸盐容量比相应的 CaO 基渣系高一个以上数量级的结论。

表4-4 BaO-BaCl$_2$ 系对铬铁熔体氧化脱磷的实验结果（1450℃）

炉号	金属内的磷含量/%						渣成分/%		η_P /%	L_P
	0min	5min	10min	15min	20min	30min	$w(P_2O_5)$	$w(Cr_2O_3)$		
SL-1	0.0144	0.0101	0.0088	0.0076	0.0068	0.0068	0.078	—	52.77	5.15
SL-2	0.0170	0.0110	0.0100	0.008	0.009	0.009	0.098	7.01	52.94	5.38
SL-3	0.0145	0.0072	0.0072	0.0096	0.0077	—	0.066	—	50.34	4.03
SL-4	0.0184	0.0140	0.0116	0.0098	—	0.0092	0.073	—	50.00	3.45
SL-5	0.0122	0.0095	0.0077	0.0065	0.0060	0.0057	0.080	—	53.52	6.17
SL-6	0.0392	0.0298	0.0291	0.0241	0.0197	—	0.167	—	49.74	3.71

炉号	金属内的磷含量/%						渣成分/%		η_P /%	L_P
	0min	5min	10min	15min	20min	30min	$w(P_2O_5)$	$w(Cr_2O_3)$		
SL-7	0.016	—	—	0.009	0.010	0.010	—	5.34	43.75	—
SL-8	0.014	—	0.005	0.005	0.006	—	—	7.56	64.28	—
SL-9	0.013	0.009	0.007	0.007	0.007	—	—	6.09	46.15	—
SL-10	0.017	0.011	—	0.010	0.009	—	—	8.08	47.06	—
SL-11	0.017	—	—	0.008	0.010	0.012	—	6.42	52.94	—
SL-12	0.013	—	0.011	0.009	0.009	—	—	18.04	30.72	—
SL-13	0.038	—	—	0.028	0.027	—	0.030	—	28.95	0.48
SL-14	0.039	—	—	0.028	0.029	—	0.025	—	25.64	0.38

4.3.3.2 $CaO-CaF_2-CaCl_2$ 渣对铬铁系合金的氧化脱磷

文献［15］研究了 $CaO(BaO)-CaF_2-CaCl_2$ 渣对铬铁系合金的氧化脱磷，通过 $CaO-BaO-CaF_2-CaCl_2$ 渣和 Fe-Cr-C-P 熔体间的分配平衡实验，研究了磷、铬在该渣中的行为。结果表明，在一定范围内，增加渣中的 BaO 和 $CaCl_2$ 含量，磷酸盐容量增加，铬酸盐容量的变化则较小。根据实验结果的综合分析，说明该渣对 Fe-Cr 熔体具有较理想的脱磷保铬能力。在此基础上，在实验室内用该渣对 $w[Cr]=30\%$ 的 Fe-Cr 合金进行氧化脱磷的应用性试验，Fe-Cr 合金的成分为 Fe-Cr(30%)-C(饱和)-P(0.06%~0.14%)。试验结果表明，采用适当的低温以及 BaO 和 Fe_2O_3 的添加量可获得大于 50% 的脱磷率，铬几乎无烧损。

A 磷在渣与铬铁熔体间的分配

图 4-11 示出实验测得的磷分配比随 $CaO-CaF_2-CaCl_2$ 三元渣组成的变化规律。图 4-12 示出固定渣中 $w(CaF_2)=30\%$ 和 $w(CaC_2)=20\%$ 时，L_P 随着 BaO 替代 CaO 量增加的变化规律。图 4-11、图 4-12 中，右边的纵坐标示出了根据实测 L_P 值计算所得到的相应 C_P 值。

从图 4-11 可知：

（1）在三种不同的 $CaCl_2$ 含量下，L_P 随着 CaO 含量的增加呈现出相同的变化规律，即在 CaO 含量较低时，随着 CaO 含量的增加 L_P

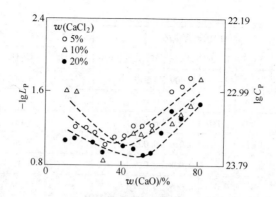

图 4-11　CaO-CaF$_2$-CaCl$_2$ 三元渣组成与 L_P 的关系（1400℃）

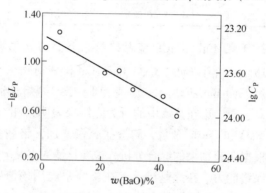

图 4-12　磷分配比 L_P 与 $w(BaO)$ 的关系（1400℃）

增大，随后出现最大值；此后，随着 CaO 含量的继续增加，L_P 反而降低。这说明 CaO 在 CaO-CaF$_2$-CaCl$_2$ 三元系中存在一个饱和溶解度，在饱和溶解度附近，L_P 出现最大值。

（2）随着 CaCl$_2$ 含量的增加，CaO 溶解度增大，在图中表现出 L_P 的最大值点右移；并且随着 CaO 溶解度的增大，L_P 的最大值也增大，在图中表现为相应的位置更低。

（3）1400℃下，该三元系为 CaO（约 50%）-CaF$_2$（约 30%）-CaCl$_2$（约 20%）时，得到的最大磷容量为 $C_P = 10^{23.70}$。

从图 4-12 可以看到，随着 BaO 替代 CaO 量的增加，L_P 增大，这与前人的结果相吻合，说明 BaO 比 CaO 具有更强的脱磷能力。将

图 4-12 中的实验数据回归处理后，得到渣相的 C_P 与 BaO 添加量之间的定量关系为：

1400℃ $\lg C_P = 23.40 + 0.0135w(\text{BaO})_\%$

$$（w(\text{BaO})_\% \leqslant 45）\tag{4-31}$$

由式（4-31）和实验数据可知，当 $w(\text{BaO}) = 45\%$ 时，$C_P = 10^{24.01}$。这与编者前期测得的 $w(\text{BaO}) = 80\%$、$w(\text{BaCl}_2) = 20\%$ 渣的 C_P 值（$C_P = 10$）相接近[4]。说明在 CaO 型渣中添加 BaO 能取得类似于 BaO 型渣的脱磷效果，对降低钡的氧化物和卤化物的用量、降低脱磷费用具有实际意义。

B　铬在渣与铬铁熔体间的分配

实验测得的铬分配比 L_{Cr}（$L_{\text{Cr}} = w(\text{Cr})_\% / w[\text{Cr}]_\%$）与 L_P 的关系示于图 4-13 中。图 4-13（a）示出相应于图 4-11 中 CaO-CaF$_2$-CaCl$_2$ 三元系与铬铁熔体间分配的实验结果，图 4-13（b）示出相应于图 4-12 中添加了 BaO 的实验结果。

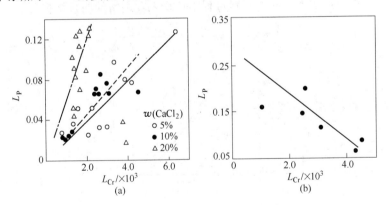

图 4-13　1400℃下在不同渣系实验中测得的 L_P 与 L_{Cr} 的关系

由图 4-13（a）可知，L_{Cr} 随着 L_P 的增加而增加，且两者间基本呈线性关系，这说明磷和铬具有相同的氧化趋势。Cr$_2$O$_3$ 在本实验渣中也呈酸性，所以铬铁合金氧化脱磷过程中必须考虑保铬的问题。从图 4-13(a) 中还可以看到，随着渣中 CaCl$_2$ 含量的增加，直线斜率增大。结合图 4-11 的实验结果表明，当 $w(\text{CaCl}_2) = 20\%$ 的 CaO 接近于饱和的 CaO-CaF₂-CaCl₂ 三元渣组成时，具有最好的脱磷保铬能力。

图 4-13(b)说明，当上述三元系中配入 BaO 时，L_{Cr} 在总体上呈下降趋势。结合图 4-12 的结果说明，渣中添加 BaO 有利于铬铁合金的脱磷保铬。

若铬酸盐容量被定义为：

$$C_{Cr} = \frac{w(CrO_3^{3-})}{a_{[Cr]} \cdot p_{O_2}^{3/4}}$$

根据实验结果可估算出本试验渣系的 C_{Cr} 为 10^9 数量级。

4.3.3.3 氧化脱磷应用性试验

在上述研究的基础上，在实验室内模拟合金熔体炉外处理，进行 CaO-BaO-CaF₂ 渣对 Fe-Cr(30%)-C(饱和)-P(0.06%～0.08%)铬铁合金脱磷的应用性试验。在渣与金属比为 1∶10 的条件下，观察可获得的脱磷保铬效果以及温度、氧化剂（Fe₂O₃）添加量和渣组成等工艺因素对脱磷保铬的影响。脱磷的试验结果分别示于图 4-14～图 4-16 中。在各炉次的脱磷过程中，均未发现铬的明显烧损。

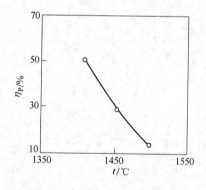

图 4-14　脱磷率与温度的关系
（渣组成：$w(CaO) = 10\%$，$w(BaO) = 40\%$，$w(CaF_2) = 50\%$；
氧化剂添加量：$w(Fe_2O_3) = 10\%$）

由试验结果可知，只要适当地控制温度和氧化剂添加量，本处理方法可获得大于 50% 的脱磷率，而且几乎无铬的烧损；随着 BaO 替代 CaO 量的增加，脱磷率增大，$w(BaO)/w(CaO)$ 的最佳值约为

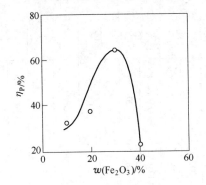

图 4-15　脱磷率与氧化剂添加量的关系

（渣组成：$w(CaO) = 10\%$, $w(BaO) = 40\%$, $w(CaF_2) = 50\%$; 1450℃ ）

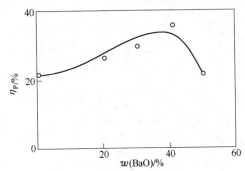

图 4-16　脱磷率与渣中 BaO 含量的关系

（氧化剂添加量：$w(Fe_2O_3) = 10\%$;

渣组成 : $w(CaO) = 0 \sim 50\%$, $w(BaO) = 0 \sim 50\%$, $w(CaF_2) = 50\%$; 1450℃ ）

4。这些结果与脱磷保铬的分析结果是一致的。

从试验结果还可以看到，温度对氧化脱磷效果有明显的影响，随着温度的升高，脱磷率急剧降低。这是氧化脱磷方法用于铬铁系合金脱磷的局限性，它仅适用于较低熔点的铬铁合金。对于较高熔点的铬铁合金，仍应考虑还原脱磷的方法。

4.3.4　各种氧化脱磷熔剂的研究结果

各种氧化脱磷熔剂的研究结果如表 4-5 所示[12]。

表 4-5(a)　各种氧化脱磷熔剂的研究结果

熔剂	不锈钢母液的化学成分/%						钢水温度/℃	熔剂的化学成分/kg·t⁻¹				脱磷率/%
	$w[C]$	$w[Si]$	$w[P]$	$w[S]$	$w[Cr]$	$w[Ni]$						
Li_2CO_3 系	3.6	1.6	0.25	0.57	18	2	1600	$w(Li_2CO_3)$ 6	$w(CaO)$ 10	$w(CaF_2)$ 29	$w(FeO)$ 15	42~67
Li_2CO_3	3.6	1.2	0.03	0.03	18		1430~1600	$w(Li_2CO_3)$ 10~125				80
Na_2O 系	2.96	0.33	0.049	0.008	15.5		1610	$w(Na_2CO_3)$ 114	$w(SiO_2)$ 25	$w(Cr_2O_3)$ 10	$w(Na_2O)/w(SiO_2)$ 20	65
BaO-$BaCl_2$	0.4~0.28	<0.1	0.03	0.03	10~25	0~73	1430~1500	$w(BaO)$	$w(CaCl_2)$ 100	$w(Cr_2O_3)$ 10		60
CaO-CaF_2-Cr_2O_3	1.3~3.5	<0.02	0.05	0.02	18		1550~1600	$w(CaO)$ 20	$w(CaF_2)$ 18	$w(Cr_2O_3)$ 20		27
CaO-NaF-Cr_2O_3	2.05		0.013	0.04	17	8.3	1300~1470	$w(CaO)$ 45	$w(CaF_2)$ 55	$w(Cr_2O_3)$ 20		46
CaO-CaF_2-铁矿石	5.5	0.02	0.037	0.012	14.1		1500	$w(CaO)$ 16.8	$w(CaF_2)$ 14.4	$w(铁矿石)$ 8		47
CaO-$FeCl_2$	4.2~6.5	0.02	0.076~0.132	0.015~0.063	0~19.2		1350	$w(CaO)$ 40	$w(FeCl_2)$ 60			60

表 4-5(b)　各种氧化脱磷熔剂的研究结果

熔剂	不锈钢母液的化学成分/%				钢水温度/℃	熔剂的化学成分/%				脱磷率/%
	$w[C]$	$w[P]$	$w[S]$	$w[Cr]$						
BaO-Cr$_2$O$_3$-FeO	1.3	0.09	0.02	15.4	1550	$w(BaO)$	$w(Cr_2O_3)$	$w(FeO)$		50
						67~77	17~27	1~3		
BaO-BaF$_2$	4			10	1300	$w(BaO)$		$w(BaF_2)$		130
						50		50		
BaO-CaF$_2$		0.038		18		$w(BaO)$	$w(CaF_2)$	$w(CaO)$		50
						20	65	15		
CaO-BaO-CaF$_2$-Cr$_2$O$_3$	0.2			22	1400~1550	$w(CaO)$	$w(BaO)$	$w(CaF_2)$	$w(Cr_2O_3)$	46
						25	55	15	5	

4.4　铬铁合金（不锈钢）的还原脱磷

4.4.1　还原脱磷的机理

目前研究最多的是 Ca-CaF$_2$、CaC$_2$-CaF$_2$ 渣系，对 Ca-Si-CaF$_2$、CaC$_2$-CaO-CaF$_2$ 等渣系也进行了一定的研究[16]。钙与磷按下式进行反应：

$$3Ca_{(l)} + 2[P] == Ca_3P_{2(s)}$$

$$\Delta G^\ominus = -102720 + 66.33T \quad (J/mol) \tag{4-32}$$

当用 CaC$_2$ 作脱磷剂时，CaC$_2$ 要先分解出钙再进行脱磷：

$$CaC_{2(s)} == Ca_{(l)} + 2[C]$$

$$\Delta G^\ominus = 23900 - 13.2T \quad (J/mol) \tag{4-33}$$

$$3Ca_{(l)} + 2[P] == Ca_3P_{2(s)}$$

$$\Delta G^\ominus = -102720 + 66.33T \quad (J/mol)$$

总反应式为：

$$3CaC_{2(s)} + 2[P] == Ca_3P_{2(s)} + 6[C]$$

$$\Delta G^\ominus = -31020 + 26.73T \quad (J/mol) \tag{4-34}$$

D. Janke[17] 做了不同渣系 Ca-CaO-CaCl$_2$、Ca-CaO-CaF$_2$、Ca-CaO-CaCl$_2$-CaF$_2$ 在 1600℃、气压为 1MPa 条件下的 Ca-P 平衡实验，得到了 $\lg w[P] - \frac{3}{2}\lg w[Ca]$ 的函数关系，从而证实了钙处理的脱磷产物是 Ca$_3$P$_2$，见图 4-17。

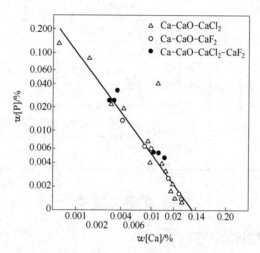

图 4-17　Ca-P 平衡时钢液中钙含量与磷含量的关系
（1600℃，1MPa）

4.4.2　影响还原脱磷的因素

4.4.2.1　脱磷剂和覆盖渣[18]

A　脱磷剂的种类

实验采用的脱磷剂是 Ca-Si-CaF$_2$、CaC$_2$-CaF$_2$ 和 $w[Ba] = 13\%$ 的 BaSi-CaF$_2$。实验表明，后两种脱磷剂几乎不能对铬铁合金进行还原脱磷，实验均选择 $w(Ca\text{-}Si)/w(CaF_2) = 9$ 的 Ca-Si-CaF$_2$ 熔剂为脱磷剂，其对 $w[Cr] = 30\%$ 的铬铁合金的脱磷结果如图 4-18 所示。

还原脱磷的反应式为：

$$\{Ca\} == [Ca] \tag{4-35}$$

$$3[Ca] + 2[P] == (Ca_3P_2) \tag{4-36}$$

式中，{Ca} 表示脱磷剂中的 Ca。可见，脱磷剂中的 Ca 活度是影响还原脱磷效果的主要因素之一。德光直树等在用 Ca-CaF$_2$ 系对含铬钢脱磷的研究中得到：$L_P = 4w\{Ca\}_{\%}^2$。本实验中，Ba-Si 脱磷剂 Ba 含量低；CaC$_2$ 脱磷剂中虽然钙含量高，但形成 CaC$_2$ 化合物后 Ca 活度低，致使两者几乎不能脱磷。

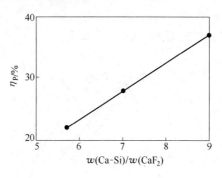

图 4-18　脱磷率与脱磷剂组成的关系

若提高脱磷剂中的 Ca 活度，例如用 50% Ca-Al 合金作为脱磷剂，可望取得比 Ca-Si 更好的脱磷效果。

B　覆盖渣的影响[18]

在 1500℃下，用 90% CaSi-CaF$_2$ 作为脱磷剂，对含 30% Cr、3% C 的合金进行了有无覆盖顶渣脱磷的对比实验。结果表明，还原脱磷添加覆盖顶渣后，脱磷效果有较明显的改善。延长反应时间后还发现，反应直至 15min 仍无明显的回磷现象。分析原因认为：

（1）覆盖顶渣隔绝了合金熔体与气氛的接触，使反应界面处于 Ca-O 平衡的极低氧位的还原条件下。

（2）覆盖顶渣有吸收脱磷产物的作用，降低了脱磷产物的活度。

因此，还原脱磷中添加保护性的覆盖顶渣是十分必要的。尤其是在工业生产上，控制气氛的难度大，使用覆盖顶渣就更为重要。

4.4.2.2　合金中 $w[C]$、$w[Cr]$ 对脱磷的影响

在 1500℃、90% CaSi-CaF$_2$ 为脱磷剂、33% CaO-CaF$_2$ 为覆盖顶渣的条件下，当脱磷剂用量为 1/10 合金量时，对不同初始碳含量和铬含量的铬铁合金脱磷的实验结果如图 4-19 所示。从图 4-19 可以

看出：

（1）在合金中不同铬含量的水平下，脱磷率与初始碳含量之间呈相同的变化规律。

（2）对每一个铬含量水平的合金，均存在着一个最佳初始碳含量 $w[C]_i^*$，它相应于最大的脱磷率。本试验得到的最大脱磷率均接近 50%。

（3）随着铬含量的增加，$w[C]_i^*$ 增大。

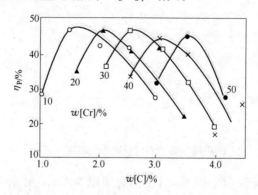

图 4-19 η_P 随 $w[C]$ 和 $w[Cr]$ 的变化规律

从式（4-35）、式（4-36）可知，合金中溶解的 $w[Ca]$ 是影响还原脱磷效果的又一重要因素。随着 $w[C]$ 的增加，钙的溶解度增大，所以表现出脱磷率增加。直至 $w[C] = w[C]_i^*$ 时，脱磷率达到最大值。当 $w[C] > w[C]_i^*$ 时，钙将与碳发生反应生成 CaC_2，使 $w[Ca]$ 下降，所以表现为随 $w[C]$ 的继续增加脱磷率下降。

根据 $[Ca] + 2[C] = CaC_2$ 的平衡关系，最大的钙溶解量对应于一个最佳的碳活度 $a_{[C]}^*$，且 $a_{[C]}^*$ 是一个定值。由于合金中的 $w[Cr]$ 将降低碳的活度系数，表现为随着 $w[Cr]$ 的增加 $w[C]_i^*$ 增大。经回归处理后，两者的定量关系为：

$$w[C]_{\%i}^* = 1.025 + 0.055w[Cr]_\% \tag{4-37}$$

当 $w[Cr] = 0$ 时，即为普通钢铁溶液的还原脱磷，则 $w[C]_i^* = 1.025\%$。这与前人的结果是一致的。

　　碳含量增加增大了钙的溶解量，又增大了合金熔体中磷的活度，因此得到脱磷率随 $w[Cr]$ 几乎无变化的可喜结果（见图4-19）。这为高铬铁合金的脱磷提供了有用的依据，也是铬铁类合金还原脱磷不同于氧化脱磷的特点之一。

4.4.2.3　温度对脱磷的影响

　　采用与前述相同的脱磷剂和覆盖渣，在1450℃、1500℃和1550℃三个不同的温度下，对 $w[Cr]=30\%$、$w[C]=3\%$ 的铬铁合金进行了还原脱磷的实验，结果如图4-20所示。说明温度对还原脱磷率的影响不大，这是区别于氧化脱磷随温度升高脱磷率急剧下降的又一特点，也是适合于较高熔点的高铬铁合金脱磷的工艺特征。

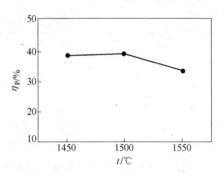

图4-20　温度对脱磷的影响

　　图4-20也说明，温度过高，因钙的挥发趋势增大，脱磷率也呈下降趋势。还原脱磷的合适处理温度约为1500℃。

4.5　氧化脱磷与还原脱磷的比较

　　氧化脱磷的设备投资少，气氛易控制，又不会造成环境污染。因此，若能满足脱磷保铬的要求，应尽可能选择氧化脱磷的工艺方法。然而，随着合金中 $w[Cr]$ 的增加，磷活度降低，合金熔点升高，致使氧化脱磷几乎不能进行。而 $w[Cr]$ 和温度对还原脱磷效果的影响不大，所以对于高铬铁合金，在较高温度下处理时宜采用还原脱磷的工艺方法[18]。

综上分析并结合表 4-6 中的内容，铬铁合金的氧化脱磷和还原脱磷的应用范围可概括如下：

（1）低铬、高碳及处理温度较低的铬铁合金，宜采用氧化脱磷法。

（2）高铬、中碳及处理温度较高的铬铁合金，宜采用还原脱磷法。

表 4-6　氧化脱磷与还原脱磷的比较

项　目	氧 化 脱 磷	还 原 脱 磷
脱磷反应式	$2[P] + 5[O] + 3CaO = Ca_3P_2O_8$ $2[P] + 5[O] + 3BaO = Ba_3P_2O_8$	$3\{Ca\} + 2[P] = (Ca_3P_2)$
脱磷剂	$CaO\text{-}BaO\text{-}CaF_2\text{-}CaCl_2$	$Ca\text{-}Si\text{-}CaF_2$
气　氛	氧化气氛，易控制	还原气氛，控制困难，需用覆盖渣
渣处理	直接排放	因含 PH_3 气体，需处理后再排放
碳含量	$w[C]$ 增大，有利于脱磷	存在一个 $w[C]_i^*$ 对应于最大脱磷率，$w[C]_{\%i}^* = 1.025 + 0.055\, w[Cr]_\%$
铬含量	$w[Cr]$ 增大，η_P 降低，且铬损增加	对应于 $w[C]_i^*$，η_P 几乎无变化；无铬损
硅含量	必须预脱硅	$w[Si]$ 高有利于脱磷
氧　位	氧位增大有利于脱磷；但过高则使铬损增加，η_P 反而下降	控制反应区域在极低氧位的还原条件下
铬　损	可控制在一个较低的水平上	无铬损
温　度	温度升高，η_P 明显降低；温度宜低于 1400℃	影响较小，以约 1500℃ 为宜

[本章回顾]

本章主要介绍了铬铁合金（不锈钢）脱磷的相关问题，重点介绍了铬铁熔体 Fe-Cr-C 和 Fe-Cr-C-P 系熔体的热力学性质，针对铬铁合金（不锈钢）的氧化脱磷和还原脱磷进行系统的热力学分析，开展铬铁合金氧化脱磷及脱磷保铬的实验研究，分析了铬铁合金氧化脱磷的影响因素以及不同脱磷渣系对铬铁合金脱磷的效果。

[问题讨论]

4-1　铬铁合金（不锈钢）脱磷有什么意义及特点？

4-2　铬铁合金的氧化脱磷与还原脱磷有什么不同？

4-3　哪些因素影响铬铁合金的氧化脱磷效果？

4-4　熔剂组成对铬铁合金的氧化脱磷有什么影响？

参 考 文 献

[1] 郭曙强，蒋国昌，徐匡迪. 不锈钢高铬铁液的脱磷[J]. 特殊钢，2002，23（4）：25~27.

[2] 汪大洲. 钢铁生产中的脱磷[M]. 北京：冶金工业出版社，1986.

[3] 董元篪，陈友根，刘世洲. 高铬铁基熔体中磷和铬的热力学性质的研究[J]. 化工冶金，1994，15（3）：221~227.

[4] 董元篪，郭上型. 高铬铁基熔体中磷和铬的活度的研究[J]. 华东冶金学院学报，1991，8（4）：7~13.

[5] 王海川，董元篪，李文超. 含碳铁合金熔体的热力学性质研究[J]. 铁合金，1999（4）：1~6.

[6] 郭上型，董元篪. Fe-Cr-C-P系高铬熔体的热力学研究[J]. 钢铁研究学报，1995，7（2）：15~20.

[7] Pelton A D，Bale C W. A modified interaction parameter formalism for non–dilute solutions [J]. Metall. Trans. A：Physical Metallurgy and Materials Science，1986，17A：1211~1215.

[8] Srikanth S，Jacob K T. Thermodynamic consistency of the interaction parameter formalism [J]. Metall. Trans. 1988，19B：269~275.

[9] Durrer G. Metal des Eisens Band 5a[M]. Berlin：Verlag Chemie，1978.

[10] 叶斌，丁伟中，李岚. 不锈钢母液的氧化脱磷[J]. 上海金属，2001，23（5）：26~30.

[11] 赵俊学，傅杰. 不锈钢氧化脱磷过程的热力学分析[J]. 钢铁研究学报，2003，15（3）：6~9.

[12] 康显澄. 不锈钢精炼中的脱磷[J]. 特钢技术，1995，(1)：1~18.

[13] 董元篪，何玉平，郭上型，等. 铬铁熔体氧化脱磷的可能性[J]. 铁合金，1990，(5)：5~10.

[14] 董元篪. BaO-BaCl₂ 熔剂对铬铁熔体氧化脱磷的实验研究[J]. 华东冶金学院学报, 1992, 9(1): 1~6.

[15] 董元篪, 陈友根, 刘世洲. CaO-BaO-CaF₂-CaCl₂ 渣对铬铁系合金的氧化脱磷[J]. 钢铁研究学报, 1994, (1): 15~21.

[16] 魏寿昆, 倪瑞明, 方克明, 等. 还原脱磷[J]. 铁合金, 1985, (2): 1~7.

[17] Janke D. Fundamental Aspects of Calcium Treatment of Steel. Melts (unpublished paper), Max-Planck-Institut fur Eisenforschung, . Diisseldorf, German.

[18] 董元篪, 陈友根. 铬铁类合金还原脱磷的研究[J]. 钢铁, 1994, 29(12): 11~14.

5 钢液脱磷和回磷控制

磷是钢中常见的有害元素。过去对脱磷的研究主要侧重于炼钢炉内的脱磷，并且出钢前钢水中的磷含量均可达到较低的水平，但是当钢水进入钢包后，脱磷热力学条件的恶化常常导致钢水回磷，从而成为冶炼低磷钢的限制性环节。近年来，纯净钢的冶炼日益受到高度重视，作为纯净钢的一个重要的组成部分，超低磷钢的生产尤为受到关注，因而在冶金工业生产中，钢液的脱磷和回磷的控制对于低磷钢来说显得非常重要。

5.1 脱磷反应机理与低磷钢的冶炼工艺

磷是钢中有害杂质，容易在晶界偏析，造成钢材"冷脆"，显著降低钢材的低温冲韧性。因此，一般钢种都要求尽量降低磷含量。炼钢脱磷通常采用氧化法工艺。由于炼钢转炉终点温度高，不利于脱磷，出钢时又往往会造成回磷。因此，稳定生产 $w[P]<0.015\%$ 的低磷钢，对低碳钢冶炼也是很困难的。而生产中、高碳钢，由于钢水氧化性弱，在转炉内很难实现有效脱磷。

5.1.1 脱磷反应机理

精炼过程中的脱磷反应根据反应产物不同，可分为氧化脱磷和还原脱磷[1]。

（1）氧化脱磷。钢中的磷通过氧化反应以 PO_4^{3-} 的形式进入炉渣：

$$\frac{1}{2}P_{2(g)} + \frac{3}{2}(O^{2-}) + \frac{5}{4}O_{2(g)} =\!=\!= (PO_4^{3-}) \tag{5-1}$$

（2）还原脱磷。钢中的磷通过还原反应以 P^{3-} 的形式进入炉渣：

$$\frac{1}{2}P_{2(g)} + \frac{3}{2}(O^{2-}) =\!=\!= (P^{3-}) + \frac{3}{4}O_{2(g)} \tag{5-2}$$

氧分压的高低决定了脱磷产物的类别。图 5-1 给出 1823K 下，$w(CaO) = 41\%$ 的 CaO-Al$_2$O$_3$ 系炉渣中，磷含量与气相氧分压 p_{O_2} 的关系。当 p_{O_2} 在 10^{-18}atm 时，渣中磷含量最低；p_{O_2} 进一步升高或降低时，P 含量增加。在低 p_{O_2} 下，渣中 P 以 P^{3-} 存在（还原脱磷）；在高 p_{O_2} 下，渣中 P 以 PO$_4^{3-}$ 存在（氧化脱磷）。进入渣中的磷需要与 CaO 结合才能形成稳定的产物：

$$Ca_3(PO_4)_{2(s)} = Ca_3P_{2(s)} + 4O_{2(s)}$$

$$\Delta G^\ominus = 3429 - 7.14T \quad (J/mol) \tag{5-3}$$

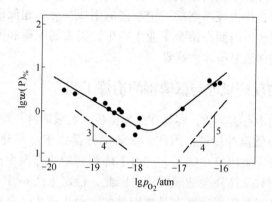

图 5-1　CaO-Al$_2$O$_3$ 渣系中磷含量与氧分压的关系

$(w(CaO) = 41\%, w(Al_2O_3) = 59\%, 1550℃, p_{P_2} = 2.46 \times 10^{-3} atm)$

采用磷酸盐容量 $C_{PO_4^{3-}}$ 可以确定炉渣的脱磷能力，根据反应式（5-1）得到：

$$C_{PO_4^{3-}} = \frac{w(PO_4^{3-})}{p_{P_2}^{1/2} \cdot p_{O_2}^{5/4}} = \frac{a_{(O^{2-})}^{3/2}}{f_{PO_4^{3-}}} \cdot K_1 \tag{5-4}$$

式中　　$C_{PO_4^{3-}}$——磷酸盐容量；

　　　　$a_{(O^{2-})}$——渣中氧的活度；

　　　　$f_{PO_4^{3-}}$——渣中磷酸根的活度系数；

　　　　K_1——式（5-1）的反应平衡常数。

G. W. Healy 研究了炼钢炉渣的成分变化对炉渣脱磷能力的影

响[2]。对于炼钢过程，脱磷的反应可以写成：

$$2[P] + 5(FeO) + 4(CaO) \Longrightarrow Ca_4P_2O_9 + 5Fe$$

$$\Delta G^\ominus = -204450 + 83.55T \quad (J/mol) \tag{5-5}$$

炉渣成分变化对渣-钢间磷分配比的影响为：

$$\lg L_P = \lg \frac{w(P)_\%}{w[P]_\%} = 22350/T - 16.0 + 0.08w(CaO)_\% +$$

$$2.5\lg w(FeO)_\% \tag{5-6}$$

图 5-2 给出了不同碱性炉渣的磷酸盐容量。

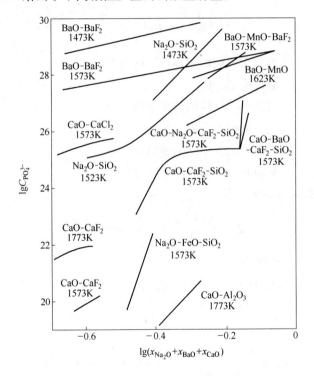

图 5-2 不同碱性炉渣的磷酸盐容量

炉渣脱磷还可按以下电化学反应进行：

阳极反应(氧化) $\qquad [P] \longrightarrow P^{5+} + 5e \tag{5-7}$

$$(O^{2-}) \longrightarrow [O] + 2e \tag{5-8}$$

阴极反应(还原)　$Fe^{2+} + 2e \longrightarrow Fe$

$$Fe^{3+} + e \longrightarrow Fe^{2+} \tag{5-9}$$

$$[O] + 2e \longrightarrow (O^{2-}) \tag{5-10}$$

因此，脱磷反应随钢中 [O] 的增加而加速，钢或渣中磷的扩散是脱磷的限制环节。脱磷速度可表示为：

$$-\frac{\mathrm{d}w[P]_\%}{\mathrm{d}t} = \frac{F}{W_\mathrm{m}} \cdot k_\mathrm{m}\rho_\mathrm{m}(w[P]_\% - w[P]_{\%\text{平}})$$

$$= \frac{F}{W_\mathrm{m}} \cdot k_\mathrm{m}\rho_\mathrm{m}(w(P)_\% - w(P)_{\%\text{平}}) \tag{5-11}$$

式中　F——渣与金属间的界面积，cm^2；

$\quad W_\mathrm{m}$——钢液质量，g；

$\quad k_\mathrm{m}$——钢液脱磷反应的速度常数，cm/s；

$\quad \rho_\mathrm{m}$——钢液的密度，g/cm^3；

$w[P]_{\%\text{平}}$——平衡时钢水中磷的质量百分数；

$w(P)_{\%\text{平}}$——平衡时渣中磷的质量百分数。

根据式 (5-6)，取：

$$L_\mathrm{P} = \frac{w(P)_{\%\text{平}}}{w[P]_\%} \approx \alpha \cdot w(TFe)_\%^{2.5} \tag{5-12}$$

式中　α——比例系数。

则脱磷反应的速度公式可简化为：

$$-\frac{\mathrm{d}w[P]_\%}{\mathrm{d}t} = \frac{F}{W_\mathrm{m}} \cdot k_\mathrm{P}(w[P]_\% - w(P)_{\%\text{平}}) \tag{5-13}$$

$$k_\mathrm{P} = \frac{L_\mathrm{P}k_\mathrm{s}\rho_\mathrm{s} + k_\mathrm{m}\rho_\mathrm{m}}{k_\mathrm{m}k_\mathrm{s}\rho_\mathrm{m}\rho_\mathrm{s}} = (0.47 \sim 4.3) \times 10^{-3} \tag{5-14}$$

式中　k_P——脱磷反应的总传质系数，cm/s；

$\quad k_\mathrm{s}$——渣脱磷反应的速度常数；

$\quad \rho_\mathrm{s}$——渣的密度，g/cm^3。

生产中常用脱磷速度常数 k_P 表示脱磷速度。如图 5-3 所示，随着熔池搅拌能 ε 的增加，常数 k_P 提高[3]。

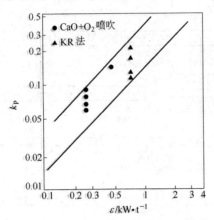

图 5-3 搅拌能 ε 对脱磷速度常数 k_P 的影响

综合以上分析可知，脱磷的最佳热力学、动力学条件为：

（1）降低反应温度，1300℃的低温有利于脱磷反应进行；

（2）提高钢水、炉渣的氧化性，有利于脱磷反应；

（3）提高钢中磷的活度和增加渣量，有利于脱磷反应；

（4）有适当的碱度；

（5）对熔池进行强力搅拌。

5.1.2 低磷钢的冶炼工艺

工业生产中大规模生产超低磷钢的生产工艺取决于成品钢材对磷含量的要求，如图 5-4 所示[1]。超低磷钢（$w[\mathrm{P}] \leqslant 50 \times 10^{-6}$）冶炼的基本工艺要求是：

（1）高炉的低硅操作，控制铁水的 $w[\mathrm{Si}] = 0.4\%$；

（2）全量铁水预处理脱磷，处理终点磷含量 $w[\mathrm{P}] \leqslant 0.010\%$；

（3）转炉冶炼深脱磷，调整炉渣的成分，确保 $\lg \dfrac{w(\mathrm{P})_\%}{w[\mathrm{P}]_\%} \geqslant$

2.0，并增大渣量；

（4）控制较低的钢水残锰含量，提高炉渣脱磷率；

（5）采取弱脱氧沸腾出钢工艺，避免钢水回磷；

（6）适当降低出钢温度。

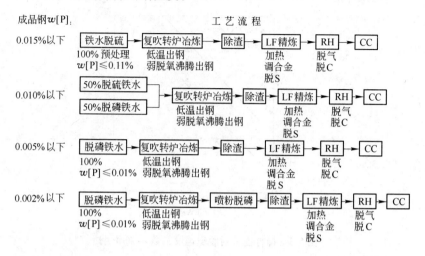

图 5-4　超低磷钢的生产工艺流程

5.2　钢液脱磷和回磷的影响因素

近年来，低磷钢的生产受到高度重视。目前，炼钢炉出钢时的钢液磷含量已达到较低水平，而钢液流入钢包后产生的回磷现象极大影响了其脱磷效果。因此，钢包内钢液回磷控制成为低磷钢生产不可忽视的工艺环节。

5.2.1　熔渣中氧化物对钢液脱磷和回磷的影响

郭上型等[4]在 1853K 的温度下，利用 CaO-SiO_2-Fe_2O_3-MnO_2-MgO-P_2O_5 系熔剂对钢液进行脱磷、回磷实验，主要研究了 CaO 基熔剂对钢液脱磷、回磷的影响以及在 CaO 基熔剂中添加 BaO 对钢液脱磷、回磷的影响。实验用金属料按要求的质量比配制，并置于 Al_2O_3 坩埚中经预熔后备用，其组成为 Fe-C（0.2%）-Mn（0.3%）-P（0.03%）。CaO 基熔剂是采用化学纯试剂经人工配制而成的，其组成为 CaO-SiO_2-Fe_2O_3-MnO_2（3%）-MgO（6%）-P_2O_5（3% ~ 4%）。熔剂

中碱度 $w(\mathrm{CaO})/w(\mathrm{SiO_2})$ 和氧化性 $w(\mathrm{Fe_2O_3}) + w(\mathrm{MnO_2})$ 的变动范围分别为 3.5~1.5 和 15%~5%。CaO 基熔剂中添加 BaO 时，固定熔剂的 $w(\mathrm{CaO})/w(\mathrm{SiO_2})$ 值。

5.2.1.1 熔剂组成对脱磷和回磷的影响

熔剂碱度 $w(\mathrm{CaO})/w(\mathrm{SiO_2})$、氧化性 $w(\mathrm{Fe_2O_3}) + w(\mathrm{MnO_2})$ 对脱磷和回磷影响的实验结果，如图 5-5、图 5-6 所示。图 5-5 示出，熔剂氧化性分别固定在 15%、13%、10%、7%、5% 的不同条件下，熔剂碱度对 η_P 的影响。图 5-6 示出熔剂碱度分别固定在 3.5、3.0、2.5、2.0、1.5 的不同条件下，熔剂氧化性对 η_P 的影响。图中 η_P 是钢液的脱磷率，其表达式为：

$$\eta_P = (w[\mathrm{P}]_i - w[\mathrm{P}]_f)/w[\mathrm{P}]_i \tag{5-15}$$

式中　$w[\mathrm{P}]_i$——钢液初始磷含量，%；

　　　$w[\mathrm{P}]_f$——钢液终点磷含量，%。

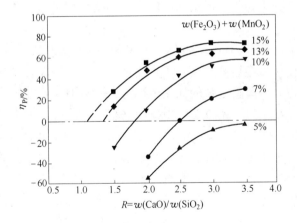

图 5-5　熔剂碱度 R 对 η_P 的影响

$\eta_P > 0$，表示钢液脱磷；$\eta_P < 0$，表示钢液回磷；$\eta_P = 0$，表示钢液处于脱磷向回磷转变的临界状态。分析图 5-5、图 5-6 可知：

（1）随着熔剂碱度或氧化性的降低，η_P 曲线由脱磷区域向回磷区域延伸。显然，其变化规律与脱磷反应影响因素的热力学分析结

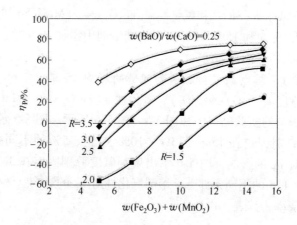

图 5-6　熔剂氧化性对 η_P 的影响

果相符。

（2）在碱度 $w(CaO)/w(SiO_2) = 1.5 \sim 3.5$ 的范围内，随着熔剂氧化性从大到小降低，根据钢液磷含量的变化状态可分为以下三个区域：

1）当 $w(Fe_2O_3) + w(MnO_2) > 11.8\%$ 时，钢液处于脱磷区域。在此区域内仅发生脱磷反应，不产生回磷反应。根据此区域脱磷率的大小，可确定脱磷熔剂的优化组成为：$w(CaO)/w(SiO_2) = 3.0 \sim 3.5$，$w(Fe_2O_3) + w(MnO_2) = 13\% \sim 15\%$。

2）当 $w(Fe_2O_3) + w(MnO_2) < 5.2\%$ 时，钢液处于回磷区域。在此区域内仅发生回磷反应，不产生脱磷反应。因此，为了防止钢液回磷，应禁止选择该区域的熔剂组成。

3）当 $5.2\% \leqslant w(Fe_2O_3) + w(MnO_2) \leqslant 11.8\%$ 时，钢液处于脱磷、回磷的共存区域。在此区域内要发生脱磷向回磷的转变。其转变点为图 5-5、图 5-6 中 η_P 曲线与 $\eta_P = 0$ 分界线的相交点。把转变点对应的熔剂组成称为临界组成，标上符号"*"以区别其他熔剂组成。它对于确定钢液回磷控制的渣系组成具有重要意义。

5.2.1.2　熔剂临界碱度与临界氧化性之间的关系

根据图 5-5、图 5-6 中各 η_P 曲线与 $\eta_P = 0$ 分界线的相交点所对应的熔剂组成，得到熔剂临界碱度 $(w(CaO)/w(SiO_2))^*$ 和临界氧化性 $(w(Fe_2O_3) + w(MnO_2))^*$ 的实验值，如表 5-1 所示，表中带括号的数据为图 5-5 中 $w(Fe_2O_3) + w(MnO_2) = 13\%$ 和 $w(Fe_2O_3) + w(MnO_2) = 15\%$ 两条线的延长线与 $\eta_P = 0$ 的交点值。将表 5-1 中的实验数据进行回归处理，得到如下关系式：

$$(w(Fe_2O_3) + w(MnO_2))^* = 18.19 - 4.08 \times (w(CaO)/w(SiO_2))^*$$

$$(R = 0.9680) \tag{5-16}$$

并将其关系示于图 5-7。

表 5-1 熔剂临界碱度和临界氧化性的实验值

项 目	实 验 数 据							
$(w(CaO)/w(SiO_2))^*$	3.5	3.0	2.5	2.0	1.8	1.5	(1.35)	(1.1)
$(w(Fe_2O_3) + w(MnO_2))^*/\%$	5.2	5.6	7.0	9.6	10.0	11.8	13.0	15.0

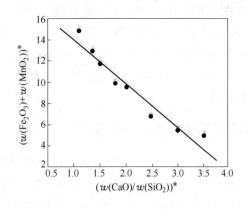

图 5-7 $(w(CaO)/w(SiO_2))^*$ 与 $(w(Fe_2O_3) + w(MnO_2))^*$ 之间的关系

图 5-7 和式（5-16）表明，熔剂的临界碱度和临界氧化性呈反比关系，随临界碱度的增大，临界氧化性降低。这与脱磷反应的热力学分析相吻合。根据前述临界组成的定义，再对照图 5-7 可知，临界组成关系线也是钢液脱磷区域和回磷区域的分界线，防止回磷的熔剂组成必须控制在临界组成关系线的上方区域，即脱磷区域，此时熔剂组成大于其临界组成值。图 5-7 和式（5-16）所示的关系，对

于选择确定回磷控制渣系组成具有实际指导意义。当某一低氧化性渣系处于回磷区域时，为了在保持渣系低氧化性不变的条件下转变该渣系至脱磷区域，可通过提高渣系碱度使其大于临界值的方法达到目的。作为提高渣系碱度的添加剂，可选用 BaO、Na_2O 等强碱性氧化物[5~9]。

5.2.1.3　在 CaO 基渣系中添加 BaO 对钢液回磷控制的影响

根据上述方法，利用 BaO 作为控制回磷渣系的添加剂。添加 BaO 对 η_P 曲线的影响结果示于图 5-6 中。BaO 的添加条件也示于该图中。将图 5-6 中添加 BaO 前后的两条 η_P 曲线进行比较后发现：

（1）添加 BaO 后 η_P 曲线向着增大 η_P 的方向移动，表明向 CaO 基渣系中添加 BaO 可提高脱磷效果。

（2）对于 $w(CaO)/w(SiO_2) = 3.5$、$w(Fe_2O_3) + w(MnO_2) = 5\%$ 的熔剂组成，由图 5-6 可知，它处于回磷区域。对该熔剂，在保持 $w(Fe_2O_3) + w(MnO_2) = 5\%$ 不变的条件下，通过添加 BaO 提高碱度后，熔剂组成转移到脱磷区域。这与上述分析 BaO 等强碱性氧化物对回磷控制作用的结果是一致的，同时说明了 BaO 作为添加剂对控制钢液回磷的有效作用。

5.2.2　钢液氧势对钢液脱磷和回磷的影响

转炉出钢时炼钢渣随钢液进入钢包中，由于对钢液脱氧引起钢包渣氧化性降低，从而导致钢液回磷，极大地影响了钢液质量。文献[4，10]报道了熔渣组成变化对钢液脱磷、回磷转变的影响，以及熔渣中添加强碱性氧化物对钢液回磷控制效果的影响。本节探讨在此基础上，采用添加含 LiO_2 的还原性 CaO 基熔剂，对不同氧势的钢液进行脱磷、回磷转变处理，测定钢液氧势变化对脱磷、回磷转变的影响。钢液中的氧势用钢液中的氧活度 $a_{[O]}$ 来表示，其计算公式为：

$$\lg a_{[O]} = 4.53 - (8.983 + 10.08 E_{[O]})/T \tag{5-17}$$

式中　$E_{[O]}$——钢液的电动势，mV；

　　　T——实验温度，K。

郭上型等[11]采用固定组成的 CaO 基熔剂，对不同氧势的钢液进行大量的脱磷、回磷转变处理实验。实验结果如表 5-2 和图 5-8 所示。表 5-2 中同时列出实验熔剂和钢液的组成。图 5-8 中的 η_P 表达式为式（5-15）。图 5-8 表明，η_P 随钢液氧势 $a_{[O]}$ 的降低而减小，经回归处理得到 $a_{[O]}$ 对 η_P 的影响关系式为：

$$\eta_P = -21.44 + 0.29 a_{[O]} \quad (R = 0.9792) \quad (5-18)$$

图 5-8 中，η_P 线与 $\eta_P = 0$ 的分界线相交，交点处 $a_{[O]} = 74 \times 10^{-6}$。当 $a_{[O]} > 74 \times 10^{-6}$ 时，$\eta_P > 0$，表示钢液处于脱磷区域；当 $a_{[O]} < 74 \times 10^{-6}$ 时，$\eta_P < 0$，表示钢液处于回磷区域；显然，$a_{[O]} = 74 \times 10^{-6}$ 时，$\eta_P = 0$，表示钢液处于脱磷向回磷转变的临界状态。转变点对应的钢液氧势 $a_{[O]} = 74 \times 10^{-6}$ 称为临界氧势，文中标出符号"＊"以区别其他钢液氧势。文献［12］通过热力学计算和对不同厂家的调研后指出，为保证普碳钢不产生皮下气泡，应控制连铸中间包的钢液氧势 $a_{[O]} \leqslant 79 \times 10^{-6}$；考虑到温度变化对钢液氧势的影响，出钢终脱氧的钢液氧势控制水平可比中间包高出 $(30 \sim 50) \times 10^{-6}$。将其与文中得到的钢液临界氧势 $a_{[O]}^* = 74 \times 10^{-6}$ 相比较可知，在钢液出钢终脱氧阶段，钢液仍处于脱磷区域。这对解决流进钢包中的转炉渣引起钢液回磷的问题具有重要参考作用。

表 5-2　钢液氧势变化对钢液脱磷、回磷转变的影响

试验号	钢液成分/%					$E_{[O]}$/mV	$a_{[O]}$/$\times 10^{-6}$	η_P/%
	$w[C]_i$	$w[Si]_i$	$w[Mn]_i$	$w[P]_i$	$w[P]_f$			
1	0.1230	0.029	0.216	0.042	0.029	265	174	30.9
2	0.130	0.031	0.216	0.048	0.038	272	159	20.8
3	0.150	0.049	0.190	0.042	0.035	295	119	16.6
4	0.160	0.069	0.320	0.042	0.035	320	87	5.0
5	0.168	0.076	0.320	0.043	0.046	355	56	-6.9

注：熔剂成分为 $w(CaO) = 37.15\%$，$w(LiO_2) = 15\%$，$w(SiO_2) = 20.85\%$，$w(MnO) = 2\%$，$w(MgO) = 6\%$，$w(P_2O_5) = 3\%$，$w(Al_2O_3) = 3\%$，$w(CaF_2) = 13\%$。

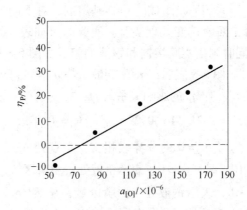

图 5-8　钢液氧势对 η_P 的影响

5.3　钢液二次精炼脱磷

随着用户对钢材质量要求的不断提高，钢水深度脱磷处理问题日益引起重视。生产 $w[P] \leqslant 0.005\%$ 的超低磷钢时，其脱磷环节应包括铁水预处理脱磷、转炉炼钢脱磷和钢水二次精炼脱磷[13,14]。以生产 $w[P] \leqslant 0.005\%$ 超低磷钢为目的，本节主要讨论熔剂中各种氧化物对钢液二次精炼脱磷的能力和速度的影响。

5.3.1　BaO 基熔剂对钢液二次精炼脱磷的影响

郭上型[15]等利用 $BaO\text{-}BaF_2\text{-}Fe_2O_3$ 系熔剂，对 $w[P] = 0.05\%$ 的钢液进行二次精炼脱磷处理，测定了熔剂组成以及熔剂中添加 CaO、Al_2O_3、SiO_2 时对钢液脱磷含量的影响关系。

5.3.1.1　BaO 基熔剂组成对钢液脱磷的影响

采用 $BaO\text{-}BaF_2\text{-}Fe_2O_3$ 系熔剂，将熔剂中 BaO 与 BaF_2 的质量比固定为 7：3，使 $w(Fe_2O_3)$ 在不大于 40% 的范围内变化，实验熔剂对钢液二次精炼脱磷处理的实验结果如表 5-3 和图 5-9 所示。表 5-3 中同时列出熔剂和钢液的组成，将表 5-3 中炉号 1~8 的实验结果示于图 5-9 中，图 5-9 表示熔剂中 $w(Fe_2O_3)$ 对 η_P 的影响。

表 5-3 熔剂组成和熔剂中添加 CaO、Al₂O₃、SiO₂ 对钢液脱磷影响的实验结果

(%)

炉号	熔剂成分						钢液成分					η_P
	$w(BaO)$	$w(BaF_2)$	$w(Fe_2O_3)$	$w(CaO)$	$w(Al_2O_3)$	$w(SiO_2)$	$w[C]_i$	$w[Si]_i$	$w[Mn]_i$	$w[P]_i$	$w[P]_f$	
1	66.5	28.5	5				0.058	0.042	0.183	0.044	0.018	59.1
2	63.0	27.0	10				0.065	0.039	0.226	0.042	0.012	71.4
3	59.5	25.5	15				0.065	0.039	0.226	0.042	0.01	76.2
4	56.0	24.0	20				0.056	0.039	0.142	0.042	0.008	80.9
5	52.5	22.5	25				0.056	0.039	0.142	0.042	0.005	88.1
6	49.0	21.0	30				0.055	0.071	0.153	0.043	0.002	95.3
7	45.5	19.5	35.5				0.1	0.026	0.19	0.038	0.002	94.7
8	42.0	18.0	40				0.143	0.071	0.153	0.045	0.008	82.2
9	47.5	22.5	25	5			0.072	0.019	0.443	0.039	0.003	92.3
10	42.5	22.5	25	10			0.072	0.019	0.443	0.039	0.004	89.7
11	37.5	22.5	25	15			0.07	0.035	0.278	0.033	0.004	87.8
12	32.5	22.5	25	20			0.072	0.019	0.443	0.039	0.005	87.1
13	27.5	22.5	25	25			0.07	0.011	0.208	0.033	0.007	78.7
14	52.5	17.5	25		5		0.192	0.015	0.155	0.044	0.002	95.4
15	52.5	12.5	25		10		0.114	0.013	0.14	0.031	0.004	87.1
16	52.5	7.5	25		15		0.206	0.022	0.172	0.031	0.005	83.8
17	52.5	2.5	25		20		0.046	0.024	0.103	0.019	0.005	73.6
18	52.5	17.5	25			5	0.089	0.039	0.196	0.046	0.003	93.4
19	52.5	12.5	25			10	0.089	0.02	0.19	0.034	0.006	82.3
20	52.5	7.5	25			15	0.037	0.01	0.100	0.021	0.005	76.2
21	52.5	2.5	25			20	0.085	0.028	0.191	0.043	0.012	72.1

注: 表中 $\eta_P = (w[P]_i - w[P]_f)/w[P]_i$。

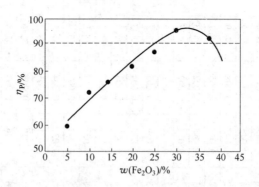

图 5-9   熔剂中 $w(\mathrm{Fe_2O_3})$ 对 η_P 的影响

分析图 5-9 可知，在 $w(\mathrm{Fe_2O_3}) < 30\%$ 时，η_P 曲线向增大 η_P 的方向延伸，表示 η_P 随 $w(\mathrm{Fe_2O_3})$ 的增加而增大；当 $w(\mathrm{Fe_2O_3})$ 处于 30% ~ 35% 范围内时，η_P 曲线呈现波峰状，表示 η_P 达到最高值，该值为 95% 左右；当 $w(\mathrm{Fe_2O_3}) > 35\%$ 时，曲线呈现下降趋势，表示 η_P 随 $w(\mathrm{Fe_2O_3})$ 的增加而降低。热力学分析表明，图 5-9 中 η_P 曲线走向是熔剂氧化性和碱度影响的综合结果。随着熔剂 $w(\mathrm{Fe_2O_3})$ 的增加，其对 η_P 提高的正面影响增大；随着熔剂碱度的降低，其对 η_P 提高的负面影响增加。在熔剂 $w(\mathrm{Fe_2O_3})$ 增加的同时又降低熔剂碱度，则正、负两方面的影响对 η_P 的提高起制约作用，当正面影响大于负面影响时，η_P 提高；反之，η_P 降低。η_P 由提高到降低的临界转变处则为 η_P 曲线的波峰处，此处 η_P 最高。根据表 5-3 中的熔剂初始组成可知，随着熔剂 $w(\mathrm{Fe_2O_3})$ 的增加，BaO 的质量分数相应降低；同时，由于 $\mathrm{Fe_2O_3}$ 是酸性氧化物，在熔渣中以 $\mathrm{FeO_2^-}$ 离子形式存在，它消耗渣中的 $\mathrm{O^{2-}}$ 离子，使熔渣碱度降低。因此，在熔剂中 $w(\mathrm{Fe_2O_3})$ 增加的同时熔剂碱度是降低的，它们对 η_P 产生正、负两方面的综合作用结果决定了图 5-9 中 η_P 曲线的形状和走向。可根据钢液脱磷结果来判断熔剂的优化组成。根据热力学计算，为使钢液中 $w[\mathrm{P}]$ 从 0.050% 降至 0.005% 以下，即达到超低磷钢的磷含量水平，钢液的脱磷率 η_P 必须达到 90% 以上。图 5-9 中 η_P 曲线与 $\eta_P = 90\%$ 的分界线相交，其两个交点分别对应着 26% 和 37.5% 的

$w(Fe_2O_3)$。因此，由图 5-9 看出，当熔剂中 $w(Fe_2O_3)$ 处于 26% ~ 37.5% 范围内时，相应的 $\eta_P \geqslant 90\%$，此时钢液中 $w[P] \leqslant 0.005\%$，满足超低磷钢磷含量的要求。再根据熔剂中 $w(BaO)/w(BaF_2) = 7:3$，计算出熔剂的优化组成为：$w(BaO) = 43.75\% ~ 51.80\%$，$w(BaF_2) = 18.75\% ~ 22.20\%$，$w(Fe_2O_3) = 26.00\% ~ 37.50\%$。

5.3.1.2 BaO 基熔剂中添加 CaO、Al_2O_3、SiO_2 对钢液脱磷的影响

对 $BaO(52.5\%)$-$BaF_2(22.5\%)$-$Fe_2O_3(25.0\%)$ 系熔剂，用 CaO 部分替代熔剂中的 BaO，用 Al_2O_3、SiO_2 分别替代 BaF_2，替代时，保持熔剂中其他两组元的质量分数不变。熔剂中添加 CaO、Al_2O_3、SiO_2 对钢液脱磷的实验结果示于表 5-3 和图 5-10 中。表 5-3 中同时列出各添加剂加入后熔剂的原始组成，图 5-10 示出 CaO、Al_2O_3、SiO_2 添加量对 η_P 的影响关系。图 5-10 中，CaO 曲线对应表 5-3 中 9 ~ 13 号炉的实验结果，而 Al_2O_3 曲线、SiO_2 曲线分别对应表 5-3 中 14 ~ 17 号炉和 18 ~ 21 号炉的实验结果，未添加 CaO、Al_2O_3、SiO_2 的空白实验对应表 5-3 中 5 号炉的实验结果。

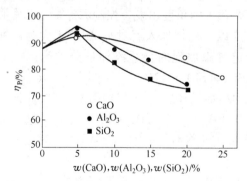

图 5-10 BaO 基熔剂添加 CaO、Al_2O_3、SiO_2 对 η_P 的影响

分析图 5-10 可知：

（1）添加剂不同，其对 η_P 的影响作用不同。如图 5-10 所示，当添加量大于 5% 时，各添加剂降低 η_P 的强弱顺序为：$SiO_2 > Al_2O_3 >$ CaO，这与 CaO、Al_2O_3、SiO_2 本身的酸碱性强弱不同密切相关。氧

化物酸碱性的强弱可用阳离子对氧离子的吸引力 I 值的大小来表示，其表达式是：

$$I = \frac{2z}{a^2} \qquad (5-19)$$

式中　z——阳离子价数；

　　　a——阴、阳离子半径之和。

BaO、CaO、Al_2O_3、SiO_2 的 I 值分别为 0.53、0.70、1.66、2.44，氧化物碱性依 I 值的递增而减弱，因此，四种氧化物的碱性强弱顺序为：BaO > CaO > Al_2O_3 > SiO_2。CaO、Al_2O_3、SiO_2 降低 BaO 基熔剂脱磷能力的强弱顺序应为：SiO_2 > Al_2O_3 > CaO，这与图 5-10 中各添加剂降低 η_P 的强弱顺序完全一致，表明添加剂碱性强弱对 η_P 的影响占主导地位。

（2）添加剂加入量不同，其对 η_P 的影响作用也不同。对于未加添加剂的 BaO 基熔剂，其 $\eta_P = 88.1\%$。加入添加剂后，当添加量达到 5% 时，CaO、Al_2O_3、SiO_2 对应的 η_P 均增大到大于 92%。当添加量大于 5% 时，三种添加剂的 η_P 均随添加量的增加而降低。可见，从满足钢液脱磷要求的角度出发，控制添加量是非常必要的。合适添加量的确定应以添加剂加入后对 η_P 影响不大为依据。依据此原则，本实验确定各添加剂的合适添加量分别为：$w(\mathrm{CaO}) \leqslant 20\%$，$w(\mathrm{Al_2O_3}) \leqslant 10\%$，$w(\mathrm{SiO_2}) \leqslant 7\%$。

在钢液二次精炼脱磷过程中，选用添加剂时应该考虑它们的作用和成本。CaO 的成本低于 BaO，CaO 作为 BaO 基熔剂添加剂的目的主要是降低 BaO 基熔剂的成本。而 Al_2O_3、SiO_2 加入熔剂中，其主要目的为：

（1）替代熔剂中部分 BaF_2，降低熔剂中 BaF_2 的质量分数，从而减弱氟对炉衬耐材的侵蚀和环境污染；

（2）降低熔渣黏度，改善脱磷动力学条件；

（3）实际生产熔渣中常有 Al_2O_3、SiO_2，对脱磷剂的开发具有指导意义。

根据 CaO、Al_2O_3、SiO_2 各添加剂降低 η_P 的强弱顺序，考虑 CaO 的成本远低于 BaO，以 CaO 为 BaO 基熔剂的首选添加剂。比较

Al_2O_3 和 SiO_2，由于两种添加剂加入熔剂的目的相似，但 Al_2O_3 添加剂降低 η_P 的作用小于 SiO_2，应优先考虑使用 Al_2O_3。

5.3.2 CaO 基熔剂对钢液二次精炼脱磷的影响

CaO 基熔剂由于成本低、来源广、脱磷能力高，被广泛地用于钢液脱磷。冶炼超低磷钢时，钢包中钢水的二次精炼脱磷是关键环节之一，选择合适的钢包精炼脱磷剂是极其重要的。用 BaO 基熔剂对钢液进行二次精炼脱磷时，能将钢液中 $w[P]$ 从 0.05% 降低至 0.005% 以下，达到超低磷钢的磷含量水平[15]；但 BaO 基熔剂成本较高，限制其广泛应用。

5.3.2.1 CaO 基熔剂作为生产低磷钢脱磷剂的可行性探讨

近年来，低磷钢生产日益引起重视。生产 $w[P] \leqslant 0.005\%$ 的超低磷钢时，其脱磷环节包括铁水预处理脱磷、转炉炼钢脱磷和钢水二次精炼脱磷。本节采用普通的 CaO 基熔剂，对钢液进行二次精炼脱磷处理，测定熔剂组成对钢液脱磷的影响关系，探索 CaO 基熔剂作为生产超低磷钢脱磷剂的可行性，选择确定脱磷剂的优化组成，为工业生产超低磷钢时脱磷剂的选用提供依据。

郭上型等[16]采用 $CaO\text{-}CaF_2\text{-}Fe_2O_3$ 系 CaO 基熔剂，固定熔剂的 $w(CaO)/w(CaF_2) = 6:4$，使 Fe_2O_3 在不大于 40% 的范围内变动。向 CaO 基熔剂中添加 BaO、SiO_2 的实验是在保持 Fe_2O_3 含量固定不变时，用 BaO、SiO_2 分别替代熔剂中 CaO、CaF_2 的条件下进行的，其替代量不大于 25%。在大量实验的基础上得到一些脱磷的规律。

A 熔剂中 Fe_2O_3 含量对钢液脱磷的影响

采用 $CaO\text{-}CaF_2\text{-}Fe_2O_3$ 系熔剂，Fe_2O_3 含量在不大于 40% 的范围内变化，Fe_2O_3 含量对钢液脱磷率的影响关系如图 5-11 所示。

在 $w(Fe_2O_3) \leqslant 40\%$ 范围内，随 $w(Fe_2O_3)$ 的变化，表示相应脱磷率变化结果的 η_P 曲线存在三种不同的走向趋势；当 $w(Fe_2O_3) < 25\%$ 时，η_P 曲线处于上升趋势，表示随 $w(Fe_2O_3)$ 增加 η_P 不断增大；当 $w(Fe_2O_3) = 25\% \sim 35\%$ 时，η_P 曲线呈现波峰状，表示 η_P 达到最

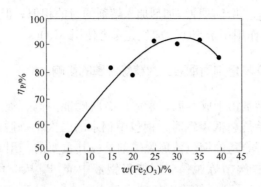

图 5-11　熔剂中 $w(Fe_2O_3)$ 对 η_P 的影响

大值，该值为 93% 左右；当 $w(Fe_2O_3) > 35\%$ 时，η_P 曲线呈下降趋势，表示随 $w(Fe_2O_3)$ 增加 η_P 反而降低。

根据钢水脱磷反应的热力学条件，本实验中影响 η_P 升降的因素主要是熔剂的氧化性和碱度。随着 $w(Fe_2O_3)$ 的增加，熔剂氧化性增大，从而导致 η_P 升高；但由于 Fe_2O_3 是酸性氧化物，在熔渣中以 FeO_2^- 离子形式存在，而 FeO_2^- 的生成必然消耗渣中的 O^{2-} 离子，使熔渣碱度降低。随着 Fe_2O_3 含量的增加，消耗的 O^{2-} 离子增多，从而降低熔渣碱度的影响也增大。另外，当 Fe_2O_3 含量从 5% 增加到 40% 时，熔剂中 CaO 含量相应地从 57% 降低到 36%。显然，CaO 含量降低，熔剂碱度降低；而碱度降低，导致 η_P 也降低。上述两方面碱度降低程度的叠加必将影响到 η_P 曲线的走向。当熔剂氧化性增大，产生升高 η_P 的贡献占主导地位时，η_P 曲线处于上升趋势；反之，当熔剂碱度降低，产生降低 η_P 的贡献占主导地位时，η_P 曲线处于下降趋势；η_P 由增加到降低的临界转变处则为 η_P 曲线的波峰顶处，显然，此处 η_P 最大。

当熔渣中 $w(FeO_n) > 40\%$ 时，磷分配比 L_P 急剧降低，得到合适的 $w(FeO_n)$ 范围是 10% ~ 40%。将其与本实验结果相比较可看出，两者变化规律大致相同。热力学计算表明，当脱磷率 $\eta_P \geqslant 90\%$ 时，对于初始 $w[P] \leqslant 0.050\%$ 的钢水，经脱磷后钢水中 $w[P] \leqslant 0.005\%$，达到超低磷钢的磷含量水平。据此并结合图 5-11 所示的实验结果，可确定熔剂的优化组成。当 η_P 曲线处于波峰顶处时，对应的熔剂组成即为优化组成，其 $w(Fe_2O_3) = 25\% \sim 35\%$，相应的 $w(CaO) = 45\% \sim 39\%$，此时脱磷率 η_P 达到93%左右，脱磷后钢液中 $w[P] = 0.003\% \sim 0.004\%$，达到超低磷钢 $w[P] \leqslant 0.005\%$ 的要求。

B　BaO、SiO_2 添加到 CaO 基熔剂中对钢液脱磷的影响

对于 $CaO(48\%)$-$CaF_2(32\%)$-$Fe_2O_3(20\%)$ 系熔剂，用 BaO、SiO_2 分别部分替代熔剂中的 CaO、CaF_2，替代时保持 $w(Fe_2O_3) = 20\%$ 不变。BaO、SiO_2 对钢液脱磷率的影响结果示于图 5-12、图 5-13 中。

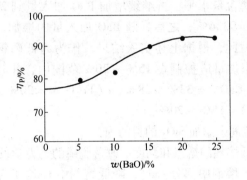

图 5-12　CaO 基熔剂中添加 BaO 对 η_P 的影响

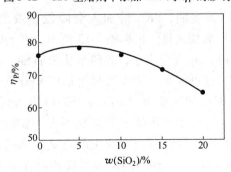

图 5-13　CaO 基熔剂中添加 SiO_2 对 η_P 的影响

比较图 5-12 和图 5-13 可知，BaO 的添加有利于钢液脱磷，随着 BaO 添加量的增加，钢液脱磷率增高。与此相反，SiO_2 的加入不利

于钢液脱磷，随 SiO_2 加入量的增多，脱磷率降低。由于 BaO 是碱性大于 CaO 的强碱性氧化物，而 SiO_2 为酸性氧化物，对于 BaO、SiO_2 作为 CaO 基熔剂的添加剂对钢液脱磷率的影响，本实验结果与脱磷热力学分析相符合。

考虑到 BaO 的成本高于 CaO，因此根据脱磷要求来控制 BaO 的加入量是至关重要的。从图 5-12 看出，当 BaO 加入量不大于 10% 时，BaO 对脱磷的影响甚微，脱磷率仅从未加 BaO 时的 78.7% 提高到 83% 左右；而当 BaO 加入量增加到 15% 时，相应的脱磷率升高到 90.6%，此时钢液中磷含量已降低到小于 0.005% 的超低磷钢的磷含量水平；再继续增加 BaO 加入量到 20% 时，脱磷率缓慢升高到 93.6%；之后，随 BaO 加入量的增加，脱磷率大致保持不变。因此，根据上述实验结果，作为超低磷钢生产的脱磷剂，BaO 的添加量应控制在 15% ~ 20% 范围内，此时熔剂的优化组成为：$w(CaO) = 33\% \sim 28\%$，$w(Fe_2O_3) = 20\%$，$w(CaF_2) = 32\%$，$w(BaO) = 15\% \sim 20\%$。

CaO 基熔剂中添加 SiO_2 的目的为：

(1) 降低熔剂的熔点和黏度，改善脱磷的动力学条件；

(2) 替代熔剂中部分 CaF_2，降低熔剂中 CaF_2 含量，从而减弱熔渣对炉衬耐材的侵蚀强度。

上述实验结果表明，SiO_2 的加入会降低钢液脱磷率，因此，有必要控制 SiO_2 的加入量。根据图 5-13 所示，在 SiO_2 加入量不大于 10% 的范围内，η_P 变化很小，脱磷率从未加 SiO_2 时的 78.7% 降低到 77% 左右。这可能是由于本实验熔剂中 CaO 含量高，即使加入 10% 的 SiO_2 时熔剂碱度 $w(CaO)/w(SiO_2)$ 仍达到 4.8，而在高碱度范围内碱度的变化对脱磷率的影响不大。在对实验熔剂进行优化选择时，上述结果具有较大的实际意义。显然，从满足钢液脱磷率要求的角度出发，SiO_2 的添加量应控制在不大于 10% 的范围内。

通过上面分析可以得到：采用优化组成的 CaO 基熔剂对钢液脱磷，可得到不小于 90% 的脱磷率，能将钢液磷含量从 0.05% 降低到 0.005% 以下，达到超低磷钢的磷含量水平；推荐 CaO 基熔剂的优化组成为：$w(CaO) = 39\% \sim 45\%$，$w(Fe_2O_3) = 25\% \sim 35\%$，$w(CaF_2) = 26\% \sim 30\%$；$BaO$、$SiO_2$ 作为 CaO 基熔剂的添加剂时，从满足钢液脱磷要求的角度出发，推荐 BaO 添加量控制在 $15\% \sim 20\%$ 范围内、SiO_2 添加量控制在不大于 10% 的范围内。

5.3.2.2 钢液二次精炼用 CaO 基熔剂的脱磷能力

本节选择 $CaO\text{-}Fe_2O_3\text{-}CaF_2$ 熔剂作为钢液二次精炼的脱磷剂，测定其脱磷的能力，确定其优化组成，考查其用于生产 $w[P] < 0.005\%$ 的超低磷钢的可行性。

在 1853K 的温度下，郭上型、董元篪[17] 等通过钢液脱磷平衡试验，测定 CaO 基熔剂的磷酸盐容量；通过 CaO 基熔剂对钢液二次精炼脱磷的工艺性试验，确定熔剂的优化组成及其脱磷效果，得到的 CaO 基熔剂对钢液脱磷的平衡试验结果及其对钢液脱磷的工艺试验结果，分别列于表 5-4 和表 5-5 中。

表 5-4　CaO 基熔剂对钢液脱磷的平衡试验结果

试样号	熔剂组成/%				钢液平衡组成/%				熔渣平衡磷含量/%	$\lg C_{PO_4^{3-}}$
	$w(CaO)$	$w(Fe_2O_3)$	$w(CaF_2)$	$w(BaO)$	$w[C]$	$w[Mn]$	$w[P]$	$w[O]$	$w(P)_{平}$/%	
1	54	10	36		1.92	0.199	0.011	0.0025	0.051	20.19
2	51	15	34		0.87	0.218	0.006	0.0037	0.060	20.21
3	48	20	32		1.08	0.169	0.006	0.0032	0.060	20.33
4	45	25	30		1.10	0.246	0.006	0.0032	0.060	20.35
5	42	30	28		0.86	0.156	0.005	0.0037	0.061	20.30
6	39	35	26		0.67	0.122	0.005	0.0045	0.061	20.13
7	49	10	36	5	2.18	0.148	0.012	0.024	0.050	20.14
8	44	10	36	10	1.33	0.164	0.008	0.0029	0.056	20.29
9	39	10	36	15	0.99	0.200	0.005	0.0034	0.061	20.39
10	34	10	36	20	1.22	0.148	0.006	0.0030	0.060	20.41
11	29	10	36	25	1.24	0.105	0.005	0.0030	0.061	20.50

表5-5 CaO 基熔剂对钢液脱磷的工艺试验结果 （%）

试样号	熔剂组成			钢液平衡组成					η_P
	$w(CaO)$	$w(Fe_2O_3)$	$w(CaF_2)$	$w[C]_i$	$w[Si]_i$	$w[Mn]_i$	$w[P]_i$	$w[P]_f$	
1	54	10	36	2.059	0.040	0.232	0.046	0.18	60.8
2	51	15	34	0.059	0.046	0.230	0.044	0.008	81.8
3	48	20	32	0.039	0.029	0.196	0.033	0.007	78.7
4	45	25	30	0.064	0.013	0.223	0.045	0.003	93.3
5	42	30	28	0.060	0.012	0.222	0.049	0.004	91.8
6	39	35	26	0.065	0.010	0.220	0.043	0.003	93.0
7	36	40	24	0.055	0.014	0.232	0.050	0.008	84.0

A CaO 基熔剂磷酸盐容量的计算

根据式（5-4）所示的磷酸盐容量的定义式：

$$C_{PO_4^{3-}} = \frac{w(PO_4^{3-})}{p_{P_2}^{1/2} \cdot p_{O_2}^{5/4}}$$

可以推导出磷酸盐容量 $C_{PO_4^{3-}}$ 的计算式：

$$\lg C_{PO_4^{3-}} = \lg L_P - \lg f_P - 2.5\lg a_{[O]} + \lg(K_P \cdot K_O^{5/2}) + 0.49$$

$$(5-20)$$

式中 L_P ——磷的平衡分配比；

      f_P ——钢水中磷的活度系数；

     $a_{[O]}$ ——钢水中溶解氧的活度；

     K_P ——反应 $\frac{1}{2}P_2 = [P]$ 的平衡常数；

     K_O ——反应 $\frac{1}{2}O_2 = [O]$ 的平衡常数。

对于反应 $\frac{1}{2}P_2 = [P]$ ，其 $\Delta G^\ominus = -157700 + 5.40T$ [18]，据此计算得到 1853K 时的 $\lg K_P = 4.16$。对于反应 $\frac{1}{2}O_2 = [O]$ ，其 $\Delta G^\ominus = -117110 - 2.88T$ [19]，据此计算得到 1853K 时 $\lg K_O = 3.45$。因为：

$$\lg f_P = e_P^P w[P]_\% + e_P^C w[C]_\% + e_P^{Mn} w[Mn]_\% + e_P^O w[O]_\%$$

$$(5-21)$$

由文献［19］可知，式（5-21）中 $e_P^P = 0.062$、$e_P^C = 0.3$、$e_P^{Mn} = 0$、e_P^O $=0.3$，将 e_P^P、e_P^C、e_P^{Mn}、e_P^O 的值以及表 5-4 中的相关试验数据代入式（5-22）中，可计算得到 $\lg f_P$ 的值。

当 $w[C] > 0.5\%$ 时，在 1560～1760℃ 温度范围内，C-O 反应平衡满足下式[20]：

$$\lg(w[C]_\% \cdot w[O]_\%)/p_{CO} = -1160/T - 2.00 + 0.16w[C]_\%$$

$$(5-22)$$

在文献［17］的实验条件下，$p_{CO} \approx 0.1MPa$，$T = 1853K$，将其与钢液中的 $w[C]$ 一同代入式（5-22）中可计算得到钢液中的氧含量，其计算结果示于表 5-4 中。式（5-20）中 L_P 可由试验测得。将以上参数代入式（5-20）中，即可得到 $\lg C_{PO_4^{3-}}$ 的值，其计算结果示于表 5-4 中。由表 5-4 可知，在文献［17］的实验条件下，CaO-Fe₂O₃-CaF₂ 系熔剂的 $\lg C_{PO_4^{3-}} = 20.4 \pm 0.1$。

B 熔剂组成对 $\lg C_{PO_4^{3-}}$ 的影响

图 5-14 所示为 CaO-Fe₂O₃-CaF₂ 系熔剂中 $w(Fe_2O_3)$ 对熔剂 $\lg C_{PO_4^{3-}}$ 的影响。图 5-14 表明，随熔剂中 $w(Fe_2O_3)$ 的逐渐增加，相应的 $\lg C_{PO_4^{3-}}$ 值呈抛物线变化。当 $w(Fe_2O_3) < 25\%$ 时，随 $w(Fe_2O_3)$ 增加，$\lg C_{PO_4^{3-}}$ 值增大；当 $w(Fe_2O_3) > 25\%$ 时，随 $w(Fe_2O_3)$ 增加，$\lg C_{PO_4^{3-}}$ 值降低。显然，$\lg C_{PO_4^{3-}}$ 值存在着最大值，该值为 20.35，其对应的 $w(Fe_2O_3) = 25\%$。

根据 $\lg C_{PO_4^{3-}}$ 的计算式（见式（5-21）），$\lg C_{PO_4^{3-}}$ 值与磷分配比 L_P

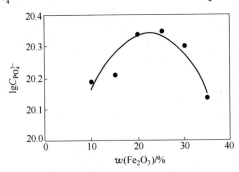

图 5-14 熔剂中 $w(Fe_2O_3)$ 对熔剂 $\lg C_{PO_4^{3-}}$ 的影响

密切相关。随着熔剂中 $w(Fe_2O_3)$ 增加，熔剂氧化性增大，导致 L_P 升高，从而对 $lgC_{PO_4^{3-}}$ 的增大起正面影响作用。但在文献［17］的实验条件下，熔剂组成中当 $w(Fe_2O_3)$ 从 10% 增加到 35% 时，熔剂中 $w(CaO)$ 相应从 54% 降低至 39%。而 $w(CaO)$ 的降低导致 L_P 降低，从而对 $lgC_{PO_4^{3-}}$ 的增大起负面影响作用。图 5-14 中的 $lgC_{PO_4^{3-}}$ 曲线正是这种对 $lgC_{PO_4^{3-}}$ 值正、负影响作用的叠加结果。

文献［21］在测定 $CaO-Fe_tO-SiO_2$ 渣和 $CaO-Fe_tO-Al_2O_3$ 渣的 $lgC_{PO_4^{3-}}$ 值时发现，随渣中 $w(Fe_t)$ 增加，$lgC_{PO_4^{3-}}$ 值呈直线降低。而文献［22］对 $CaO-MgO_{sat}-SiO_2-Al_2O_3-Fe_tO$ 渣的试验表明，$lgC_{PO_4^{3-}}$ 值与渣中 $w(Fe_tO)$ 之间没有规律性关系。这是由于渣中 $w(Fe_tO)$ 变化时，渣中其他组成呈现不同变化所致。它也证实，$lgC_{PO_4^{3-}}$ 值是熔渣各种组成的综合影响结果，这与磷酸盐容量的定义是一致的。

图 5-15 所示为 BaO 的添加对 $lgC_{PO_4^{3-}}$ 的影响。由图 5-15 可知，在熔剂中其他组成不变的条件下，随着 BaO 取代 CaO 量的增加，$lgC_{PO_4^{3-}}$ 值不断升高，从而熔剂对钢液的脱磷能力也不断增大。考虑到 BaO 的碱性大于 CaO，因此，文献［17］的试验结果是与脱磷热力学原理相符合的。从图 5-15 可知，当 BaO 对 CaO 的取代量从 5% 增加到 25% 时，相应的 $lgC_{PO_4^{3-}}$ 值由 20.14 增大到 20.50，即 $C_{PO_4^{3-}}$ 值增大约 2.3 倍。文献［8］在 $CaO-Fe_2O_3-CaF_2$ 系熔剂中添加 BaO，当 BaO 添加量达到 30% 时，其相应的 $lgC_{PO_4^{3-}}$ 值增大 3.6 倍。两者试验结果颇为接近。

热力学计算表明，当脱磷率 $\eta_P \geqslant 90\%$ 时，对于初始 $w[P] \leqslant$

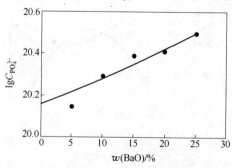

图 5-15　熔剂中 $w(BaO)$ 对熔剂 $lgC_{PO_4^{3-}}$ 的影响

0.050%的钢水，经脱磷后钢水中$w[P] \leq 0.005\%$，达到超低磷钢的磷含量水平。据此并结合表5-5和图5-15中的试验结果，可确定熔剂的优化组成为：$w(CaO) = 45\% \sim 39\%$，$w(Fe_2O_3) = 25\% \sim 35\%$，其余为$CaF_2$。采用此优化组成熔剂，脱磷率$\eta_P$可达到91% ~93%，脱磷后钢液$w[P] = 0.003\% \sim 0.004\%$，满足超低磷钢$w[P] \leq 0.005\%$的要求。结合表5-4和图5-14中的试验结果可知，上述优化组成熔剂的$\lg C_{PO_4^{3-}}$的最大值为20.35。

通过对本节内容的总结可知：

（1）在1853K温度下，CaO-Fe_2O_3-CaF_2系熔剂的$\lg C_{PO_4^{3-}} = 20.24 \pm 0.11$。

（2）用BaO替代CaO-Fe_2O_3-CaF_2熔剂中的CaO，其$\lg C_{PO_4^{3-}}$随BaO替代量的增加而增大。当BaO量增加到25%时，其$\lg C_{PO_4^{3-}}$值从未添加BaO时的20.19升高到20.50。

（3）利用$w(CaO) = 39\% \sim 45\%$、$w(Fe_2O_3) = 25\% \sim 35\%$、其余为$CaF_2$的熔剂作为钢液二次精炼脱磷剂，可得到不小于90%的脱磷率，能将钢液中的磷含量从0.05%降低至0.005%以下，达到超低磷钢的磷含量要求。

5.3.2.3 CaO基熔剂对钢液二次精炼脱磷速度的影响

郭上型、董元篪[23]等利用CaO-Fe_2O_3-CaF_2系熔剂，对$w[P] \leq 0.050\%$的钢液进行二次精炼脱磷处理实验，测定熔剂中添加BaO、Al_2O_3时对钢液脱磷速度的影响关系，得到CaO基熔剂对钢液二次精炼处理时的脱磷反应速度常数k值以及磷在熔渣中的传质系数$D_{(P)}/\delta$值。目前有关冶炼超低磷钢时脱磷反应速度的研究甚少，本节主要利用CaO-Fe_2O_3-CaF_2系熔剂作为钢液二次精炼脱磷剂，测定其脱磷速度以及熔剂中添加BaO、Al_2O_3对钢液脱磷速度的影响，为钢液二次精炼脱磷工艺的制定和实施提供相关科学依据。

在1853K的温度下，采用表5-6所示的CaO基熔剂组成，对钢液进行二次精炼脱磷的实验处理，钢液中$w[P]$随时间的变化如图5-16所示。综合分析结果可知，在实验开始的3min内，钢液脱磷速度最快；其后，随着脱磷反应时间的延长，脱磷速度逐步降低；

20min 后，钢液中 $w[P]$ 大致保持不变。

表 5-6 实验熔剂组成 （%）

熔　剂	$w(CaO)$	$w(Fe_2O_3)$	$w(CaF_2)$	$w(BaO)$	$w(Al_2O_3)$
B_1	54	10	36	0	33
B_2	49	10	36	5	33
B_3	44	10	36	10	33
B_4	39	10	36	15	33
B_5	34	10	36	20	33
A_1	54	10	36	22	0
A_2	54	10	31	22	5
A_3	54	10	26	22	10
A_4	54	10	21	22	15
A_5	54	10	16	22	20

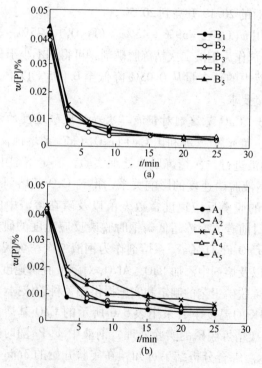

图 5-16　钢液中 $w[P]$ 随时间的变化

A 脱磷速度常数 k

本节参照文献 [24] 的脱磷速度数据处理方法，钢液脱磷速度可表示为：

$$- \mathrm{d}w[\mathrm{P}]_\% / \mathrm{d}t = (F\rho_\mathrm{m} / W_\mathrm{m}) \cdot k \cdot w[\mathrm{P}]_\% \qquad (5\text{-}23)$$

式中 F——渣-金属间的界面积，cm^2；

ρ_m——钢液密度，$\mathrm{g/cm}^3$；

W_m——钢液质量，g；

k——脱磷反应速度常数，$\mathrm{cm/s}$。

每炉实验中需要多次取钢液进行化学分析，W_m 随取样次数的增加而减少。n 表示钢液取样顺序号，对式（5-23）从 n 到 $n+1$ 进行定积分，得到：

$$\lg(w[\mathrm{P}]_{\%,n} / w[\mathrm{P}]_{\%,n+1}) = (F\rho_\mathrm{m}/2.0303) \cdot k \cdot (t_{n+1} - t_n)/W_{\mathrm{m},n}$$
$$(5\text{-}24)$$

式中 $W_{\mathrm{m},n}$——第 n 次取样后的钢液质量。

对式（5-24）累加得到：

$$\Sigma\lg(w[\mathrm{P}]_{\%,n} / w[\mathrm{P}]_{\%,n+1}) = (F\rho_\mathrm{m}/2.0303) \cdot k \cdot \Sigma(t_{n+1} - t_n)/W_{\mathrm{m},n}$$
$$(5\text{-}25)$$

根据文献 [23] 中的实验数据，以 $\Sigma\lg(w[\mathrm{P}]_{\%,n} / w[\mathrm{P}]_{\%,n+1})$ 为纵坐标 Y，以 $(F\rho_\mathrm{m}/2.0303) \cdot \Sigma(t_{n+1} - t_n)/W_{\mathrm{m},n}$ 为横坐标 X，进行线形回归处理，如果得到的是直线关系，其斜率就为 k 值。根据文献 [25] 计算 ρ_m，F 取实验初期值，文献 [23] 中 $F = 7.065\mathrm{cm}^2$。再将有关实验数据代入纵坐标和横坐标计算式，将其关系示于图 5-17 中。图中直线的斜率表示脱磷速度常数 k，k 值如表 5-7 所示。

表 5-7 钢液脱磷反应速度常数 k 值

熔剂	B_1	B_2	B_3	B_4	B_5	A_1	A_2	A_3	A_4	A_5
$k/\times10^{-3}$	1.85	1.61	2.77	2.64	3.26	1.85	2.18	2.089	1.92	2.31

根据图 5-17 所示的直线关系结果表明：在文献[23] 的条件下，脱磷反应为一级反应。根据式（5-25），直线应通过原点且截距为零，而图 5-17 中的直线并未通过原点。这是因为从原点至直线的起

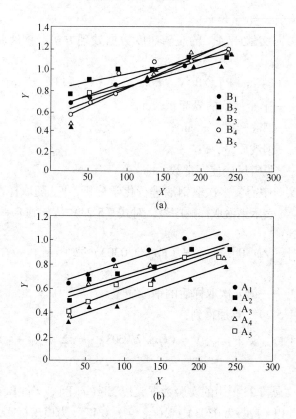

图 5-17 $\Sigma\lg(w[P]_{\%,n}/w[P]_{\%,n+1})$ 与 $(F\rho_{m}/2.0303)\cdot$

$\Sigma(t_{n+1}-t_{n})/W_{m,n}$ 之间的关系

$(Y=\Sigma\lg(w[P]_{\%,n}/w[P]_{\%,n+1}),\ X=(F\rho_{m}/2.0303)\cdot\Sigma(t_{n+1}-t_{n})/W_{m,n})$

始点之间对应着从熔剂添加到最初取样的间隔时间,此期间添加熔剂时引起钢液和熔渣之间人为的搅动以及钢液温度的变化,从而影响脱磷反应的非正常进行,故直线偏离原点。

将表 5-7 所示 $B_1\sim B_5$ 熔剂中的 BaO 添加量对相应的 k 值进行线形回归处理,得到如下直线回归方程式:

$$k=1.65\times10^{-3}+0.077\times10^{-3}\times w(BaO)_{\%}\quad(R=0.89)$$

$$(5\text{-}26)$$

式（5-26）表明，随 BaO 添加量增加，k 值相应增大。由于 BaO 的碱性大于 CaO，式（5-26）的关系也表明 k 值随熔剂碱度的增加而增大。本节中 k 值的这一变化趋势与文献[27]所报道的相一致。由表 5-7 可知，在 BaO 添加量不大于 20% 时，k 的变化范围为 $(1.61 \sim 3.26) \times 10^{-3}$ cm/s；而对于相同的 Al_2O_3 添加量，相应的 k 值波动范围为 $(1.85 \sim 2.31) \times 10^{-3}$ cm/s。这说明，与 BaO 相比，Al_2O_3 对钢液脱磷速度的影响不大。这是因为 Al_2O_3 为两性氧化物，Al_2O_3 加入 CaO 基熔剂中对碱度、熔渣的黏度影响不大。

B　熔渣中磷的传质系数 $D_{(P)}/\delta$

用 CaO 基熔剂对钢液脱磷时，其脱磷速度限制性环节为磷从钢液-熔渣界面的渣侧向熔渣中迁移，因此脱磷初始阶段的脱磷速度又可用式（5-27）表示：

$$-\mathrm{d}w[\mathrm{P}]_\% / \mathrm{d}t = (F\rho_\mathrm{s}/W_\mathrm{m}) \cdot L_\mathrm{P} \cdot (D_{(\mathrm{P})}/\delta) \cdot w[\mathrm{P}]_\% \quad (5\text{-}27)$$

式中　ρ_s——熔渣密度，g/cm^3；

　　　L_P——磷的分配比；

　　$D_{(\mathrm{P})}$——熔渣中磷的扩散系数，cm^2/s；

　　　δ——熔渣侧边界层厚度，cm；

　　　F——渣-金属间的界面积，cm^2；

　　W_m——钢液质量，g。

比较式（5-23）和式（5-27）得到：

$$D_{(\mathrm{P})}/\delta = (\rho_\mathrm{m}/\rho_\mathrm{s}) \cdot (1/L_\mathrm{P}) \cdot k \quad (5\text{-}28)$$

根据文献[25]确定 ρ_m 和 ρ_s 的值为：

$$\rho_\mathrm{m} \approx 6.96 \mathrm{g/cm^3}, \qquad \rho_\mathrm{s} \approx 2.7 \mathrm{g/cm^3}$$

由于实验过程中，L_P 值随时间变化，本实验根据磷的收支平衡计算，得到各间隔时间对应的 L_P 值，在此基础上计算 L_P 的平均值 $\overline{L}_\mathrm{P}$。将 ρ_m、ρ_s、$\overline{L}_\mathrm{P}$ 以及表 5-7 中的 k 值代入式（5-28）中，可计算得到熔渣中磷的传质系数 $D_{(\mathrm{P})}/\delta$ 的估算值（如表 5-8 所示），表中同时列出相应的 $\overline{L}_\mathrm{P}$ 值。

表 5-8　实验熔剂的 $D_{(P)}/\delta$ 和 $\overline{L}_P$ 值

熔　剂	B_1	B_2	B_3	B_4	B_5	A_1	A_2	A_3	A_4	A_5
$D_{(P)}/\delta$ /cm·s^{-1}	0.58 ×10^{-4}	0.38 ×10^{-4}	0.81 ×10^{-4}	0.67 ×10^{-4}	0.90 ×10^{-4}	0.58 ×10^{-4}	0.96 ×10^{-4}	1.58 ×10^{-4}	0.74 ×10^{-4}	1.20 ×10^{-4}
$\overline{L}_P$	81.24	107.54	88.10	101.67	92.99	81.24	58.01	33.97	55.36	39.78

由表 5-8 可知，文献［23］得到的 $D_{(P)}/\delta$ =（0.38 ~ 1.58）× 10^{-4}cm/s，文献［24］利用 CaO-SiO$_2$-FeO 系熔剂时得到的 $D_{(P)}/\delta$ =（0.1 ~ 7.0）×10^{-4}cm/s，两者在同一数量级范围。

5.4　CaO 基熔剂中添加碱性氧化物对钢水回磷的影响

董元篪、郭上型[10]等在 1853K 温度下，用强碱性氧化物 Li$_2$O、Na$_2$O、K$_2$O 和 BaO 分别替代 CaO-SiO$_2$-Fe$_2$O$_3$-MnO$_2$-MgO-P$_2$O$_5$ 系熔剂中的部分 CaO，进行了大量的钢水回磷控制实验。

文献［4］模拟了转炉出钢时熔渣和钢水的成分，测定了熔渣碱度和氧化性的变化对钢水脱磷、回磷转变的影响。本节在此基础上，研究了向 CaO-SiO$_2$-Fe$_2$O$_3$-MnO$_2$-MgO-P$_2$O$_5$ 系熔剂中添加强碱性氧化物 Li$_2$O、Na$_2$O、K$_2$O 和 BaO 对钢水回磷控制效果的影响。CaO 基实验熔剂的组成为 CaO-SiO$_2$-Fe$_2$O$_3$-MnO$_2$（2%）-MgO（6%）-P$_2$O$_5$（3%），并且添加剂的加入是在固定 $w(CaO)/w(SiO_2)$ = 2.5 的条件下进行的，分别用 Li$_2$O、Na$_2$O、K$_2$O 和 BaO 替代 CaO，且替代量不大于 30%，同时控制熔剂的氧化性 $w(Fe_2O_3)$ + $w(MnO)$ <7%。

5.4.1　添加剂对钢水磷含量的影响

对于 CaO-SiO$_2$-Fe$_2$O$_3$-MnO$_2$（2%）-MgO（6%）-P$_2$O$_5$（3%）系熔剂，在熔剂碱度 $w(CaO)/w(SiO_2)$ = 2.5、熔剂氧化性 $w(Fe_2O_3)$ + $w(MnO)$ =7%的条件下，分别用强碱性氧化物添加剂 Li$_2$O、Na$_2$O、K$_2$O 和 BaO 替代熔剂中的 CaO，考查替代量为 5%、10%、15%、20%和 25%时不同添加剂对钢水脱磷率 η_P 的影响（见表 5-9 和图 5-18）。

表5-9　添加剂和熔剂的氧化性对钢水磷含量的影响

（%）

| 试样号 | 脱磷剂组成 | | | | | | | | | 钢液成分 | | η_P |
	CaO	$w(Li_2O)$	$w(Na_2O)$	$w(K_2O)$	$w(BaO)$	$w(SiO_2)$	$w(Fe_2O_3)$	$w(MnO_2)$	$w(CaF_2)$	$w[P]_i$	$w[P]_f$	
1	47.86	5				21.14	5	2	10	0.028	0.022	21.4
2	42.86	10				21.14	5	2	10	0.035	0.012	65.7
3	37.86	15				21.14	5	2	10	0.032	0.009	71.9
4	32.86	20				21.14	5	2	10	0.037	0.009	75.6
5	27.86	25				21.14	5	2	10	0.028	0.009	67.8
6	47.86		5			21.14	5	2	10	0.016	0.012	25.0
7	42.86		10			21.14	5	2	10	0.031	0.012	61.3
8	37.86		15			21.14	5	2	10	0.026	0.010	61.5
9	32.86		20			21.14	5	2	10	0.032	0.010	68.8
10	27.86		25			21.14	5	2	10	0.032	0.012	62.5
11	47.86			5		21.14	5	2	10	0.024	0.017	29.1
12	42.86			10		21.14	5	2	10	0.032	0.016	50.0
13	37.86			15		21.14	5	2	10	0.031	0.013	58.1
14	32.86			20		21.14	5	2	10	0.032	0.012	62.5
15	27.86			25		21.14	5	2	10	0.026	0.012	53.8
16	47.86				5	21.14	5	2	10	0.016	0.013	18.7
17	42.86				10	21.14	5	2	10	0.016	0.012	25.0
18	37.86				15	21.14	5	2	10	0.036	0.024	33.3
19	32.86				20	21.14	5	2	10	0.036	0.021	41.36
20	27.86				25	21.14	5	2	10	0.027	0.015	44.4
21	37.86	15				21.14	5	2	10	0.032	0.009	71.9
22	39.28	15				21.14	5	2	10	0.034	0.011	67.6
23	38.57	15				21.14	5	2	10	0.028	0.012	57.1
24	38.57	15				21.14	5	2	10	0.027	0.014	48.1

注：脱磷剂的其他组成为 $w(MgO)=6\%$，$w(P_2O_5)=3\%$。

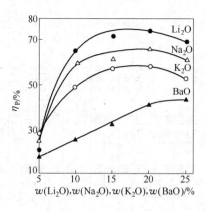

图 5-18　不同添加剂对脱磷率的影响

　　分析图 5-18 可知，不同添加剂对应不同的 η_P 曲线。当添加剂加入量不小于 10% 时，其影响脱磷效果的强弱顺序为：$Li_2O > Na_2O > K_2O > BaO$；但当添加剂加入量为 5% 时，上述顺序变为：$K_2O > Na_2O > Li_2O > BaO$。文献[8,18]分别对其中三种添加剂影响脱磷效果的强弱顺序进行了研究，在添加剂加入量不大于 5% 的条件下得到的结果为 $K_2O > Na_2O > BaO$[18] 和 $Na_2O > Li_2O > BaO$[3]，两者综合得到的影响脱磷的强弱顺序为：$K_2O > Na_2O > Li_2O > BaO$。将董元篪、郭上型[11]等的研究结果与其相比可知，添加剂加入量为 5% 时的实验结果与上述文献报道完全相同；但随着添加剂加入量的增加，上述影响脱磷效果的强弱顺序也发生变化。这是因为添加剂对脱磷效果的影响不但与添加剂本身的碱性强弱有关，而且与加入添加剂的摩尔分数有关。虽然董元篪、郭上型[10]等的研究中，用来替代 CaO 的四种添加剂的质量分数相同，但根据添加剂本身相对分子质量大小的差别，可确定加入各种添加剂的摩尔分数由多到少的顺序为：$Li_2O > Na_2O > K_2O > BaO$。当添加剂加入量不大于 5% 时，添加剂本身的碱性强弱对脱磷的贡献占主要地位，从而得出与添加剂本身碱性强弱排列顺序完全相符的结果。当添加剂加入量大于 5% 时，加入添加剂的摩尔分数对脱磷的贡献逐渐占据主要地位，从而出现与添加剂摩尔分数大小排列顺序相符的结果。当添加剂加入量不小于

10% 时，除 BaO 外，其余添加剂的 η_P 曲线均呈抛物线变化。各 η_P 曲线最高点所对应的添加剂加入量范围为 15% ~ 20%。

综合分析得到，推荐 Li_2O 作为 CaO 基熔剂的首选添加剂，最佳添加量为 15%，其对应的 $\eta_P = 71.9\%$。

5.4.2　熔剂氧化性对钢水磷含量的影响

根据表 5-9 中的实验结果，选择 Li_2O 作为实验熔剂的添加剂。在熔剂碱度 $(w(CaO) + w(LiO_2))/w(SiO_2) = 2.5$、$w(LiO_2) = 15\%$、熔剂氧化性 $w(Fe_2O_3) + w(MnO) \leqslant 7\%$ 的条件下，对初始氧含量为 $0.0090\% \sim 0.0110\%$ 的钢水进行脱磷处理，测得熔剂氧化性对 η_P 的影响如图 5-19 所示。

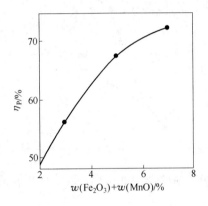

图 5-19　熔剂 $w(Fe_2O_3) + w(MnO)$ 对脱磷率的影响

$(w(CaO) + w(Li_2O)/w(SiO_2) = 2.5, w(Li_2O) = 15\%)$

由图 5-19 可知，在 $w(Fe_2O_3) + w(MnO) = 2\% \sim 7\%$ 的范围内，随着熔剂氧化性的降低，η_P 逐渐变小，直至 $w(Fe_2O_3) + w(MnO) = 2\%$ 时，η_P 降至 48.1%。而在未添加 Li_2O 前，实验熔剂在上述组成范围内处于回磷区域[6]。由此判断，可选择 Li_2O 作为控制钢水回磷用 CaO 基熔剂的添加剂，CaO 基熔剂的优化组成为：$w(CaO) + w(Li_2O)/w(SiO_2) = 2.5$，$w(Li_2O) = 15\%$，$w(Fe_2O_3) + w(MnO) \geqslant 2\%$。通过以上分析可以得到，不同添加剂影响钢水脱磷效果的强弱

顺序为：$Li_2O > Na_2O > K_2O > BaO$。

5.4.3 Li_2O、BaO 对熔剂脱磷能力的影响的比较

对于 $CaO\text{-}SiO_2\text{-}Fe_2O_3\text{-}MnO_2(2\%)\text{-}MgO(6\%)\text{-}P_2O_5(3\%)$ 系熔剂，在熔剂中 $w(CaO)/w(SiO_2) = 2.5$、$w(Fe_2O_3) = 5\%$ 的条件下，采用 Li_2O、BaO 替代熔剂中的 CaO，其 CaO 替代量不大于 25%，Li_2O、BaO 加入后保持熔剂碱度 $R = (w(CaO) + w(Li_2O))/w(SiO_2) = 2.5$ 或 $R = (w(CaO) + w(BaO))/w(SiO_2) = 2.5$。测定熔剂中添加 Li_2O、BaO 对 η_P 的影响，结果如图 5-20 所示。

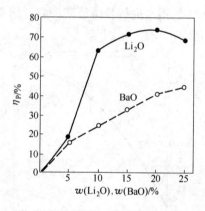

图 5-20 CaO 基熔剂中添加 Li_2O、BaO 对 η_P 的影响

通过分析图 5-20 可知：

（1）未添加 Li_2O、BaO 时，实验熔剂的脱磷率 $\eta_P = 0$。添加 Li_2O、BaO 后，随添加量的增加，其相应的脱磷率 η_P 也增大，表明 Li_2O、BaO 均具有增强熔剂脱磷效果的作用。

（2）比较 Li_2O、BaO 两条脱磷曲线在图中的位置高低可知，在添加量不大于 25% 的范围内，Li_2O 脱磷曲线始终位于 BaO 曲线的上方，说明 Li_2O 增强熔剂脱磷效果的作用强于 BaO。

（3）根据 Li_2O 脱磷曲线的变化状况，将其分成两部分。它以 $w(Li_2O) = 10\%$ 为分界点，当 $w(Li_2O) < 10\%$ 时，随 Li_2O 添加量的增加，η_P 急剧增大；而当 $w(Li_2O) > 10\%$ 时，随 Li_2O 添加量的增

加，η_P 曲线变为平缓的波峰状，波峰顶处对应着 20% 的 Li_2O 添加量和 75% 的脱磷率。由于 10%、15% 的 Li_2O 添加量分别对应着 64% 和 71.9% 的脱磷率，综合分析 Li_2O 添加量对脱磷率 η_P 和添加剂本身成分的影响，Li_2O 的合适添加量确定为 $w(Li_2O) = 15\%$。

[本章回顾]

本章主要介绍了钢液脱磷和回磷控制问题，简要介绍了脱磷反应机理和低磷钢的冶炼工艺，重点介绍了渣中氧化物和钢液氧势等对钢液脱磷的影响以及 BaO 基熔剂和 CaO 基熔剂对钢液二次精炼脱磷的影响，分析了添加碱性氧化物对钢液脱磷和回磷控制的影响。

[问题讨论]

5-1 钢液脱磷与铁水脱磷有什么不同，为什么钢液会产生回磷问题？

5-2 脱磷反应的基本方式和机理是什么？

5-3 影响钢液脱磷和回磷的主要因素有哪些？

5-4 渣中氧化物和氧势如何影响钢液脱磷和回磷？

5-5 BaO 基熔剂和 CaO 基熔剂对钢液脱磷和回磷控制的影响有什么效果？

5-6 碱性氧化物对钢液脱磷与回磷控制有什么作用？

参 考 文 献

[1] 刘浏. 超低磷钢的冶炼工艺[J]. 特殊钢, 2000, 21(6): 20~24.

[2] Healy G W. New look at phosphorus distribution[J]. Journal of the Iron and Steel Institute, 1970, 208 (7): 664~668.

[3] Tasuyuki Ohnishi. New steelmaking system for super clean steel [C]// Steelmaking Conference Proceedings. 1986: 215.

[4] 郭上型，董元篪，陈二保，等. $CaO\text{-}SiO_2\text{-}Fe_2O_3\text{-}MnO_2\text{-}MgO\text{-}P_2O_5$ 系对钢液脱磷、回磷的实验研究[J]. 钢铁, 2000, 35(3): 19~21.

[5] Suito H . Effect of Na_2O and BaO addition on phosphorus distribution between CaO-MgO-Fe_tO-SiO_2 slag and liquid iron[J]. Trans. ISIJ,1984,(24): 47~53.

[6] 郭上型, 董元篪, 朱本立. 磷在含 Al_2O_3, SrO, BaO 的 CaO 基渣系和铁水间的分配[C]//中国金属学会炼钢学会. 第五届全国炼钢学术会议论文集 (上册). 1988: 13~21.

[7] Tsukihashi F. Thermodynamics of phoephorus for the CaO-BaO-CaF_2-SiO_2 and CaO-Al_2O_3 systems[J]. Tetsu-to-Hagange, 1990,76(10): 1664~1671.

[8] Nassaralla C. Phosphate capacity of CaO-Al_2O_3 slag containing CaF_2, BaO, LiO or Na_2O[J]. Metall. Trans, 1992, 23B: 117~123.

[9] Guangqiang Li, Tasuku Hamano, Fumitaka Tsukihashi. The effect of Na_2O and Al_2O_3 on dephosphorization of molten steel by high basicity MgO saturated CaO-FeO_x-SiO_2 slag[J]. ISIJ International, 2005, 45(1): 12~18.

[10] 郭上型, 董元篪, 陈二保, 等. 向 CaO 基熔剂中添加 Li_2O, Na_2O, K_2O 和 BaO 对钢水回磷控制效果的影响[J]. 钢铁研究学报, 2001,32(1): 6~9.

[11] 郭上型, 董元篪, 张友平. 钢液氧势对钢液脱磷转变的影响[J]. 炼钢, 2002,18(5): 12~14.

[12] 李丽芬, 鲁雄刚, 等, 论连铸钢水氧含量的控制[J]. 钢铁, 1997,32(1):27~31.

[13] 王新华. 洁净钢生产技术[J]. 钢铁 (增刊), 1999. 367~372.

[14] 上海宝钢集团公司. 宝钢纯净钢生产技术现状和发展[J]. 中国冶金, 2000,64(3): 9~14.

[15] 郭上型, 董元篪, 张友平. BaO 基熔剂对钢液二次精炼脱磷的实验研究[J]. 炼钢, 2002,18(3): 31~34.

[16] 郭上型, 董元篪, 张友平. CaO 基熔剂对钢液二次精炼脱磷的实验研究[J]. 炼钢, 2002,37(11):76~78.

[17] 郭上型, 董元篪, 彭明. 钢液二次精炼用 CaO 基熔剂的脱磷能力[J]. 特殊钢, 2003,24(2):6~9.

[18] 木村久雄, 月橋文孝. CaO-K_2O-CaF_2-SiO_2 系フラックス中りんの熱力学(Themodynatics of phosphorus in CaO-K_2O-CaF_2-SiO_2 melts)[J]. 鉄と鋼, 1997, 83(11): 689~694.

[19] Sigworth G K, Elliott J F. The thermodynamics of liquid dilute iron alloys[J]. Metal Science, 1974, 8: 298~310.

[20] 陈襄武. 炼钢过程的脱氧[M]. 北京: 冶金工业出版社, 1991.

[21] Wrampelmeyer J C, Dimitrove S, Janke D. Dephosphorization equilibria between pure molten iron and CaO-saturter FeO_n-CaO-SiO_2 and FeO_n-CaO-Al_2O_3 slags[J]. Steel Res, 1989, 60(12): 539~549.

[22] Ishii H, Fruehan R J. Dephosphorization equilibria between liquid iron and highly basic CaO-based slags saturate with MgO[J]. Iron and Steel maker, 1997,24(2):47~52.

[23] 郭上型，董元篪，彭明. CaO 基熔剂对钢液二次精炼脱磷的速度的研究[J]. 安徽工业大学学报，2003,20(2)：91~93.

[24] 国定京治，岩井彦哉. CaO-SiO₂-FeO 系スラグによる溶鉄の脱りん速度（Rate of dephosphorization of liquid iron by the slag of CaO-SiO₂-FeO system)[J]. 鉄と鋼，1984,70 (14)：1681~1688.

[25] 陈家祥. 炼钢常用图表数据手册[M]. 北京：冶金工业出版社，1984.

符 号 表

$w[i]$　　金属熔体（铁水或钢水）中组元 i 的质量分数

$w[i]_\%$　　金属熔体（铁水或钢水）中组元 i 的质量百分数

$w(i)$　　熔渣中组元 i 的质量分数

$w(i)_\%$　　熔渣中组元 i 的质量百分数

x_i　　组元 i 的摩尔分数

γ_1　　熔剂的活度系数

γ_i　　以纯物质为标准态时，组元 i 的活度系数

γ_i^0　　以纯物质为标准态、组元 i 浓度无限稀释时，组元 i 的活度系数

f_i　　以质量分数 1% 溶液为标准态时，组元 i 的活度系数

ε_i^j　　以纯物质为标准态时，非饱和 i 溶液（等浓度条件）中组元 j 对 i 的活度相互作用系数

$\dot{\varepsilon}_i^j$　　以纯物质为标准态时，饱和 i 溶液（$a_i=1$）中组元 j 对 i 的活度相互作用系数

ρ_i^j　　以质量分数 1% 溶液为标准态时，非饱和 i 溶液（等浓度条件）中组元 j 对 i 的二阶活度相互作用系数

$\dot{\rho}_i^j$　　以质量分数 1% 溶液为标准态时，饱和 i 溶液（$a_i=1$）中组元 j 对 i 的二阶活度相互作用系数

$\rho_i^{j,k}$　　以质量分数 1% 溶液为标准态时，组元 j、k 对 i 的二阶交叉活度相互作用系数

e_i^j　　以质量分数 1% 溶液为标准态时，组元 j 对 i 的等浓度活度相互作用系数

M_i　　组元 i 的摩尔质量

M_1　　溶剂的摩尔质量

R　　摩尔气体常数，近似取 8.314J/(mol·K)

K	反应的平衡常数
p_{O_2}	反应体系的氧势
$w[P]_\text{平}$	反应体系平衡时的磷含量（质量分数）
L_P	磷在渣-金属液中的分配比
C_P	磷容量
$C_{PO_4^{3-}}$	磷酸盐容量
η_P	脱磷率
η_S	脱硫率
η_{Si}	脱硅率
$w[P]_i$	初始磷含量（质量分数）
$w[P]_f$	终点磷含量（质量分数）
$w[S]_i$	初始硫含量（质量分数）
$w[S]_f$	终点硫含量（质量分数）
$w[Si]_i$	初始硅含量（质量分数）
$w[Si]_f$	终点硅含量（质量分数）
a	二元系中 C 的溶解度（摩尔分数）
b	三元体系中组元 j 对 C 溶解度的影响率
$x_{j,C}^b$	文献中 j-C 二元系 C 的溶解度（摩尔分数）
$\Delta_{fus}G_{j,C}^\ominus$	j-C 二元系中 C 的标准溶解吉布斯自由能

冶金工业出版社部分图书推荐

书　名	作　者	定价(元)
相图分析及应用(本科教材)	陈树江　等编	20.00
冶金原理(本科教材)	韩明荣　主编	40.00
钢铁冶金原理(本科教材)(第3版)	黄希祜　主编	40.00
钢铁冶金原燃料及辅助材料(本科教材)	储满生　主编	59.00
现代冶金工艺学 　　——钢铁冶金卷(国规教材)	朱苗勇　主编	49.00
炼铁学(本科教材)	梁中渝　主编	45.00
炼钢学(本科教材)	雷亚　等编	42.00
炉外精炼教程(本科教材)	高泽平　主编	40.00
连续铸钢(本科教材)	贺道中　主编	30.00
冶金设备及自动化(本科教材)	王立萍　等编	29.00
冶金工程实验教程(本科教材)	张明远　主编	28.00
冶金企业环境保护(本科教材)	马红周　主编	23.00
冶金专业英语(高职高专教材)	侯向东　主编	28.00
高炉冶炼操作与控制(高职高专教材)	侯向东　主编	49.00
转炉炼钢操作与控制(高职高专教材)	李荣　等编	估45.00
连续铸钢操作与控制(高职高专教材)	冯捷　等编	39.00
炼铁工艺及设备(高职高专教材)	郑金星　等编	49.00
炼钢工艺及设备(高职高专教材)	郑金星　等编	49.00
铁合金生产工艺与设备(高职高专教材)	刘卫　主编	39.00
矿热炉控制与操作(高职高专教材)	石富　主编	37.00
炼铁计算辨析	那树人　著	40.00
现代电炉炼钢工艺及装备	阎立懿　编著	56.00
铁水预处理与钢水炉外精炼	冯聚和　等编著	39.00
洁净钢——洁净钢生产工艺技术	国际钢协　编	65.00
纯净钢及高温合金制备技术	牛建平　编著	28.00
不锈钢及其应用	[日]桥本政哲　著 周连在　译	29.00
高强度钢超高周疲劳性能 　　——非金属夹杂物的影响	李守新　等著	39.00